高等学校规划教材

# 3S 原理与应用

刘祖文 编著

中国建筑工业出版社

图书在版编目（CIP）数据

3S 原理与应用/刘祖文编著. —北京：中国建筑工业出版社，2006（2021.3 重印）
高等学校规划教材
ISBN 978-7-112-08571-2

Ⅰ. 3... Ⅱ. 刘... Ⅲ. ①遥感技术－高等学校－教材②地理信息系统－高等学校－教材③全球定位系统（GPS）－高等学校－教材 Ⅳ. ①TP79 ②P2

中国版本图书馆 CIP 数据核字（2006）第 066475 号

\* \* \*

责任编辑：陈　桦
责任设计：赵　力
责任校对：张景秋　王金珠

---

高等学校规划教材
**3S 原理与应用**
刘祖文　编著
\*
中国建筑工业出版社出版、发行（北京西郊百万庄）
各地新华书店、建筑书店经销
北京红光制版公司制版
廊坊市海涛印刷有限公司印刷
\*
开本：787×1092 毫米　1/16　印张：17½　字数：424 千字
2006 年 7 月第一版　2021 年 3 月第十三次印刷
定价：**36.00** 元
<u>ISBN 978-7-112-08571-2</u>
　　　（33472）

**版权所有　翻印必究**
如有印装质量问题，可寄本社退换
（邮政编码 100037）

GPS（全球定位系统）、RS（遥感）和 GIS（地理信息系统）是三种相互独立，又相互依赖、相互渗透的现代空间信息技术，简称为 3S 技术。全书共 14 章，分为四个部分。第 1、2 章为概述与基础部分，分别概述了 3S 技术，介绍了时间与空间参考系统、地图投影和大气构造。第 3~6 章为 GPS 部分，介绍了 GPS 的构成、定位原理、定位方法和 GPS 定位测量。第 7~10 章为 RS 部分，介绍了遥感基础、遥感数据获取、数字图像处理、图像解译与应用。第 11~14 章为 GIS 部分，介绍了 GIS 的体系、空间数据表达与获取、空间数据结构、空间查询与空间分析。

本书可作为资源环境与城乡规划管理、资源环境科学、城市规划、土木工程、给水排水工程、道路桥梁与渡河工程、环境工程、交通运输、交通工程、农业资源与环境、工程管理、土地资源管理、城市管理、公共管理等专业的本科生和硕士研究生的技术基础课程教材，也可作为上述专业的科研人员、工程技术与管理人员参考。

# 前　　言

GPS（全球定位系统）、RS（遥感）和 GIS（地理信息系统）简称为 3S。GPS 利用卫星及其传播的信号，实现对海陆空运动目标进行导航和对地面固定目标进行精密定位；RS 利用飞机、卫星作为遥感平台，搭载高分辨率摄影机、TV 摄像机、扫描仪和 CCD 电荷耦合元件、合成孔径雷达等传感器，实现对地表面及其要素的几何形态进行观测，对太空、大气层、地表面以及地表层进行物理探测；GIS 利用计算机硬件和软件，对空间数据进行导入、存储、处理、管理、输出，并进行各种应用分析。3S 技术的形成与发展，使得空间信息技术在军事、资源与环境、土地管理、测绘、土建工程、交通运输、城市规划与管理等所有涉及空间信息的领域，得到了更加广泛的应用。

GPS、RS 和 GIS 是三种既相互独立，又相互依赖、相互渗透的现代空间信息技术。涉及卫星、电子、计算机硬件与软件等现代科学技术，同时也涉及大气、物理、数学等复杂的基础科学理论。在测绘类专业中，通常把 3S 技术分成为三门独立课程进行其理论体系与应用的详细介绍。对于土建类、交通运输类、环境科学类等相关专业，同样需要全面了解 3S 技术，但一般不需要研究其深奥的理论与详细逻辑推导。此书侧重于非测绘类专业技术与管理人员的实际应用，重点介绍 3S 技术基础知识、基本原理和实际应用。

全书共 14 章，分为四个部分。第 1、2 章为概述与基础部分，分别概述了 3S 技术，介绍了时间与空间参考系统、地图投影和大气构造。第 3~6 章为 GPS 部分，介绍了 GPS 的构成、定位原理、定位方法和 GPS 定位测量。第 7~10 章为 RS 部分，介绍了遥感基础、遥感数据获取、数字图像处理、图像解译与应用。第11～14章为GIS部分，介绍了GIS的体系、空间数据表达与获取、空间数据结构、空间查询与空间分析。概述与基础部分，也是公共部分，为必修内容，GPS、RS和GIS三部分结构上相互独立，教学时可以选择部分或全部内容。

本书是根据作者多年讲授本科生和硕士研究生的3S课程讲义，参考大量文献资料，结合3S技术的最新发展与动态后撰写完成。书中既对基础知识和基本理论进行了深入浅出的系统阐述，也尽量避免烦琐、复杂、深奥的理论推导。既考虑了适合非测绘类专业人员学习的难度，也注意了解决实际问题所必须的深度。

在教学过程中，除了本书内容外，还应有一定的辅助实验，用以加强对3S技术理论与应用的理解。

本书可作为资源环境与城乡规划管理、资源环境科学、城市规划、土木工程、给水排水工程、道路桥梁与渡河工程、环境工程、交通运输、交通工程、农业资源与环境、工程管理、土地资源管理、城市管理、公共管理等专业的本科生和硕士研究生的技术基础课程教材，也可作为上述专业的科研人员、工程技术与管理人员参考。

书中若干插图和个别实例数据，得到了刘欣、田高、叶飞、徐国方、朱昆、刘录、刘一鸣等提供的帮助，出版社陈桦编辑为此书的出版花费了许多心血，借此一并致谢！对于书中的编写错误，谨请读者指正。

华中科技大学　刘祖文<br>2006年6月9日

# 目 录

1 3S 概述 ·················································································· 1
　1.1 卫星导航定位系统概述 ···················································· 1
　1.2 遥感概述 ········································································ 3
　1.3 地理信息系统概述 ···························································· 5
　1.4 3S 集成与数字地球 ·························································· 9
2 空间信息技术基础 ································································· 11
　2.1 地球形态 ······································································ 11
　2.2 空间与时间参考系统 ······················································ 12
　2.3 空间直角坐标系转换 ······················································ 22
　2.4 地图投影 ······································································ 25
　2.5 大气构造 ······································································ 30
3 GPS 的构成 ········································································· 34
　3.1 GPS 构成 ····································································· 34
　3.2 测距码 ········································································· 37
　3.3 导航电文 ······································································ 42
　3.4 GPS 信号 ····································································· 46
　3.5 GPS 接收机 ·································································· 48
4 定位原理 ·············································································· 53
　4.1 定位基本原理 ································································ 53
　4.2 卫星运动 ······································································ 54
　4.3 卫星空间位置计算 ·························································· 59
　4.4 测码伪距观测 ································································ 63
　4.5 测相伪距观测 ································································ 66
　4.6 GPS 定位误差 ······························································· 70
5 定位方法 ·············································································· 76
　5.1 单点定位 ······································································ 77

|   |   |   |
|---|---|---|
| 5.2 | 静态相对定位 | 82 |
| 5.3 | 差分定位 | 90 |
| 5.4 | 整周未知数确定方法与周跳分析 | 97 |

# 6 GPS定位测量 ............................................. 101
- 6.1 GPS测量技术基础 ............................................. 101
- 6.2 GPS测量技术设计 ............................................. 107
- 6.3 GPS测量实施 ............................................. 110
- 6.4 GPS测量数据处理 ............................................. 116

# 7 遥感基础 ............................................. 123
- 7.1 电磁波与电磁波谱 ............................................. 123
- 7.2 物体电磁波发射辐射 ............................................. 126
- 7.3 地物电磁波反射辐射 ............................................. 130
- 7.4 大气对电磁波传播的影响 ............................................. 135

# 8 遥感数据获取 ............................................. 140
- 8.1 遥感数据 ............................................. 140
- 8.2 遥感传感器 ............................................. 143
- 8.3 遥感成像 ............................................. 145
- 8.4 遥感平台 ............................................. 150
- 8.5 主要陆地遥感卫星系列 ............................................. 154
- 8.6 微波遥感简介 ............................................. 160

# 9 遥感数字图像处理 ............................................. 166
- 9.1 遥感数字图像处理系统 ............................................. 166
- 9.2 图像辐射校正 ............................................. 169
- 9.3 图像几何校正 ............................................. 173
- 9.4 数字图像增强处理 ............................................. 183

# 10 遥感图像解译与应用 ............................................. 189

- 10.1 遥感图像目视解译 …… 189
- 10.2 遥感数字图像计算机分类 …… 194
- 10.3 遥感调查 …… 201
- 10.4 遥感应用 …… 205

## 11 地理信息系统体系 …… 209
- 11.1 GIS 硬件 …… 209
- 11.2 GIS 软件 …… 212
- 11.3 GIS 基础软件的子系统 …… 215

## 12 空间数据表达与获取 …… 219
- 12.1 空间实体与空间问题 …… 219
- 12.2 空间数据类型 …… 222
- 12.3 空间数据获取 …… 226

## 13 空间数据结构 …… 234
- 13.1 栅格数据结构 …… 234
- 13.2 矢量数据结构 …… 240
- 13.3 栅格与矢量数据比较与转换 …… 245
- 13.4 空间数据分层组织 …… 246
- 13.5 空间数据管理 …… 248

## 14 空间查询与空间分析 …… 252
- 14.1 空间查询 …… 252
- 14.2 叠置分析 …… 255
- 14.3 缓冲区分析 …… 259
- 14.4 网络分析 …… 262
- 14.5 三维分析 …… 265

## 主要参考文献 …… 270

# 1　3S 概述

全球定位系统：Global Positioning System，简称 GPS。
遥感：Remote Sensing，简称 RS。
地理信息系统：Geography Information System，简称 GIS。
现代空间信息技术中，GPS、RS、GIS 既各有不同的应用，同时又密不可分，相互融合，因此，通常把 GPS、RS、GIS 合称为 3S。

## 1.1　卫星导航定位系统概述

### 1.1.1　全球定位系统——GPS

由美国建立，在全球范围内进行导航与定位的系统，称为全球定位系统，简称为 GPS。

GPS 由地面监控系统、空间卫星和用户设备三部分组成。地面监控系统由 1 个主控站、5 个监测站和 3 个注入站构成，分别负责控制、监测和向卫星注入信息的任务；空间卫星由分布在 6 根轨道上的 24 颗工作卫星和若干颗备用卫星组成，其主要任务是接收地面发送的监控、导航等有关信息，提供高精度的时间标准，向用户发送导航定位信号；用户设备包括安装在海、陆、空运动目标上进行导航，或直接用于地面勘测定位的 GPS 接收机，主要实现目标的导航、定位、测时与测速等。

利用 GPS，在地理空间参考系中，根据卫星的已知瞬时位置与卫星至目标的测量距离，即可计算确定被测目标的空间位置。其中，被测目标可以是陆地或海上目标，也可以是空中目标；可以是固定目标，也可以是运动目标。

GPS 于 1973 年 12 月开始由美国国防部批准其海、陆、空三军联合研制，历经方案论证设计（1974～1978 年）、研制试验（1979～1987 年）和生产实验（1988～1994 年）三个阶段，历时 20 年，耗资约 200 亿美元，于 1994 年全面建成，并正式投入使用。

目前，GPS 已经具备在海、陆、空进行全方位、全天候、实时三维导航与定位能力，同时可以测时、测速。其动态精度可达米级至分米级，静态相对定位精度可达厘米甚至毫米级，测时精度可达毫微秒级，测速精度可达分米至厘米级。

美国建立的 GPS，实现了海、陆、空的侦察机、轰炸机、军舰、坦克的导航和导弹制导等军事目的。现在的研究与发展，GPS 已广泛应用于国民经济许多领域，乃至人们的日常生活。海上船舶、民航飞行、陆地车辆、交通运输、旅行探险的导航，公路与铁路勘察、石油与地质勘探、地形与工程测量、地震与灾害监测、大陆板块运动、环境监测等定位，都在使用 GPS。随着 GPS 接收机成本的降低，人们的日常生活将越来越离不开GPS。

GPS目前的工作卫星为第二代卫星，使用P码（军用保密码）、C/A码（民用非保密码）两种测距码和L1、L2两种载波，其中L1上调制P码和C/A码，L2上调制P码。在现有技术与应用基础上，美国时任副总统戈尔1999年1月25日提出了GPS现代化计划。这一计划包括：斥资40亿美元，在L2上增加C/A码，增加第三民用载波L5，增加军队专用码M1、M2，研制、发射第三代GPS卫星。保护美国军方及友方使用，阻止美国敌方使用并进行干扰，保持有威胁地区以外的民用用户更精确、安全地使用。

### 1.1.2 其他卫星导航定位系统

利用卫星导航与定位的系统，除了美国的全球定位系统外，还有俄罗斯的全球导航卫星系统、中国的北斗导航系统和欧盟正在启动的伽利略系统。

**（1）格鲁纳斯——GLONASS**

俄罗斯的全球导航卫星系统，其英文名称为 Global Orbiting Navigation Satellite System，简称为GLONASS或格鲁纳斯，亦为全球导航与定位的系统。该系统的空间卫星部分与美国的GPS原理基本相同，由24颗卫星组成，分布在3个轨道平面上，每个轨道平面有8颗卫星。卫星的分布使得在全球的任何地方、任何时间都可观测到4颗以上的卫星，由此获得高精度的三维定位数据。

GLONASS于1999年达到比较完善的阶段。由于经济的原因，系统中设计寿命为三年的已经到期的卫星没能适时获得替补，使现有卫星网中能够正常工作的卫星数量不能达到导航定位的要求。俄罗斯正在寻求国际经济合作，希望尽快恢复GLONASS。

**（2）北斗导航系统——BDNS**

我国的北斗导航系统，英文名称为 Beidou Navigation System，简称为BDNS。该系统为局域导航定位系统，是世界上除美、俄外第三个建成的卫星导航定位系统，可全天候、全天时服务于我国及周边地区，定位精度预计可达数十米。系统空间卫星部分由2000年10月31日、12月21日和2003年5月25日分别发射的三颗"北斗一号"导航定位卫星组成，其中，两颗为工作卫星，一颗为备用卫星。我国目前正在研究第二代导航定位卫星，有望5～10年后，成为卫星导航定位强国。

北斗导航系统通过测定两颗卫星与用户接收机之间的距离，由配有数字高程的地面中心站进行解算来获取用户接收机的空间位置。定位基于三球交会原理，即以两颗卫星的已知坐标为圆心，以测定的各星至用户接收机距离为半径，形成两个球面，用户机必然位于这两个球面交线的圆弧上。中心站根据数字高程提供的近似于球面的地表曲面，求解圆弧线与地球表面交点，结合我国目标在赤道平面北侧，即可获得用户的三维位置，其中高程由数字高程模型确定。定位需由具有通信能力的用户终端向中心站发出请求，中心站根据测定的卫星至测站的距离进行位置解算后，将定位信息发送给请求定位的用户。

**（3）伽利略系统——GNS**

欧盟正在启动的伽利略系统，英文名称为 Galileo Navigation System，简称GNS。该系统为全球导航定位系统，空间部分由30颗卫星组成，拟定于2008年投入使用，属于纯民用系统，我国为该系统的合作成员国家。

随着科技发展和一些国家经济实力增强，出于经济、战略和政治等因素，将会有更多的国家建立自己的导航定位系统。

### 1.1.3 卫星导航定位系统应用

卫星导航与定位系统有着非常广泛的应用，包括各类运动目标的导航、各种固定目标的精确定位以及对大气的探测等。

在军事领域，从 1990 年的海湾战争开始，随后的科索沃战争、阿富汗战争和最近的伊拉克战争等重大国际军事行动，都以 GPS 为技术支撑。GPS 在航空母舰、军事飞机、坦克等的运动、导弹的精确制导与命中目标中等，都发挥了关键作用。

在民用方面，各种船只的海上航行和飞机起飞、飞行、着陆的导航，车辆行驶的瞬时位置定位，各种工程勘察、勘界、工程建设的精确定位，地震、滑坡、建筑物与构筑物的变形监测等，都已越来越离不开卫星导航定位系统。

大气成分、大气环境及其变化的监测与探测等，也在通过卫星定位技术进行相关的科学研究。

人们的旅行、探险、车辆出行、各种突发事件的定位等日常生活，也越来越多地需要卫星导航与定位技术。

## 1.2 遥感概述

### 1.2.1 遥感（RS）概念

地面物体具有反射和发射电磁波的特性。由于物体种类不同，同种物体所处环境不同，以及物体自身的变化等因素，其反射、发射的电磁波信息不同。例如，水稻与混凝土路面是不同的物体，水稻在早晨、中午和晚上受到的光照度不同，水稻在禾苗期与成熟期的颜色不同，这些不同都将使反射信息不同。

蝙蝠没有眼睛，能够依靠耳朵接收所发射声波的反射波来识别和判断至物体的距离与方位；人们能够用肉眼在有限范围内直接区分不同的物体及其变化，是由于人眼接收到的物体发射、反射的可见光波段内的电磁波信息不同。

所谓遥感，根据其英文 Remote Sensing，可以简单理解为遥远的感知，或者理解为在不直接接触物体的情况下，对目标与自然现象进行感知或远距离探测的技术。在遥感学中，收集目标物电磁波信息的设备，称为传感器，如航空摄影中的摄影仪等。搭载传感器的载体，称为遥感平台，如飞机、人造卫星等。一般来讲，人们把不接触物体本身，用遥感平台上搭载的传感器收集目标物的电磁波信息，经处理、分析后，识别目标物，揭示其几何与物理性质、相互关系及其变化规律的科学技术，称为遥感。

### 1.2.2 遥感的形成与发展

1608 年，荷兰米德尔堡一位不出名的眼镜师汉斯·李波尔赛收拾摔破的眼镜镜片时，在叠置的镜片具有放大作用的启发下，制造了世界上第一架望远镜；1609年，伽利略（Galileo）制造了放大三倍的望远镜，使得人类可以远距离观测目标；1839 年，达尔盖（Daguarre）发明摄影技术，人类从此可以把自然界的可见光信息记录在感光材料上；1903年，莱特兄弟（Wilbour Wright & Orvilke Wright）发明飞机；1957年，前苏联发射人造卫星，人类可以从太空大范围对地观测。望远镜、感光胶片、飞行器的问世，为遥感学科的形成，奠定了科学基础。

遥感始于1608年，分为四个阶段。第一阶段，1608～1838年，望远镜问世，属于无记录的望远镜地面观测阶段；第二阶段，1839～1857年，感光胶片问世，利用感光胶片记录的地面摄影阶段；第三阶段，1858～1956年，飞机问世，利用飞机拍摄并记录的空中摄影阶段；第四阶段，人造卫星1957年问世至今，利用卫星的太空对地观测阶段。现代意义的遥感，主要指卫星对地观测的遥感技术。

1960年，美国学者艾弗林·普鲁伊特（Evelyn.L.Pruitl）首次把以摄影和非摄影方式获得被探测目标的图像或数据的技术与方法称为遥感。1961年，密歇根大学（University of Michigan）的威罗·兰（Willow.Run）在美国国家科学院等部门的资助下，召开了"环境遥感国际讨论会"，正式使用遥感这一术语，此后四十多年来，遥感逐渐形成了一个新兴的独立学科，并得到了迅速发展。

### 1.2.3 遥感类型与特点

**(1) 遥感类型**

遥感类型可以根据遥感平台、探测波段、工作方式和应用领域等分别进行划分。

根据传感器放置的平台，遥感分为地面遥感、航空遥感、航天遥感和航宇遥感。地面遥感的平台可以是车、船、活动或固定架台等；航空遥感、航天遥感和航宇遥感的遥感平台分别是气球或低空飞机、航天飞机或人造卫星、宇宙飞船等。

目前传感器探测的主要波段分别是紫外、可见光、红外和微波波段，对应的遥感分为紫外遥感、可见光遥感、红外遥感和微波遥感等。当传感器探测的波段范围细分为更窄的波段时，称为多波段遥感。

遥感探测的电磁波来源于探测器发射和地物的反射或发射。由探测器发射电磁波能量到地物，并接收地物后向散射信号的遥感，称为主动遥感；探测器仅被动接收地物反射太阳电磁波信号或地物发射的热辐射信号的遥感，称为被动遥感。

遥感应用领域日益广泛，按照大的领域划分为外层空间遥感、大气遥感、陆地遥感和海洋遥感。在实际应用领域，具体包括资源遥感、城市遥感、农业遥感、林业遥感、渔业遥感、军事遥感、环境遥感、地质遥感、气象遥感、工程遥感、灾害遥感等。

本书将重点探讨以航天卫星为遥感平台，探测波段为可见光，以地物反射太阳光电磁波信号为基础的资源、城市、环境等应用领域的遥感技术。

**(2) 遥感特点**

遥感探测的空间主要是地球表面，包括陆地与海洋，也可以是地表层（地下靠近地表面部分）空间、大气层空间和太空等。

遥感信息在可见光波段内的探测成果直观、真实、准确，除了能够获得地物外形轮廓外，其基本特点是可以获得常规地面勘测方法不能表达的地物色度信息、纹理特征和运动目标的信息以及不易表达的植被类详细分布信息等。如受到污染的水体色调、大气烟尘、路面车流量、树木的大小与分布、房屋的建筑风格、岩石纹理等。

利用航天遥感技术，可以同步观测地表面大范围区域，特别是对于洪涝、干旱、森林火灾、海啸等瞬时变化的灾害探测、监测以及受灾的区域分布、灾害面积及其损失评估等，具有常规方法无法比拟的优势。

**(3) 遥感技术水平**

遥感技术水平常用空间分辨率、波谱分辨率、温度分辨率和时间分辨率等表示。当前的空间分辨率有 30m×30m，10m×10m，5m×5m，2.5m×2.5m 等，最高可以达到 1m 和 0.61m；波谱分辨率有 4 个波段、7 个波段等，高光谱可达几十个到几百个波段，波段宽度可以小到 5~10nm；对地物热辐射温度的分辨率可以达到 0.5K，预计不久将可达到 0.1K；地球同步和太阳同步气象卫星的时间分辨率分别为 1 次/0.5 小时和 1 次/0.5 天；陆地资源卫星的重访周期为 1 次/16 天。

遥感技术不仅可以获得平面影像，也可以拍摄立体像对生成立体图形。

### 1.2.4 遥感应用

遥感应用在第 1.2.3 节"遥感类型"中已简要叙述，这里只列出最常规的一些应用，对于不同应用领域，将有不同的具体应用。

遥感常规应用包括传统地形图、电子地图的各种应用功能和遥感影像数据的一些特有应用。可直接在遥感影像上识别居民地、建筑物、交通网络、水系、地貌、土质和植被等，也可自动对各种类别地物进行分类处理。

在已进行过处理的遥感影像上，可以直接量测地物影像点的平面坐标、两点之间的水平距离和指定范围的面积。特别是进行计算机分类后，求同类地物面积尤为方便。

利用立体像对建立数字高程模型后，可以直接量测地面点的高程、两点之间的倾斜距离和三维立体要素计算，如根据设计道路面的高程位置计算工程的土石方量等。

利用遥感影像，可以对土地、森林、草原、水等各种天然资源进行调查，特别是大范围的同步调查。

遥感能够监测的灾害主要是影响较大的水灾、火灾、山体滑坡等大范围瞬时变化莫测的灾害。如 1998 年波及全国几大流域的特大洪水，可以借助遥感同步整体观测资料，计算洪水淹没区域的面积。

## 1.3 地理信息系统概述

### 1.3.1 地理信息系统概念

人们的日常生活、工作和社会活动，总会接触各种各样的信息。如何有效获取、处理、管理和使用信息，需要建立相关的信息系统。

**(1) 数据与信息**

在今天的信息社会里，人们会频繁地涉及数据（Data）与信息（Information）两个术语，可以说，数据无处不在，信息无处不有。数据是指对客观事物进行定性、定量描述的值，包括数字、文字、符号、图形、影像、语音等形式。信息是近代科学的一个术语，关于信息有各种各样的定义。一般认为，信息是有关客观世界的一切真知，它向人们提供关于现实世界各种事实的知识，普遍存在于自然界、人类社会和思维领域，具有客观性、适用性、可传输性和共享性等特征。信息能够描述客观事物和现象，作为人们决策和判断的依据，对决策或行为具有现实或潜在价值。在某些领域，信息亦称消息。

数据与信息密切相关，数据本身没有意义，数据只有经过解译后才具有意义，才能成为信息。如 182012112819980726 是一个数字形式的数据，对该数据的数字符号依次进行解译后便可得到信息，即编号 1820 的职工，男（1、0 分别代表男、女性别），中级职称（1、2、3 分别代表初、中、高级职称），1128 元工资，1998 年 7 月 26 日参加工作。数据与信息的关系，是载体与荷载的关系。数据是载体，信息是荷载，相同的载体上可以装载不同的荷载。1 和 0 是两个数字形式的数据，在表示人的性别时，代表男和女；表示电路状态时，代表开和关。对于一组曲线，气象学家理解为气压线，测绘学家理解为等高线。同样的数据，不同的专业、不同水平的人员，其理解信息的多少和获取信息的程度并不相同。

在计算科学和空间信息科学领域，数据与信息不可分离。信息来源于数据，又通过数据进行表达。在不引起混淆的情况下，人们往往对数据与信息两个术语不加严格区别地进行使用。

(2) 地理信息与地图

地理信息指的是一切与地理空间位置有关的信息，是有关地理实体的性质、特征和运动状态的一切有用的知识及其表征，包含空间位置信息、空间关系信息、时间信息和属性信息等。如地面实体的大地经纬度或平面直角坐标等为空间位置信息，市区与郊区的相邻关系、海洋与海岛的包含关系等为空间关系信息；房屋的建造时间提供地物的时间信息，而房屋的业主、材料、结构等都属于属性信息，属性描述地理实体的定性或定量指标。据不完全统计，有 80% 的信息与地理空间位置有关。

地图是按照一定的数学法则，运用符号系统和地图制图综合原则，表示地面上各种自然现象和社会经济现象的图。它是人们非常熟悉的地理信息载体和地理语言。地图以图像方式提供地理实体的空间信息、时间信息、空间关系信息和属性信息等地理信息，人们可以通过地图获得某一时刻地理实体或空间现象的地理坐标等空间位置信息；计算或直接获得地理实体的长度、面积、高度、体积、建筑物的类型、公路的路面材料、河水的流向等属性信息；亦可获得地理实体或空间现象间的邻近性、包含性、叠置性、从属关系以及经济、交通方面的联系等空间关系信息。

地图能够表达各种地理信息，但它本身不能处理、管理地理信息，也不能自动查询、分析地理信息。

(3) 地理信息系统

地理信息系统（Geographic Information System）是 20 世纪 60 年代迅速发展起来的一门新型技术与科学，在与地理和空间问题相关的各个领域得到了普遍应用。不同应用目的，对地理信息系统有不同的定义。一般认为，地理信息系统指的是为特定应用目标建立的空间信息系统，是在计算机硬件、软件及网络支持下，对地理数据进行采集、存储、处理、查询、分析、表达、更新和提供应用的计算机信息系统。

### 1.3.2 GIS 的发展与类型

**(1) GIS 的发展**

1) GIS 产生的背景

人口、土地、工业、农业、矿产等的普查、详查和统计，海洋、陆地和大气等的监测，陆地测量、航空摄影测量特别是近二十多年的航天遥感等资料，给社会提供了丰富的信息资源。这些信息不断地积累，造成地理信息的膨胀，促成了处理海量地理信息的 GIS 的产生与发展。

城镇规划与设计、区域规划与发展、环境保护、土地评价与资源利用、人口控制、健康状况和疾病的地理分布的研究与预测等，在使用地理信息方面，以模拟数据形式、手工操作查询为代表的传统方式，已远远不能满足现代科学规划、决策的要求，需要地理信息为数字方式，能定量分析、实时更新、自动化和智能化。

1946 年世界上诞生的第一台计算机，主要目的是科学计算。随后发展到处理文字、图形、图像、语言等。近些年来，计算机科学发展迅猛，存储设备的容量、微机运算器的主频速度、各种用途的平台和应用软件不断提高与更新，GIS 随计算机的发展而发展。

地理信息系统是地理信息膨胀、社会普遍需求和计算机科学飞速发展的必然产物。

2) 国际发展概况

地理信息系统产生于 20 世纪 60 年代，在距今四十多年的时间里，得到了飞速发展。

1956 年，奥地利用计算机建立了非 GIS 地籍属性数据库，属于 GIS 的萌芽期；1962 年，加拿大测量学家 Roger.Tomlinson 首先提出了地理信息系统这一术语，并建立了世界上第一个 GIS——加拿大地理信息系统（CGIS）；到 20 世纪 70 年代，全世界有 300 多个系统投入使用，政府部门、商业公司和大学普遍重视；1989 年，市场上有报价的软件达 70 多个，涌现出了一些有代表意义的 GIS 软件，如 ARC/INFO、GENAMAP、MapInfo 等；1995 年，市场上有报价的软件达 1000 多个，大中城市开始建立地理信息系统，并已形成了 GIS 产业。

3) 国内发展概况

我国的地理信息系统的产生晚于西方发达国家，但在国家的高度重视和科学家们的共同努力下，其发展速度迅猛。

20 世纪 70 年代，电子计算机在测量、制图和遥感中开始应用，1977 年诞生第一张由计算机输出的全要素地图；1978 年，国家计委在黄山召开全国第一届数据库学术讨论会；随后开展专题与典型试验，建立了中国人口信息系统、1:100 万国土基础信息系统和全国土地信息系统等；1988 年，武汉测绘科技大学开办地理信息工程专业；到 20 世纪 90 年代初，上海、北京、深圳、海口、沙市等城市开始建立城市地理信息系统（UGIS），随后，各直辖市、省会城市、沿海开放和部分经济发达城市建成或开始建立 UGIS，各种应用部门开始建立专业性的地理信息系统；国产 GIS 基础平台软件伴随国内 GIS 应用开始研究和应用，现在比较成熟的基础软件有中国地质大学研制的 MAPGIS、武汉大学研制的 Geostar 等。

**（2）GIS 的类型**

1）专题性 GIS

以特定专题、任务或现象为主要内容所建立的地理信息系统。系统具有明显的专业特点，数据项选择和操作功能设计均为特定目的服务，如森林动态监测信息系统、矿产资源信息系统、城市管网信息系统等。

2）区域性 GIS

以自然区、行政区或任意区等区域的若干指定目标、任务或现象为主要内容所建立的地理信息系统。系统数据项选择和操作功能设计主要考虑为区域研究、管理和规划提供信息，具有数据项较多、功能较齐全、开放性较强等特点。如国家、省或地区、市或县等行政区域信息系统，自然分区或以流域为单位的区域信息系统等。

3）综合性 GIS

在一定范围内，依据国家统一标准，包含有该范围的各种基础信息、自然和社会经济要素的地理信息系统。系统数据项选择和操作功能设计要考虑政府、部门决策、规划和管理需要，考虑专业设计部门需要，还要顾及公众和人民生活需要。具有数据项多、功能齐全、开放性强等特点。行政区基础地理信息系统，如广东省基础地理信息系统；大、中、小城市、城镇信息系统，上海、深圳城市地理信息系统。

### 1.3.3 GIS 的应用

GIS 应用十分广泛，涉及与地理信息相关的各个领域。下面仅列举若干有代表意义的地理信息系统。

政府基础地理信息系统，通过收集、管理各类基础信息，为政府决策提供科学依据。如国务院及各省 9202 工程、政府办公自动化系统、国家重大工程投资的可行性研究系统等。

企业主要考虑产品销售的顾客分布区域、销售网络系统，用于确定企业的发展对策。

城市地理信息系统涉及范围广，技术复杂。如城市规划管理信息系统、市政管网管理系统、基于 GIS 的土地评价系统、110 报警与公安消防管理系统、城市基础设施管理系统、电力、供水的设施与资源调配系统等。

环境保护与资源利用的地理信息系统有水域污染及污染源分布信息系统、矿产资源储量与分布信息系统、水资源信息系统、土地资源的利用与开发信息系统、森林资源储量与分布信息系统、大气环境监测信息系统、农作物品种及其分布信息系统等。

防灾减灾地理信息系统，如七大江河基础地理信息系统、旱灾水灾分布信息系统、农作物常见病虫的种类及其分布信息系统、地震及其监测信息系统等。

军事地理信息系统如军事力量分布地理信息系统、巡航导弹信息系统等。

其他地理信息系统包括公众查询系统等。

## 1.4 3S集成与数字地球

### 1.4.1 3S集成

全球定位系统（GPS）的核心作用是对地面固定目标进行空间精确定位，对海、陆、空中运动目标进行定位与导航；遥感（RS）的主要功能是在可见光波段内对地表地物和各种要素的几何信息进行观测，也在紫外、红外和微波波段对地表、大气层空间、地下资源进行几何与物理探测；地理信息系统（GIS）对GPS、RS和地面测量以及其他方式勘测、探测和收集的各种信息进行处理、管理，并提供查询、分析等应用。GPS、RS和GIS是相互独立的三种高新技术，同时也可两两结合，甚至三者集成使用。

**(1) RS与GPS结合**

在地面架台、气球、低空飞机、航天飞机或卫星等遥感平台上安置传感器进行对地扫描或者拍摄照片时，利用GPS同步测定扫描、拍摄瞬间遥感平台的空间位置与姿态，将可根据平台位置与姿态参数，非常方便计算获得遥感影像上各种目标的空间位置。

对于只有遥感影像数据而没有平台位置与姿态参数的情况下，可以在遥感影像上选定若干有明显标志的地物影像点，在实地利用GPS测定这些点的空间位置，再通过遥感地理配准的方法，也可确定任何影像点的空间位置。

**(2) RS与GIS结合**

RS大范围、同步、快速采集地理空间数据，这些数据是充实、更新GIS数据库的重要来源。特别是洪水、干旱、森林火灾、作物生长及其病虫害分布与防治等随时间快速变化的数据，利用RS作为对应GIS的数据更新手段，是常规方法很难快速实现的。

RS采集、获取的是影像数据，数据量大、成分复杂，需要通过GIS处理系统，赋予相应的属性，才能变成人们需要的信息。利用GIS的查询、分析功能，才能使RS获取的信息发挥最大效益。

**(3) GPS与GIS结合**

GPS技术的广泛应用，特别是实时动态定位测量的实施，使得GPS已经成为地面上实行GIS的前端数据采集的重要手段。由于GPS数据是数码数据，可以通过相应软件直接、自动进入GIS，不需要人工转换，可以有效提高数据的准确度与精确度。

一旦建成GIS，只需要在运动目标上安放GPS接收机和通信设备，就可以在主控站监测到目标的具体位置，也可以在运动目标处了解到自身所处位置或相对周围环境的位置。例如，客机飞行GIS系统，在飞机上安装GPS后，一方面地面指挥中心知道飞机的飞行轨迹，另一方面驾驶员也能即时知道飞机所在的空间位置。

**(4) GPS、RS、GIS集成**

GPS、RS、GIS作为三种独立技术，可以两两结合，也可以三者集成。例如城市110警务GIS，由于城市路网等现状每天都在发生变化，需要不断通过RS对GIS数据进行更新。对所有巡逻警车都安装GPS，它们巡逻期间的具体位置可以在110指挥中心以及巡逻警车的屏幕上看到，一旦出现警情，指挥中心可调度最佳路径的警车赶往警情发生地。

### 1.4.2 数字地球

1998年1月31日，时任美国副总统戈尔在美国加利福尼亚科学中心发表题为"数字地球——认识21世纪我们这颗星球"的演讲中提出数字地球概念，并指出：数字地球是一种能嵌入巨量地理信息，对我们的星球所做的多分辨率、三维的描述。之后，各国政府和科技界迅速作出积极反应。首届数字地球国际会议于1999年11月底在我国北京举行，时任中国国务院副总理李岚清在会上指出：中国将力争在数字地球建设中实现跨越式发展。这表明我国政府和科技界对数字地球的高度重视与关注。经过近年的研究和讨论，相关专业的专家、学者们对数字地球的概念、支撑技术、应用前景以及优先发展的应用领域作了较为详细的探讨和阐述。与此同时，科学家们还提出了数字中国、数字北京、数字海南等概念，这些概念在全球、国家、区域三个层次上概括了数字地球的作用。

数字地球至少涉及计算机科学、空间信息科学、城市科学、地球科学、系统科学和社会科学等学科。构建数字地球，需要许多支撑技术，其中的核心支撑技术包括：全球定位系统（GPS）技术、遥感（RS）技术、地理信息系统（GIS）技术、可视化与虚拟现实技术。其中，遥感技术、全球定位系统技术侧重于信息获取，地理信息系统技术、可视化与虚拟现实技术侧重于信息处理与应用。

数字地球由美国政治家首先提出，它的目标主要是服务于美国的国家利益。在技术方面很大程度上属于一种科学构想。由于涉及范围广，信息量大，技术难度高，同时还受到国际政治、军事以及国家之间科技发展水平的不平衡等诸多因素影响，其建立与实现的时间将是漫长的。

# 2 空间信息技术基础

## 2.1 地球形态

### 2.1.1 地球几何形体

人类赖以生存的地球,其表面是一个具有高山、丘陵、平原、凹地、海洋等高低起伏形态的不规则曲面。最高的珠穆朗玛峰,海拔高程为8844.43m,最低的马里亚纳海沟深约11022m。虽然最高山峰与最深海沟之间的高程之差接近20000m,但整体上看,地球是一个表面不规则的近似于梨形的椭球体。科学统计表明,地球表面的陆地面积约占29%,海洋面积约为71%。由此,我们可以把地球看成是一个被海水面所包围的椭球体。

地理空间中任意一点的重力作用线,称为铅垂线,自由静止的水面,称为水准面。水准面是处处与铅垂线相垂直的封闭曲面,且随高度不同有无数个。海水面是一个特殊的水面,由于潮汐、风波等因素,人们无法获得一个静止的海水面,但可通过设立验潮站,用其若干年的观测资料,求出一个平均海水面。由于不同验潮站的观测数据不同,不同的国家与地区的平均海水面之间略有差异。与平均海水面重合,并向大陆、岛屿延伸所形成的封闭曲面,称为大地水准面,如图2-1所示。大地水准面也具有处处与铅垂线相垂直的特性,由于地球内部物质结构不同、分布不均,不同位置的

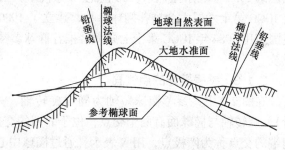

图2-1 地球基准线与基准面

铅垂线并不是有规律指向地球的质量中心或某一特定的点,这样,大地水准面也是一个有微小起伏的不规则曲面。大地水准面所包围的形体,称为大地体,大地体的形状代表了地球的基本形状。由于大地体表面仍然是具有微小起伏的不规则曲面,无法用数学公式来描述,地理空间中的各种要素,也无法通过数学方法在大地体表面进行表达与处理。由此,在地球科学领域,用一个与大地的形状、大小最为接近、拟合最好、且能用数学函数表示的椭球体来代表大地体。由图2-1可以看出,地理空间任意一点的铅垂线与通过该点的地球椭球面法线,一般不重合,它们之间的差值称为垂线偏差。

### 2.1.2 参考椭球体

如图2-2,地球椭球体是可以用数学公式表示的椭圆绕其短轴旋转而成。它的

参数包括：长半径 $a$、短半径 $b$、扁率 $\alpha$、第一偏心率 $e$、第二偏心率 $e'$，这些参数合称为椭球体元素，它们决定了地球椭球体的形状、大小。椭球体元素之间有如下关系：

$$\left.\begin{array}{l} \alpha = (a-b)/a \\ e = \sqrt{(a^2-b^2)/a^2} \\ e' = \sqrt{(a^2-b^2)/b^2} \end{array}\right\} \quad (2-1)$$

在（2-1）式中，只需知道至少有一元素是半径的任意两个元素，就可以求出任何其他元素。

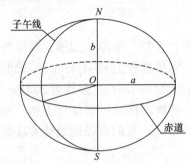

图 2-2　地球椭球体

地球椭球体面（地球椭球体表面）虽然整体上与大地水准面（大地体表面）拟合最佳，但不同地区的大地水准面到地球椭球面的距离不同，该距离的大小，直接影响地理空间要素，归算到地球椭球体面上的精确度，因此，不同的国家与地区，根据不同时期的观测资料，建立了与本区域大地水准面拟合最佳的地球椭球体。为与全球统一的地球椭球体概念加以区别，称各自国家或地区建立的地球椭球体为参考椭球体。参考椭球体是建立空间参考系统的基础。我国在 1952 年以前使用的是海福特（Hayford）椭球体；从 1953 年起采用前苏联建立的克拉索夫斯基椭球，建立了我国的 1954 年北京坐标系；20 世纪 70 年代末，根据大地测量观测资料，使用 1975 年 IUGG 第十六届大会推荐椭球参数，建立了 1980 年国家大地坐标系；在 GPS 中，美国使用 1984 年 IUGG 第十七届大会推荐椭球参数，建立了 GPS 专用 WGS-84 坐标系统。

### 2.1.3 参考椭球的点线面

在图 2-2 中，参考椭球短轴为椭球旋转轴，一般与地球旋转轴重合（或者平行）。旋转轴与椭球面有两个交点，位于北端的交点称为北极点，用 $N$ 表示；位于南端的交点称为南极点，用 $S$ 表示。通过椭球中心 $O$ 且垂直于椭球旋转轴 $NS$ 的平面称为赤道面，赤道面与椭球表面的交线为赤道。包含椭球旋转轴的平面称为子午面，子午面与椭球表面的交线称为子午线。

## 2.2　空间与时间参考系统

GPS、RS、GIS 研究与处理的对象，位于地理空间，包括地表面、地表层，也包括大气层与太空。空间信息技术涉及空间对象在地理空间的位置、各种要素在地理空间的分布。确定位置与分布，需要建立相应的空间参考系统。GPS、RS 涉及到人造卫星，而卫星的运动轨迹与地球的自转无关，通常建立与地球自转无关的天球坐标系来描述；位于地表层、地面、大气层的物体与对象，随地球的连续自转而同步运动，一般建立随地球自转而同步运动的地球坐标系来描述；地面要素的表达，二维平面空间比二维球面空间更为方便，一般用平面坐标系描述；利用

GPS 确定目标的空间位置,其基本观测量是时间的函数,需要建立时间参考系统。

### 2.2.1 天球坐标系

卫星绕地球旋转,与地球自转无关。地球绕地轴(地球旋转轴)自转,同时绕太阳公转,地球绕太阳公转的平面,称为黄道面。如果假定地球在空间的位置是静止不变的,相对于地球质心而言,也可认为太阳在黄道面内绕地球质心运动,太阳绕地球的运动,称为视运动,亦与地球的自转无关。

如图 2-3,为描述卫星空间位置简单起见,设地球质心位于地轴上,且假定地球质心与地轴在宇宙空间的位置静止不动,则称以 $O$ 为球心,半径无穷大的球为天球。地轴无限延伸与天球交于天北极点 $P_N$、天南极点 $P_S$。$P_N$ 与 $P_S$ 的连线称为天轴,它与地轴重合。过天球球心 $O$ 且垂直于天轴的平面称为天球赤道面,它与天球相交的大圆称为天球赤道。黄道面与天球相交的大圆称为黄道,黄道与赤道交于春分点($\gamma$)与秋分点。由图 2-3 以及上面的描述可以看出,无论是地球的自转,还是太阳绕地球的视运动(地球绕太阳公转),其天轴、天球赤道、春分点之间的相对关系固定不变。

如图 2-4,以地球质心 $O$ 为原点,$O$ 点至天北极 $P_N$ 的方向为 $Z$ 轴,$O$ 点至春分点 $\gamma$ 的方向为 $X$ 轴,由 $X$ 轴、$Y$ 轴、$Z$ 轴按右手坐标系法则,在天球赤道面内定义出 $Y$ 轴。$O\text{-}XYZ$ 空间直角坐标系称为地心天球直角坐标系,简称天球直角坐标系。天体 $S$ 的空间位置,由天球直角坐标($X$、$Y$、$Z$)来描述。

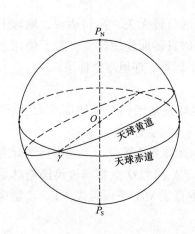
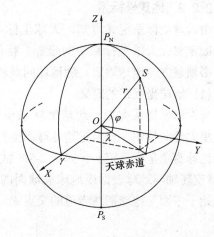

图 2-3　天球系统　　　　　　图 2-4　天球坐标系

包含天轴的平面称为天球子午面,过春分点的天球子午面,称为天球基准子午面。以地球质心 $O$、天球基准子午面、天球赤道面构成的球面坐标系,称为地心天球球面坐标系,简称为天球球面坐标系。天体 $S$ 的空间位置,又可由天球球面坐标($\lambda$,$\varphi$,$r$)来描述。其中,$\lambda$ 为 $S$ 所在天球子午面与天球基准子午面之间的夹角,称为赤径;$\varphi$ 为 $O$ 点至 $S$ 的向径与赤道面的夹角,称为赤纬;$r$ 为地球质心至 $S$ 的径向长度。

天球直角坐标系与天球球面坐标系,合称为天球坐标系。由图 2-4 不难证明,天球直角坐标($X$,$Y$,$Z$)与天球球面坐标($\lambda$,$\varphi$,$r$)有如下关系:

$$\left.\begin{aligned} X &= r\cos\varphi\cos\lambda \\ Y &= r\cos\varphi\sin\lambda \\ Z &= r\sin\varphi \end{aligned}\right\} \tag{2-2}$$

$$\left.\begin{aligned} r &= \sqrt{X^2 + Y^2 + Z^2} \\ \lambda &= \arctan\frac{Y}{X} \\ \varphi &= \arctan\frac{z}{\sqrt{X^2 + Y^2}} \end{aligned}\right\} \tag{2-3}$$

由于天球坐标系原点（天球球心）与地球质心重合，$Z$ 轴与地轴重合，而且天球坐标系不随地球自转而变化，这对于描述绕地球质心旋转，但与地球自转无关的卫星位置，将是十分方便的。

需要指出的是，由于地球不是均质标准椭球体，以及日、月等对地球的引力作用，使得地球的旋转轴（地轴）产生抖动与进动，即地轴（天球直角坐标系 $Z$ 轴）的方向不是固定不变的。再者，日、月和恒星引力对地球绕日运动的摄动，使得黄道平面产生变化；再加上地轴方向变化使得与地轴垂直的赤道面产生倾斜，导致黄道与赤道相交的春分点也发生变化。地轴方向与春分点的变化是十分复杂的，一般分为长期变化（称为岁差）和短周期变化（称为章动）。岁差与章动使得天轴坐标系不是固定的，实际计算中，需要考虑岁差与章动的影响。

### 2.2.2 地球坐标系

由天球坐标系定义可知，天球坐标与地球的自转无关，换句话说，地球上的任一固定点在天球坐标系中的坐标，将随地球的自转而连续改变。为了使用上方便，必须建立与地球固定，随地球同频转动的坐标系，即地球坐标系。

**(1) 地球坐标系的定义**

与天球坐标系类似，地球坐标系也分为地球直角坐标系和地球球面坐标系。在卫星大地测量中，通常把地球球面坐标系称为大地坐标系。

地球直角坐标系定义：如图 2-5，原点 $O$ 与地球质心重合，$Z$ 轴指向地球北极（地球旋转轴与地球表面或地球椭球面的交点），$X$ 轴为 $O$ 点指向过英国格林尼治的起始子午面与地球椭球赤道的交点 $E$，$Y$ 轴垂直于 $XOY$ 平面且 $X$、$Y$、$Z$ 轴构成

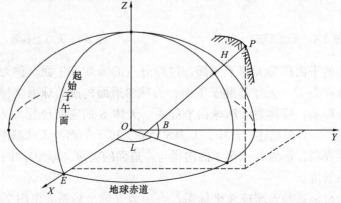

图 2-5 地球坐标系

右手坐标系。地理空间中的 $P$ 点位置,用地球直角坐标 ($X$, $Y$, $Z$) 表示。

大地坐标系定义:大地坐标系的球面是长半径为 $a$、短半径为 $b$ 的椭圆绕短轴旋转后所形成的椭球面。椭球球心与地球直角坐标系原点 $O$(地球质心)重合,短轴与地球直角坐标系 $Z$ 轴(地球旋转轴)重合。包含椭球中心且垂直于短轴的平面称为地球赤道面,包含椭球短轴的平面称为椭球子午面,通过格林尼治天文台的椭球子午面定义为起始子午面。地理空间中 $P$ 点的位置,用大地坐标($L$,$B$,$H$)表示。$L$ 为过 $P$ 点的椭球子午面与起始子午面之间的夹角,称为大地经度;$B$ 为过 $P$ 点的地球椭球面法线与地球赤道面的夹角,称为大地纬度;$H$ 为 $P$ 点沿 $P$ 点椭球面法线方向至椭球面的距离,称为大地高程。

**(2) 地球直角坐标与大地坐标的关系**

可以证明,地球直角坐标($X$,$Y$,$Z$)与大地坐标($L$,$B$,$H$)有如下关系:

$$\left.\begin{array}{l} X = (N + H)\cos B \cos L \\ Y = (N + H)\cos B \sin L \\ Z = [N(1 - e^2) + H]\sin B \end{array}\right\} \quad (2\text{-}4)$$

式中　$N$——椭球卯酉圈(包含法线且与子午面垂直的平面与椭球面的交线)曲率半径

$$N = \frac{a}{\sqrt{1 - e^2 \sin^2 B}} \quad (2\text{-}5)$$

$e$——椭球的第一偏心率,其值由(2-1)式计算。

$$\left.\begin{array}{l} L = \arctan \dfrac{Y}{X} \\ B = \arctan \left[ \tan \Phi \left( 1 + \dfrac{ae^2 \sin B}{Z\sqrt{1 - e^2 \sin^2 B}} \right) \right] \\ H = \dfrac{\cos \Phi \sqrt{X^2 + Y^2 + Z^2}}{\cos B} - N \end{array}\right\} \quad (2\text{-}6)$$

式中

$$\Phi = \arctan \frac{Z}{\sqrt{X^2 + Y^2}}$$

对于纬度 $B$,由(2-6)式计算时,需迭代计算,但收敛速度较快,仍普遍采用。亦有直接解算公式,但计算式比较复杂,读者可参考有关文献。

**(3) WGS-84 坐标系和我国国家大地坐标系**

前已叙及,大地体(大地水准面所包围的形体)是不规则的、近似于梨形的形体,相对于能用数学公式表达的地球椭球体而言,不同地理位置的大地体,其凸凹程度存在较大差异。为了满足不同用途和保证各区域定位精度和使用上的方便,地球坐标系有公用的坐标系,也有各个国家或地区建立地球坐标系。

**1) WGS-84 坐标系**

WGS-84(World Geodetic System)坐标系是美国国防部测量局从 20 世纪 60 年代开始建设,分别建有 WGS-60、WGS-66、WGS-72。经过不断地改进,于 1984 年启用WGS-84，GPS使用WGS-84。由于GPS在世界各个国家、各个领域广泛应用，WGS-84顺理成章地成为了全球公用的地球坐标系。实际上，WGS-84坐标系对应椭球的参数，采用的是国际时间局（BIH）1984年定义的协议地球参考系（BTS-84）的参数，只是WGS-84的坐标原点相对BTS-84的坐标原点略有偏移。为了使WGS-84尽量与CTS-84完全一致，美国在坐标原点、尺度因子、经度零点等定义上做了一些改进，可以把WGS-84看成是国际协议地球坐标系（CTS）的一个实现，它也是目前最高精度水平的全球大地测量参考系。

WGS-84直角坐标系定义：原点位于地球质心，$Z$轴、$X$轴分别由原点指向BIH1984.0定义的协议地球极（CTP）和零子午面与CTP对应赤道的交点，$X$轴、$Y$轴与$Z$轴构成右手坐标系。

WGS-84椭球元素，采用国际大地测量（IAG）与地球物理联合会（IUGG）第十七届大会的推荐值，其长半径$a$、地球引力常数（含大气层）$GM$、正常化二阶带谐系数$\overline{C}_{2.0}$和地球自转角速度$\omega$四个基本常数为：

$$a = 6378137 \quad \text{m}$$
$$GM = 3986005 \times 10^8 \quad \text{m}^3/\text{s}^2$$
$$\overline{C}_{2.0} = -484.16685 \times 10^6$$
$$\omega = 7292115 \times 10^{-11} \quad \text{rad/s}$$

由这四个基本常数，可以计算出椭球的其他常数，如椭球扁率$\alpha = 1/298.257223563$。

2）我国国家大地坐标系

我国目前使用的国家大地坐标系有两个：1954年北京坐标系（简称BJ54）和1980年国家大地坐标系（简称GDZ80）。

（a）1954年北京坐标系  我国1949年建国后，由于历史条件限制，没有建立椭球的足够资料，暂时采用了克拉索夫斯基椭球参数，并与前苏联1942年大地坐标系进行联测、计算，建立了我国的大地坐标系，命名为1954年北京坐标系。1954年北京坐标系椭球的长半径$a$，扁率$\alpha$的值如下：

$$a = 6378245 \quad \text{m}$$
$$\alpha = 1/298.3$$

（b）1980年国家大地坐标系  根据1954年北京坐标系，我国建成了全国天文大地网，为国家的经济建设和国防建设发挥了巨大的作用。由于BJ54的椭球参数和大地原点实际上是前苏联的1942年坐标系，随着测绘理论与技术的不断发展、完善和我国区域内测绘成果的实际验证，发现BJ54系统存在诸多缺陷。比如：椭球参数误差较大，长半径$a$比现代精密大地椭球参数大一百多米；参考椭球面与我国大地水准面相差较大，在我国东部地区最大相差达68米；椭球短轴指向不明确；几何大地测量与物理大地测量的参考面不统一。为了改进这些不足，我国根据已有观测资料，建立了1980年国家大地坐标系。

1980年国家大地坐标系的定义为：直角坐标系原点为参考椭球中心（不在地球质心），$Z$轴（椭球短轴方向）平行于地球自转轴（地球质心指向地极原点JYD1968.0的方向），起始子午面平行于格林尼治平均天文台子午面。$X$轴位于起始子午面内，且与 $Z$ 轴垂直，指向大地零经度方向，$X$ 轴、$Y$ 轴与 $Z$ 轴构成右手坐标系，椭球参数采用 1975 年 IUGG 第十六届年会的推荐值，其四个基本常数为：

$$a = 6378140 \quad \text{m}$$
$$GM = 3986005 \times 10^8 \quad \text{m}^3/\text{s}^2$$
$$J_2 = 1.08263 \times 10^{-3}$$
$$\omega = 7292115 \times 10^{-11} \quad \text{rad/s}$$

式中　$a$、$GM$、$\omega$——与 WGS-84 坐标系椭球元素含义相同；

$J_2$——地球重力场二阶带谐系数；

$J_2$——$J_2 = -\overline{C}_{2,0} \cdot \sqrt{5}$。

由上述四个参数，可以计算出椭球扁率 $\alpha = 1/298.257$。

除上述 BJ54 和 GDZ80 外，还有一个称为"新 1954 年北京坐标系"的国家大地坐标系，简称 BJ54新。该系统是 BJ54 与 GDZ80 之间的一个过渡坐标系。此处不再详叙。

### 2.2.3 站心坐标系

在 GPS 定位中，通常采用以地面观测站为坐标原点的站心坐标，来描述卫星与测站之间的方位角、高度角和距离，以便确定观测方案时了解卫星在天空中的分布状况。

站心坐标系分为站心地平直角坐标系和站心地平极坐标系。

（1）站心地平直角坐标系

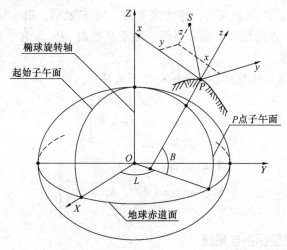

图 2-6　站心地平直角坐标系

如图 2-6，$O$ 点是地球椭球（以下简称椭球）中心，$O$-$XYZ$ 为地球坐标系。在 GPS 中，$O$-$XYZ$ 一般指 WGS-84 坐标系。$P$ 为地面观测站，$S$ 为空间卫星。站心地平直角坐标系的定义为：过 $P$ 点的椭球面法线为 $z$ 轴，指向 $P$ 点天顶方向为正；垂直于 $z$ 轴且由 $P$ 点指向椭球旋转轴的方向为 $x$ 轴，指向北方为正；$x$ 轴、$y$ 轴与 $z$ 轴构成左手坐标系。由上述定义不难看出，$xPy$ 平面为过测站 $P$ 点且垂直于 $P$ 点天顶方向的地平面，故以测站中心为原点的直角坐标系 $P$-$xyz$，被称为站心地平直角坐标系。其 $x$ 轴指向地平北方向，$y$ 轴指向地平东方向，$z$ 轴指向测站天顶方向。

设卫星 $S$ 在站心地平直角坐标系 $P$-$xyz$ 中的坐标为 $(x, y, z)$，在地球坐标系 $O$-$XYZ$ 中的坐标为 $(X, Y, Z)$；地面观测站 $P$ 在地球球面坐标系中的经度与纬度分别为 $L$、$B$，在地球直角坐标系中的坐标为 $(X_P, Y_P, Z_P)$。当知道卫星的地球直角坐标和观测站的地球球面坐标与地球直角坐标时，可以由下式计算卫星 $S$ 的站心地平直角坐标。

$$\begin{pmatrix} x \\ y \\ z \end{pmatrix} = \begin{pmatrix} -\sin B\cos L & -\sin B\sin L & \cos B \\ -\sin L & \cos L & 0 \\ \cos B\cos L & \cos B\sin L & \sin B \end{pmatrix} \begin{pmatrix} X - X_P \\ Y - Y_P \\ Z - Z_P \end{pmatrix} \quad (2\text{-}7)$$

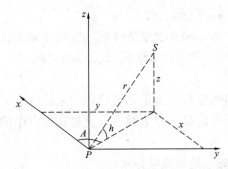

图 2-7 两种站心坐标系之间的关系

(2) 站心地平极坐标系及其与站心地平直角坐标系的关系

类似于球面坐标系与空间直角坐标系的关系，可以建立与站心地平直角坐标 $P$-$xyz$ 等价的站心地平极坐标系 $P$-$Ahr$。

站心地平极坐标系定义：如图 2-7，设 $xPy$ 平面为基准面，$P$ 点为极点，$Px$ 轴为极轴，$zPx$ 平面顺时针量至 $zPS$ 平面的夹角称为方位角，用 $A$ 表示，取值 0～360°；$PS$ 直线与 $xPy$ 平面之间的夹角，称为高度角，用 $h$ 表示，由 $xPy$ 平面起算，取值 0～90°；$P$ 点至 $S$ 点的距离，用 $r$ 表示。由于基准面 $xPy$ 为地平面，则称 $P$-$Ahr$ 为站心地平极坐标系。

站心地平直角坐标与站心极坐标有如下关系：

$$\left.\begin{matrix} X = r\cos A\cos h \\ Y = r\sin A\cos h \\ Z = r\sin h \end{matrix}\right\} \quad (2\text{-}8)$$

$$\left.\begin{matrix} A = \arctan(Y/X) \\ h = \arctan(Z/\sqrt{X^2 + Y^2}) \\ r = \sqrt{X^2 + Y^2 + Z^2} \end{matrix}\right\} \quad (2\text{-}9)$$

### 2.2.4 平面坐标系与高程

地面点的空间位置，可以用空间直角坐标或用大地坐标与大地高表示。在实际应用中，地面点、地表要素，更多的是用平面直角坐标与正高（高程）表示。

**(1) 平面直角坐标系**

平面直角坐标系的基本定义如图 2-8 所示，纵轴为 $x$ 轴，横轴为 $y$ 轴，两轴相互垂直，其交点 $o$ 为坐标系原点，Ⅰ、Ⅱ、Ⅲ、Ⅳ四个象限按顺时针方向依次编排。该平面直角坐标系与数学中定义的平面直角坐标系的 $x$、$y$ 轴的位置互换，象限编排顺序相反。

平面直角坐标系按用途与性质不同，主要有三种：国家平面直角坐标系、地方平面直角坐标系和假定平面直角坐标系。

1) 国家平面直角坐标系

按照高斯投影方法（详见第 2.4.2 节），将规定分带中的中央子午线投影成纵轴，赤道投影成横轴所建立的平面直角坐标系，称为高斯平面直角坐标系，亦是我国统一的国家平面直角坐标系。纵轴 $x$ 为南北方向，向北为正；横轴 $y$ 为东西方向，向东为正。

2) 地方平面直角坐标系

由 2.4.2 节中介绍的高斯投影方法将会看到，离中央子午线愈远的点，其投影误差愈大，为减小投影

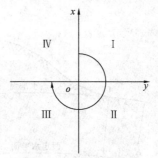

图 2-8 平面直角坐标系

误差，一些不在指定中央子午线附近的城市或局部区域，通常选择所在区域的某一子午线为中央子午线，再进行高斯投影，建立平面直角坐标系，称之为地方平面直角坐标系，亦称为独立平面直角坐标系。

地方平面直角坐标系与国家平面直角坐标系，仅中央子午线不同，前者的中央子午线是根据城市或局部区域自选的，后者的中央子午线是国家统一规定的。

3) 假定平面直角坐标系

在某些不需要或不能与国家、地方平面直角坐标系联测的小区域，假定一个控制点的平面坐标和一条边（两点连线）的方向作为起算数据所建立的坐标系，称为假定平面直角坐标系，该坐标系的 $x$ 轴不一定指向实际的北方向。

上述三种平面直角坐标系中，对于任意两个坐标系的点的坐标换算，只需知道某两点在两个坐标系中的坐标，或者一点与一条边在两个坐标系中的坐标与方位角，就可以通过解析几何的平移、旋转、缩放等方法进行换算。

**(2) 高程**

在平面直角坐标系中表示点的空间位置，一般要用到点的高程。

如图 2-9，地面点沿铅垂线至大地水准面的距离，称为绝对高程，亦称为海拔。若以某假定水准面作为起算面，则地面点沿铅垂线至假定水准面的距离，称为假定高程，亦称为相对高程。$H_A$、$H_B$ 分别是 $A$、$B$ 两点的绝对高程，$H_A'$、$H_B'$ 是 $A$、$B$ 两点的相对高程。通过联测一点 $A$（或其他点），求出 $A$ 点绝对高程 $H_A$ 和假定高程 $H_A'$，即可获得假定水准面与大地水准面之间的高差 $\Delta H$，其他各点通过 $\Delta H$，便可进行绝对高程与假定高程的换算。

表示地面点的高程，在大地坐标系中，使用大地高，大地高是地面点沿参考椭球面法线至参考椭球面的距离。如图 2-10，设 $A$ 点绝对高程为 $H_A$，$A$ 点在大地坐标系里的大地高为 $H_{大地高}$，由于大地水准面与参考椭球面不重合，它们之间的距离称为高程异常，用 $\xi$ 表示，则有：

$$\xi = H_{大地高} - H_A \tag{2-10}$$

如果已知某点的高程异常，则绝对高程与大地高之间可通过（2-10）式进行换算。由于大地水准面是不规则曲面，不同位置的地面点对应的高程异常值一般不相同。实际工作中，通常是测定区域内若干点的绝对高程和大地高，求出对应的高程异常值。再根据这些高程异常值，利用绘等值线图法、解析内插法、移动曲面法等方法，求出区域内任意点的高程异常值。

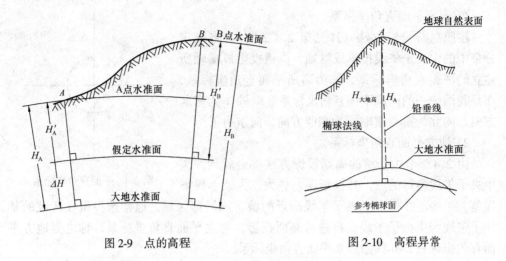

图 2-9　点的高程　　　　　图 2-10　高程异常

### 2.2.5　时间系统

利用 GPS 定位与导航，需要获得若干颗卫星的空间位置以及该位置上卫星至目标的距离。实际上，卫星的位置并不是静止不动的，它以约 3.9km/s 的速度在轨道上高速运动。不同的时刻，卫星的位置不同，卫星位置是时间的函数。再者，卫星至目标的距离，是依据卫星在某一位置上发射信号的时刻与目标点的接收机收到同一信号的时刻之间的时间差，再乘以信号的传播速度而间接得到的。根据卫星的运动速度和信号的传播速度，可以证明，如果要使卫星的位置误差小于 1cm，其测定时间的精度应达到 $2.6 \times 10^{-6}$s；如果要求测定距离的精度也小于 1cm，信号传播的时间误差应小于 $3.0 \times 10^{-11}$s。由此可见，时间系统对于 GPS 的定位与导航，具有特别重要的作用。

与空间系统一样，时间系统应有时间尺度（时间单位）与原点（起始历元）。其中，时间尺度是关键，原点可根据实际应用选定。理论上任何一种周期运动，只要其运动是连续的，周期是稳定的，且可以通过观测和实验实现，都可用来建立时间基准。由于所选择的运动现象不同，时间系统有很多种。下面简要介绍空间信息技术涉及的一些基本时间系统和 GPS 时间系统。

**(1) 基本时间系统**

1) 恒星时（Sidereal Time—ST）

以春分点为参考点，根据春分点的周日视运动所确定的时间，称为恒星时。地球自转时，春分点连续两次经过本地子午圈的时间间隔定为一个恒星日，等分为 24 个恒星时。某地某一时刻的恒星时，在数值上等于本地子午圈相对于春分点的时角。同一瞬时，不同观测站的子午圈相对于春分点的时角不同，因此，恒星时具有地方性，亦称为地方恒星时。

2) 平太阳时（Mean Solar Time—MT）

由于地球绕太阳公转的轨道是一个椭圆，根据天体运动的开普勒定律可知，真太阳的视运动速度是变化的。为了弥补真太阳的这一变化缺陷，设想存在一个假太阳存在，它以真太阳周年运动的平均速度，在天球赤道上作周年视运动，且周期与真太阳相同，称这个假太阳为平太阳，以平太阳为参考点，根据平太阳的周日视运动所确定的时间,称为平太阳时。与恒星时类似,平太阳连续两次经过本地子午圈的时间间隔为一个平太阳日,等分为24个平太阳时,某地某一时刻的平太阳时,在数值上等于本地子午圈相对于平太阳的时角。同一时刻不同点的平太阳时不同,平太阳时也具有地方性,亦称为地方平太阳时或地方平时。

3) 世界时 (Universal Time—UT)

平太阳时属于地方时,地球上不同经度圈上的平太阳各不相同。以平子夜为零时起算的格林尼治平太阳时,称为世界时。世界时与平太阳时尺度相同,但起算点与格林尼治平太阳时起算点相差12h。若以GMST表示格林尼治的平太阳时,则世界时UT为:

$$UT = GMST + 12^h \quad (2-11)$$

由于地球自转轴的方向在地球内部的变化,存在极移现象,需在UT中加入极移改正后得到UT1。后来由于高精度石英钟的使用以及观测精度的提高,发现地球自转速度也是不均匀的,需要在UT1中再加入地球自转速度的季节性变化改正得到UT2。在空间信息技术中,世界时主要用于天球坐标系与地球坐标系之间的转换计算。

4) 国际原子时 (International Atomic Time—IAT)

世界时(UT、UT1、UT2)以地球自转轴为基础。由于地球自转轴方向的不稳定性和地球旋转的不均匀性,使得世界时的准确度和稳定度难以满足许多现代高精度应用的需要。1967年后,计时标准转向比世界时更精确的原子时。原子时是利用原子钟所建立的时间系统。原子时采用国际制秒(SI)。国际制秒秒长被定义为:位于海平面上的铯133(CS133)原子基态两个超精细能级,在零磁场中跃迁辐射震荡9192631770周所持续的时间;原子时原点为1958年1月1日世界时(UT2)。事后发现世界时与原子时之间相差0.0039s。

原子时通过原子钟守时与授时,受各种误差影响,世界各地不同的原子钟的原子时之间存在差异。为了建立国际统一的原子时系统,国际时间局从1977年开始,根据全球精选出的不同地点约一百台原子钟,经高精度时间对比和数据处理后推算出的一个时间系统,称为国际原子时(International Atomic Time—IAT)

国际原子时与世界时在原点的关系为:

$$IAT = UT2 + 0.0039s \quad (2-12)$$

5) 协调世界时 (Coordinate Universal Time—UTC)

原子时的均匀性、稳定性虽然比世界时好,但地球科学的许多研究与应用,仍涉及地球的瞬时位置,使得原子时不能完全取代以地球自转为基础的世界时。为了利用原子时的优点,同时又满足对世界时的实际应用需要,国际无线电科技协会和国际天文学会建立了一个两者兼而有之的时间系统。即,以原子时的国际制秒(SI)为基础,用正负闰秒的方法保持与世界时相差在一秒以内的一种时间。这种时间称为协调世界时(Coordinate Universal Time—UTC)。协调世界时的秒长严格等于原子时的秒长,即使用国际制秒。由于国际制秒比世界时秒略短,使得原子时比世界时略快。当协调世界时比世界时的时刻差累计超过±0.9s时,便在协调世界时中引入闰秒。闰秒一般在12月31日或6月30日最后一秒加入,具体日期由国际时间局安排并通告。目前几乎所有国家发布的时号,均以 UTC 为标准。

**(2) GPS 时间系统(GPST)**

利用 GPS 定位与导航,其卫星在太空的瞬时位置,卫星信号的发射、传播和接收,都依赖于时间,为此,GPS 建立了自己的专用时间系统。这个时间系统简称为 GPST(GPS 时:GPS Time),它由 GPS 主控站的高精度原子钟守时与授时。

GPST 使用原子时系统,它的秒长等于原子时秒长,原点与 1980 年 1 月 6 日零时时刻的协调世界时(UTC)相同,而与该同一时刻的原子时相差 19s,此时,协调世界时已累计闰 19s。GPST 与国际原子时 IAT 和协调世界 UTC 时有如下关系。

$$GPST = IAT - 19s \tag{2-13}$$

$$GPST = UTC + 1s \times n \tag{2-14}$$

式中 $n$——1980 年 1 月 6 日零时起 UTC 累计闰秒次数。

GPST 启动后不跳秒,保持时间的连续性。GPST 与 UTC 的整秒差以及秒以下的差异,通过时间服务部门定期公布。在利用 GPST 进行时间校对时,需注意其与 UTC 的整秒差 $n$。

GPST 与国际原子时 IAT、世界时 UT1、协调世界时 UTC 的关系如图 2-11 所示。

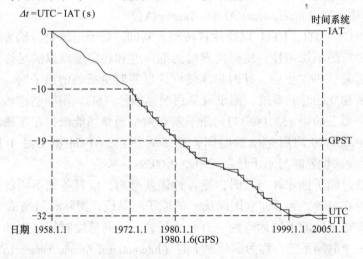

图 2-11 常见时间系统之间的关系

## 2.3 空间直角坐标系转换

### 2.3.1 天球直角坐标系与地球直角坐标系之间的转换

如图 2-12,由天球直角坐标系 $O\text{-}XYZ$ 与地球直角坐标系 $O\text{-}xyz$ 的定义可知,两坐标系的原点均位于地球质心 $O$,$O\text{-}XYZ$ 的 $Z$ 轴和 $O\text{-}xyz$ 的 $z$ 轴均为地球旋转轴,$O\text{-}XYZ$ 的 $X$、$Y$ 轴所在平面 $XOY$(天球赤道面)与 $O\text{-}xyz$ 的 $x$、$y$ 轴所在平面 $xOy$(地球赤道面)重合,均为过地球质心且垂直于地球旋转轴的平面。两坐标系所不同的是 $O\text{-}XYZ$ 的 $X$ 轴与 $O\text{-}xyz$ 的 $x$ 轴指向不同。$O\text{-}XYZ$ 的 $X$ 轴指向春分点(天球赤道与天球黄道的交点),与地球的自转无关。$O\text{-}xyz$ 的 $x$ 轴指向过格林尼治起始子午面与地球赤道的交点 $E$。由于 $E$ 点位于地球上,随地球自转同步移动,使得 $O\text{-}xyz$

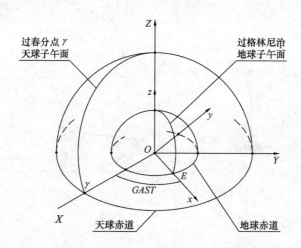

图 2-12 天球坐标系与地球坐标系关系

中 $x$ 轴的方向也随地球自转而连续变化。设 $O$-$XYZ$ 中的 $X$ 轴与 $O$-$xyz$ 的 $x$ 轴之间的夹角为 $GAST$,由恒星时的定义可知,$GAST$ 等于格林尼治的恒星时角,是时间的函数。

由图 2-12 可以看出,只需将 $O$-$XYZ$ 坐标系绕 $O$-$xyz$ 坐标系的 $z$ 轴旋转 $GAST$ 角即可。其数学表达式为:

$$\begin{pmatrix} x \\ y \\ z \end{pmatrix} = \begin{pmatrix} \cos(GAST) & \sin(GAST) & 0 \\ -\sin(GAST) & \cos(GAST) & 0 \\ 0 & 0 & 1 \end{pmatrix} \begin{pmatrix} X \\ Y \\ Z \end{pmatrix} \quad (2-15)$$

实际计算中,需要考虑地球旋转轴方向的变化,地球自转速度不均匀等因素的影响涉及瞬时天球坐标系、协议天球坐标系、瞬时地球坐标系、协议地球坐标系等概念,此处不再详述。

### 2.3.2 不同地球直角坐标系之间的转换

全球统一的地球直角坐标系,其原点位于地球椭球中心 $O$(地球质心),$Z$ 轴为地球旋转轴,$X$ 轴为原点 $O$ 点指向过英国格林尼治的起始子午面与地球椭球赤道的交点 $E$,$X$、$Y$、$Z$ 轴构成右手坐标系。实际上,目前世界上各国所使用的地球直角坐标系,与全球的统一地球直角坐标系,在原点位置、三个轴的方向上,一般都存在一些微小差异。全球定位系统使用的直角坐标系为 WGS—84,我国建立的直角坐标系为 1954 年北京坐标系(BJ54)和 1980 年国家大地坐标系(GDZ80),它们属于三个不同的地球坐标系,且 BJ54 与 GDZ80 属于两个不同参心(参考椭球中心)的地球坐标系。

地球直角坐标系之间的转换,包括地心直角坐标与参心直角坐标,不同的两个参心直角坐标之间的转换。对于我国,主要有 WGS-84 与 BJ54 或 GDZ80 之间的转换和 BJ54 与 GDZ80 之间相互转换等。

进行不同的地球直角坐标系之间转换,关键是建立两个坐标系之间转换的数学模型。如图 2-13,设原点分别为 $L$ 和 $W$ 的 $L$-$xyz$ 和 $W$-$XYZ$ 为两个不同的地球直角坐标系,地理空间点 $P$ 在两个不同坐标系 $L$-$xyz$ 和 $W$-$XYZ$ 中的坐标分别为 $(x, y, z)$ 和 $(X, Y, Z)$。根据 $(X, Y, Z)$ 求 $(x, y, z)$,可采用布尔萨(Bursa-

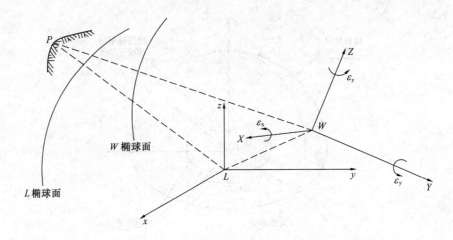

图 2-13 不同地球直角坐标系之间的关系

Wolf)模型。该模型含有 $\Delta x$,$\Delta y$,$\Delta z$,$k$,$\varepsilon_x$,$\varepsilon_y$,$\varepsilon_z$ 七个转换参数。其中 $\Delta x$,$\Delta y$,$\Delta z$ 称为平移参数,它实际上是 W-XYZ 坐标系原点 W 在 L-xyz 坐标系中的坐标;$k$ 为尺度变化因子;$\varepsilon_x$,$\varepsilon_y$,$\varepsilon_z$ 为旋转参数,它们是 W-XYZ 坐标系分别绕 X、Y、Z 坐标轴旋转的角值,旋转后 W-XYZ 坐标系中的 X、Y、Z 轴分别与 L-xyz 坐标系中的对应的 x、y、z 轴平行。

若已知上述七个参数和 (X, Y, Z),则 (x, y, z) 可用下式求出:

$$\begin{pmatrix} x \\ y \\ z \end{pmatrix} = \begin{pmatrix} \Delta x \\ \Delta y \\ \Delta z \end{pmatrix} + (1+k) R(\varepsilon_z) R(\varepsilon_y) R(\varepsilon_x) \begin{pmatrix} X \\ Y \\ Z \end{pmatrix} \quad (2\text{-}16)$$

式中 $R(\varepsilon_x)$、$R(\varepsilon_y)$、$R(\varepsilon_z)$——为三个旋转矩阵,其具体表达式为:

$$R(\varepsilon_x) = \begin{pmatrix} 1 & 0 & 0 \\ 0 & \cos\varepsilon_x & \sin\varepsilon_x \\ 0 & -\sin\varepsilon_x & \cos\varepsilon_x \end{pmatrix} \quad R(\varepsilon_y) = \begin{pmatrix} \cos\varepsilon_y & 0 & -\sin\varepsilon_y \\ 0 & 1 & 0 \\ \sin\varepsilon_y & 0 & \cos\varepsilon_y \end{pmatrix}$$

$$R(\varepsilon_z) = \begin{pmatrix} \cos\varepsilon_z & \sin\varepsilon_z & 0 \\ -\sin\varepsilon_z & \cos\varepsilon_z & 0 \\ 0 & 0 & 1 \end{pmatrix}$$

实际计算中,WGS-84、BJ54、GDZ80 之间的 $k$,$\varepsilon_x$,$\varepsilon_y$,$\varepsilon_z$ 均为微小量,为了简化计算,可认为 $\cos\varepsilon_i \approx 1$,$\sin\varepsilon_i \approx \varepsilon_i$,$k\varepsilon_i \approx 0$,$\varepsilon_i \varepsilon_j \approx 0$,($i = x, y, z$;$j = x, y, z$)。则 (2-16) 式可写成为:

$$\begin{pmatrix} x \\ y \\ z \end{pmatrix} = \begin{pmatrix} \Delta x \\ \Delta y \\ \Delta z \end{pmatrix} + (1+k) \begin{pmatrix} X \\ Y \\ Z \end{pmatrix} + \begin{pmatrix} 0 & \varepsilon_z & -\varepsilon_y \\ -\varepsilon_z & 0 & \varepsilon_x \\ \varepsilon_y & -\varepsilon_x & 0 \end{pmatrix} \begin{pmatrix} X \\ Y \\ Z \end{pmatrix} \quad (2\text{-}17)$$

令:$x_L = (x\ y\ z)^T$, $X_W = (X\ Y\ Z)^T$, $R = (\Delta x\ \Delta y\ \Delta z\ k\ \varepsilon_x\ \varepsilon_y\ \varepsilon_z)^T$

$$C = \begin{pmatrix} 1 & 0 & 0 & X & 0 & -Z & Y \\ 0 & 1 & 0 & Y & Z & 0 & -X \\ 0 & 0 & 1 & Z & -Y & X & 0 \end{pmatrix}$$

则对（2-17）式整理后可得：

$$x_L = X_W + C \cdot R \tag{2-18}$$

由（2-18）式可知，如果已知两个坐标系转换的布尔萨模型的七个转换参数，就可由空间某点在一个坐标系中的坐标，求出该点在另一坐标系中的坐标。如果不知道这七个转换参数，则需要有若干在两个坐标系中的坐标均为已知的重合点，利用重合点的已知坐标值，根据（2-18）式列出至少七个方程解算出七个转换参数，然后再利用布尔萨模型，进行其他点的坐标转换。每个重合点可列出三个方程，列出七个求解转换参数的方程，至少应有三个重合点。

## 2.4 地图投影

地球是一个近似的椭球体，将地球表面的各种要素描绘到一个可用数学公式表达的椭球面上，最能准确表达各种要素的分布及它们之间的相互关系。实际上，用椭球面所表示的地面图形，在使用上存在诸多问题。例如，人们携带一张球状地图外出旅行显然是不方便的，工程技术人员几乎无法使用球状地形图进行规划设计。实际应用中，需要将球面上的各种要素表示在平面图纸上。

### 2.4.1 地图投影基本概念

将地球椭球面上具有球面坐标的点、线、面等，在平面坐标系统中表示出来，其关键是确定球面坐标与平面坐标之间的函数关系。设地面某点在地球坐标系中的球面坐标为（$L$，$B$），在平面直角坐标系中的坐标为（$x$，$y$），根据数学中的投影理论，可以建立一种函数。

$$\left. \begin{array}{l} x = f_1(L, B) \\ y = f_2(L, B) \end{array} \right\} \tag{2-19}$$

该函数使得球面点与平面点有一一对应关系。这种运用一定的数学法则，将地球椭球面上的点、线、面投影到平面上的方法，称为地图投影。

球面是不可展曲面，将曲面上的要素投影到平面上，必然产生变形，这些变形包括：长度变形、角度变形和面积变形。根据地理位置和用途不同，可以通过选择不同的投影类型和对应的投影函数，使某种变形为零，其他变形最小，或使所有变形都控制在允许范围内。可选的投影包括等角投影（投影前后角度相等，长度与面积有变形，亦称正形投影）、等距投影（投影前后长度相等，角度与面积有变形）、等积投影（投影前后面积相等，角度与距离有变形）和任意投影（投影后角度、距离和面积均有变形，但控制在允许范围内）。

地图投影的实质，是将不可展的地球椭球面上的点、线、面要素，先投影到一个可展的曲面上，然后再将可展曲面展开，便得到了平面投影图形。其中，可展曲面主要有锥面、柱面和平面（曲率为零的曲面），对应的投影分别被称为圆锥投影、圆柱投影和方位投影。根据投影曲面的中心轴（平面的中心轴为平面中点法线）与地轴（地球椭球旋转轴）的相对关系，其投影还具有不同的名称。两轴重合的投影称为正轴投影，两轴斜交时称为斜轴投影，两轴相互垂直时称为横轴投影。根据所选的投影面和中心轴与地轴的关系不同，地图投影有图 2-14 的九种基本形式，每种基本形式又分为相切与相割两种类型。图 2-14 中编号为 1、5、9 的为相割类型，其他为相切类型。

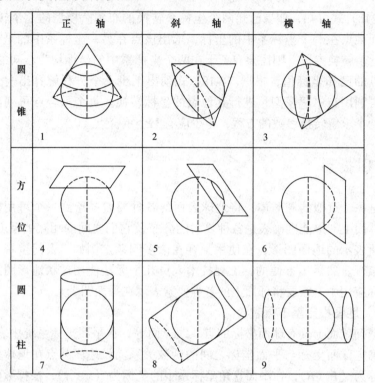

图 2-14 地图投影类型

### 2.4.2 我国常用地图投影

据不完全统计，全世界现有地图投影多达 256 种，我国根据所处地理位置，目前主要使用高斯—克吕格投影和兰勃特（lanbert）投影。在我国现行的基本比例尺地形图 1:5000、1:10000、1:25000、1:50000、1:100000、1:250000、1:500000 和 1:1000000 中，除 1:1000000 比例尺地形图使用 lanbert 投影外，其他各种比例尺地形图均采用高斯—克吕格投影。

**(1) 高斯—克吕格投影**

高斯—克吕格（Gauss-Krüger）投影是由德国科学家高斯于 1825～1830 年期间提出，后来直到 1912 年由德国另一科学家克吕格推导出实用的投影计算公式后，这种投影才得到实际应用，所以该投影称为高斯—克吕格投影，有时简称为高斯投影。

如图 2-15（a），高斯—克吕格投影是一种横轴椭圆柱等角投影。它是将一个与椭球（地球椭球或参考椭球）长、短半径相同的椭圆柱横套在椭球体外，与椭球相切于某规定的中央子午线（位于投影带正中间的子午线），椭圆柱中心轴通过椭球中心，按照应满足的基本条件，将中央子午线两侧规定范围内的点投影到椭圆柱上后，再将椭圆柱面展开成平面，便得到了图 2-15（b）所示的高斯投影平面图形。

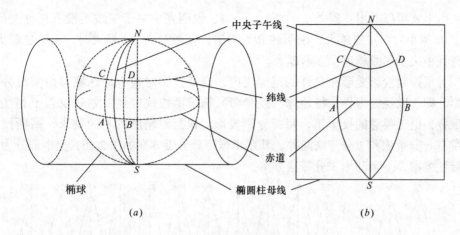

图 2-15 高斯投影

高斯投影应满足的条件是：①中央子午线和赤道投影成相互垂直的直线；②等角投影；③中央子午线上没有长度变形。

由中央子午线和赤道经高斯投影后所得到的两条相互垂直的直线分别作为纵轴 $x$（向北为正）和横轴 $y$（向东为正）建立高斯平面直角坐标系，则满足上述高斯投影条件的计算公式为：

$$\left.\begin{aligned}x &= S + \frac{1}{2}Nl^2\sin B\cos B + \frac{1}{24}N(5 - \tan^2 B + 9\eta^2 + 4\eta^4)l^4\sin B\cos^3 B \\ &\quad + \frac{1}{72}N(61 - 58\tan^2 B + \tan^4 B)l^6\sin B\cos^5 B \\ y &= Nl\cos B + \frac{1}{6}N(1 - \tan^2 B + \eta^2)l^3\cos^3 B \\ &\quad + \frac{1}{120}N(5 - 18\tan^2 B + \tan^4 B + 14\eta^2 - 58\eta^2\tan^2 B)l^5\cos^5 B\end{aligned}\right\}$$

(2-20)

式中 $x$、$y$——高斯平面直角坐标系纵、横坐标；

$l$、$B$——椭球球面坐标系点的经差与纬度，均以弧度计，其中 $l$ 为椭球面上点的经度 $L$ 与所在投影带的中央子午线经度 $L_0$ 之差，即：$l = L - L_0$；

$S$——从赤道量至椭球面点的子午线弧长；

$N$——椭球面点处卯酉圈曲率半径，由（2-5）式计算；

$\eta$——$\eta^2 = e'^2\cos^2 B$，$e'$ 由（2-1）式计算。

当 $l < 3.5°$ 时，（2-20）式的投影换算精度可达 ±0.001m，如果换算精度要求低于 0.1m，则（2-20）式第一式的最后一项和第二式最后一项括号中的 $14\eta^2 - 58\eta^2\tan^2 B$ 可以省略。

高斯投影为等角投影，但长度和面积均产生投影变形。由于角度没有投影变形，其面积变形实际上可以看成是长度变形所引起的。高斯投影长度变形的基本公式为：

$$\mu = 1 + \frac{1}{2}\cos^2 B(1 + \eta^2)l^2 + \frac{1}{6}\cos^4 B(2 - \tan^2 B)l^4 - \frac{1}{8}l^4\cos^4 B + \cdots$$

(2-21)

由上式可以看出：经差 $l=0$ 时，$\mu=1$，说明在中央子午线上没有长度变形；纬度 $B$ 越小时，$\mu$ 值越大，说明越靠近赤道，变形越大；$l$ 越大时，$\mu$ 值也越大，即离开中央子午线越远，变形越大。

为了控制投影变形在允许的范围之内，高斯投影对整个地球椭球面实行分带投影。即，以经线为界，将地球（或参考）椭球面按规定经差划分成若干相互既不重叠，也无裂缝的投影带，每带分别投影。根据对精度的不同要求，高斯投影分带有6°分带法和3°分带法两种，其东半球部分分带方案如图2-16，上半部分为6°分带法方案，下半部为3°分带法方案。

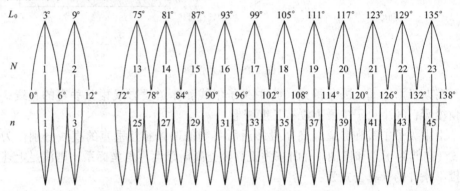

图2-16 高斯投影分带

1）6°分带法　从格林尼治零经线开始，每隔经差6°分为一个投影带，整个椭球面共分为60带。东半球30个投影带的起止经度依次为：东经0°~6°，6°~12°，…，174°~180°；各带带号 $N$ 依次为1，2，…，30；中央子午线经度 $L_0$ 为：

$$L_0 = 6°N - 3° \tag{2-22}$$

我国领土位于72°~136°之间，共11个6°投影带，投影带号依次为13，14，…，23。

2）3°分带法　3°带第1带与6°带第1带的中央子午线经度相同，从东经1°30′开始，每隔经差3°分为一个投影带，整个椭球面共分为120带，东半球60个投影带的起止经度依次为1°30′~4°30′，4°30′~7°30′…，东经178°30′~西经178°30′；各带号 $n$ 依次为1，2…，60；中央子午线经度 $L_0$ 为

$$L_0 = 3°n \tag{2-23}$$

我国共有23个3°投影带，其3°带号依次为24，25，…，46。

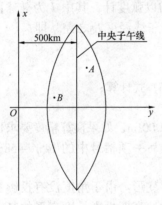

图2-17 高斯坐标系平移

经过高斯分带投影后，每个投影带均可建立一个以所在带中央子午线为纵轴 $x$，赤道为横轴 $y$ 的高斯平面直角坐标系。如图2-17，我国位于北半球，$x$ 坐标均为正，而每带中的 $y$ 坐标有正有负。

为了避免 $y$ 坐标出现负值，需将每带投影后的 $x$ 轴向西平移500km。为了表明

某点位于哪一投影带，还需在 $y$ 坐标前再加入所在带带号。

例如，设位于高斯 3° 投影带第 38 带的 $A$、$B$ 两点在没有平移 $x$ 轴且没有加入代号的横坐标分别为：

$y'_A = +116865.569$ m

$y'_B = -157239.678$ m

当考虑 $x$ 轴向西平移 500km，并加入带号后，其 $A$、$B$ 两点的实际横坐标为：

$y_A = 38616865.569$ m

$y_B = 38342760.322$ m

**（2）兰勃特投影**

我国 1:1000000 比例尺地形图使用兰勃特投影，该投影实质上是正轴等角割圆锥投影。

如图 2-18，在南北边界线纬度分别为 $B_S$、$B_N$ 纬线之间的椭球面区域内，设有一中心轴与椭球旋转轴重合的圆锥，其圆锥面在纬度为 $B_1$、$B_2$ 的两条纬线处与椭球相割。$B_1$、$B_2$ 在 $B_S$ 与 $B_N$ 纬线之间，称为双标准纬线。按等角投影条件，将椭球上的经、纬格网线及其要素投影到圆锥面上，再沿圆锥面的某一母线（投影后的经线）切开并展成平面，即得到正轴等角割圆锥投影，亦称兰勃特投影。投影后的图形如图 2-19。由图中可以看出，在 $B_S$、$B_N$ 之间的所有纬线，都投影成同心圆弧，经线投影成交于纬线同心圆弧圆心的直线束。

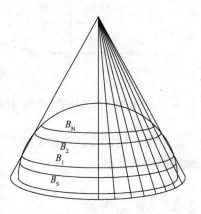

图 2-18 兰勃特正轴等角割圆锥投影

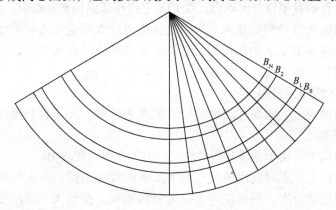

图 2-19 兰勃特投影展开平面

为了控制投影误差，兰勃特投影也采用分带投影方法。即，从纬度 0°（赤道）开始，至纬度 60°处，按纬差 4°为一投影带，从南向北，共分为 15 个投影带。每个投影带对应一组南北边界纬线 $B_S$、$B_N$。双标准纬线 $B_1$、$B_2$ 之值可用下式计算：

$$\left.\begin{array}{l} B_1 = B_S + 30' \\ B_2 = B_N - 30' \end{array}\right\} \quad (2\text{-}24)$$

同时，为了地形图使用方便，我国 1:1000000 比例尺地形图，在分带投影基础上，从经度 0°开始，自西向东，每隔经差 6°进行分幅。这样，每幅图的范围为经差 6°的两条经线和纬差 4°的两条纬线为边界的椭球面区域。

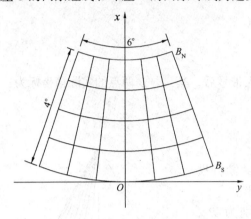

图 2-20 兰勃特平面直角坐标系

兰勃特投影以每幅 1:1000000 比例尺地形图建立平面直角坐标系。投影后的图幅内的中央经线为纵轴 $x$，$B_S$ 纬线与 $x$ 轴的交点为原点 $O$，过原点 $O$ 的 $B_S$ 纬线的切线方向（垂直于 $x$ 轴）为横轴 $y$。兰勃特投影后的平面直角坐标系如图 2-20。

同一投影带内不同图幅，具有相同的图形。不同图幅中，与中央经线经差和与 $B_S$ 纬线纬差相同的点，具有同样的坐标。由此，在同一投影带中，只需计算一幅图中的各格网线的坐标。

有关兰勃特投影的投影变形分析以及投影的坐标计算公式与方法可参考有关地图制图的文献。

## 2.5 大气构造

地面以上的空间大气，人们把它比喻为地球生命的保护伞、地球体的空调器；它是地球生命呼吸所需氧气的源泉，也是风云变幻的舞台，可见地球大气对自然环境、人类生存的重要性与影响力。在 GPS 定位和遥感信息获取中，太空中的 GPS 卫星发射的电磁波信号到达地面，地面物体反射的太阳电磁波和物体本身的热辐射到达太空中遥感卫星上的探测器，它们的路径都要穿越大气层，并受到大气的影响，因此需要了解大气的基本结构、大气特性与成分。

### 2.5.1 大气垂直分层

自地球表面向上，随高度的增加空气愈来愈稀薄。大气的上界可延伸到 1000~3000km 的高度。

在水平方向上，由于地球自转的作用，大气分布比较均匀。

在垂直方向上，不同高度的大气对太阳辐射吸收不同，其大气物理性质有明显差异，呈现层状分布。根据应用与研究目的的不同，按照大气温度变化、大气化学成分、大气压力和电离现象等特征，可将大气分布按离开地面的高度或大气压力，在垂直于地面的方向分为若干层。如图 2-21，最常用的分层方法有以下几种：

1) 按中性成分热力结构，大气分为对流层、平流层、中间层和热层。
2) 按大气的化学成分，大气分为匀和层和非匀和层，亦称为匀质层和非匀质层。
3) 按大气的压力结构，大气分为气压层和外大气层。
4) 按大气电磁特性，大气分为电离层和磁层。

大气本身是连续变化的，没有明显的分层界面。由于地面起伏、地球自转、太阳辐射等许多因素的影响，按照上述各种分层方法描述的层与层之间的分界位置，属于各层分界的概略平均位置。在研究不同的应用问题时，根据大气特性及其影响，分层的区间亦有所不同。

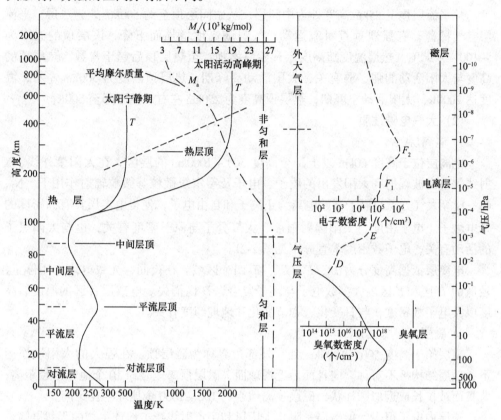

图 2-21　大气分层图（盛裴轩等，2003）

### 2.5.2 大气特征与成分

图 2-21 描述了不同高度的温度、大气平均摩尔质量、大气压、臭氧密度和电子密度等要素的特性曲线。大气是变化莫测、成分多样的复杂体，以下仅简要介绍与电磁波信号传播密切相关的大气热力性质、大气电离性质和大气主要成分。

**(1) 大气热力性质**

1) 对流层

对流层是位于大气最下的层，有强烈对流运动。主要特征为：气温随高度增加而递减，平均每升高 1km，气温降低 6.5℃；地面受热不均，暖地空气受热膨胀气温上升，冷地空气冷缩气温下降，使得空气产生强烈对流运动；集中了绝大部分大气质量和水汽，伴随强烈对流运动，形成云、雾、雨、雪、风等，几乎所有的天气现象都发生在对流层。大气的强烈对流运动范围，因季节和纬度而异。夏季高于冬季；低纬度地区集中在离地面平均高度 18～17km 以下，中、高纬度地区离开地面平均高度分别为 12～10km 和 9～8km 以下。

2) 平流层

对流层顶至 50km 高度处为平流层。平流层下冷上热，气温随高度增加而上升，大气稳定，不易形成对流，少有的对流以水平运动为主；水汽和杂质极少，云、雨现象近于绝迹，天气晴朗。

3) 中间层与热层

从平流层顶至85km高度处为中间层，从中间层顶至约500km处为热层。平流层空气稀薄，有强烈垂直对流运动，气温随高度增加而下降，该层顶的温度为$-100\sim-90℃$。热层温度随高度上升始终增加，至热层顶后趋于常数。热层顶的高度与太阳活动的强、弱有关，太阳活动高峰期，热层顶高度为500km左右，温度达2000K，太阳活动宁静期，热层顶高度为250km左右，温度降至500K。

**(2) 大气电磁性质**

1) 电离层

电离层位于高度60km以上，至高度500~1000km的层区。在太阳紫外线、X射线等电磁波辐射和太阳发出的质子、电子及宇宙线微粒等微粒辐射作用下，$N_2$、$O_2$、$O$等大气分子与原子开始电离为正离子和自由电子，使得电离层具有高密度的带电粒子。电子密度与太阳辐射强度、大气分子与原子密度有关，也与太阳黑子的活动有关，电子数密度垂直分布见图2-21。

电离层依据高度分为$D$、$E$、$F_1$、$F_2$四个区域。在夜间，光致电离作用停止，较低的$D$区和$E$区内大多数电子与离子复合，$D$区消失。电离层各区的厚度、高度以及电子数密度，与日变化、季节变化和地理纬度有关。

2) 磁层

磁层始于高度500~1000km处，外部边界称为磁层顶。在强大的太阳风作用下，磁层结构极不对称。向日面为近视球面，磁层顶离地心约10个地球半径距离；背日面被拉长成近似圆柱状，磁层顶离地心约100~1000个地球半径距离。

磁层内电子很少，但磁层是阻止太阳风和宇宙射线袭击地球生物的天然屏障。

**(3) 大气成分**

地球大气由多种气体和悬浮于其中的固体粒子、气体粒子组成。根据各种气体的作用与影响，将其分为干洁大气、水汽、大气气溶胶三个类别简要介绍如下。

1) 干洁大气

通常把除水汽以外的纯净大气称为干洁大气，简称为干空气。此处仅介绍高度90km以下的匀和层，特别是对流层中的干洁大气成分。

干洁大气主要成分是$N_2$（氮气）和$O_2$（氧气），它们分别占有大气78.084%和20.948%的体积，两者所占大气总体积为99.032%，其浓度分别为$9.76\times10^8\mu g/m^3$和$2.98\times10^8\mu g/m^3$。

臭氧（$O_3$）是干洁大气中对人类非常重要的一种气体，分布在高度10~15km的平流层层区。虽然臭氧在大气中所占比例极少，但它对波长$0.2\sim0.29\mu m$太阳紫外辐射有强烈的吸收，可以阻止太阳紫外线对地球的辐射，对保护地球生命起着十分重要的作用。

大气其他成分包括He（氦）、Ne（氖）、Ar（氩）、Kr（氪）、Xe（氙）、$H_2$（氢气）等气体和CO（一氧化碳）、$CO_2$（二氧化碳）、$CH_4$（甲烷）等化合气体，它们占大气比例不到1%。

2) 水汽

水汽在大气中仅占 0.1%~0.3%比例，却是大气中最活跃的成分。水汽主要来源于海洋面的蒸发，上升后凝结成水云或冰云，再以降雨或降雪形式降到陆地或海洋。

3) 大气气溶胶

大气中悬浮的各种固体或液体粒子，习惯上称为大气气溶胶。例如，尘埃、烟粒、微生物、植物的孢子和花粉，以及由水形成的云雾滴、冰晶、雨滴、雪等粒子，都属于大气气溶胶。

气溶胶主要集中在高度 15km 以下的对流层底部。不同地方与区域的气溶胶浓度与分布不同，主要受地理位置、地形、人类居住状况、距离污染源的距离以及气象条件影响。

### 2.5.3 大气对电磁波传播的影响

GPS 定位和遥感对地探测技术中，都涉及电磁波在大气中的传播，并受到大气影响。

**(1) 大气对 GPS 电磁波传播的影响**

利用 GPS 进行定位、导航时，通过安装在目标上的 GPS 接收机获取 GPS 卫星发射的载波或测距码信号（电磁波信号）传播时间，测定 GPS 卫星至 GPS 接收机天线之间的距离，从而确定目标在空间的位置。

GPS 卫星发射的定位信号需要穿越大气才能到达定位、导航目标，信号经过大气后的传播距离与实际几何距离之间的差值，是信号受大气影响的传播误差。大气主要在两个方面影响信号的传播：

1) 电离层折射；
2) 对流层折射。

上述两方面对 GPS 定位与导航的影响，详见第 4.6 节。

**(2) 大气对遥感电磁波辐射能的影响**

遥感卫星上的传感器探测到的地面物体信息，是太阳或人工的发射辐射电磁波穿越大气到达地面物体，经地面物体反射再次穿越大气到达卫星传感器的信息，或地面物体自身的热辐射电磁波穿越大气到达传感器的信息。

遥感影像在下述几个方面受到大气影响。

1) 大气反射；
2) 大气散射；
3) 大气吸收；
4) 大气折射。

上述各方面对遥感影像的影响，详见第 7.4 节。

# 3 GPS 的构成

## 3.1 GPS 构成

GPS 由空间卫星、地面监控系统、用户设备三部分组成,其基本构成如图 3-1 所示。

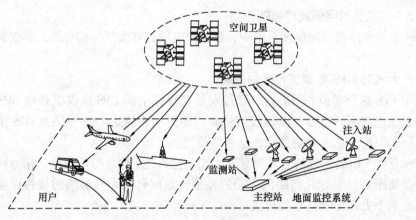

图 3-1 GPS 构成

### 3.1.1 空间卫星

GPS 卫星星座由 24 颗工作卫星星座和若干备用卫星星座组成,分别分布在编号依次为 A、B、C、D、E、F 的 6 根轨道上。每根轨道上等角距(均为 90°)分布有位置编号依次为 1、2、3、4 的 4 颗工作卫星星座和位置编号依次为 5~6 的 1~2 颗备用卫星星座。每颗星座的编号由轨道编号与位置编号组成,如 B 轨道 3 号位置,其星座编号为 B3。GPS 的 24 颗工作卫星星座分布如图 3-2 所示。各轨道平面(包含轨道的平面)与地球赤道的倾角均为 55°,相邻轨道升交点(卫星在轨道上由南向北运行时的轨道与赤道面的交点)赤经相隔 60°,任一轨道上各工作卫星星座比西轨道上对应位置编号的工作卫星星座超前 30°角距。

GPS 卫星目前已经发展到第三代,第一代为试验卫星,第二、三代为工作卫星。

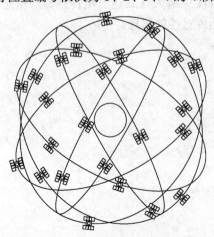

图 3-2 GPS 卫星星座分布

第一代 GPS 卫星的型号为 BlockⅠ，于 1978 年 2 月 22 日发射第一颗后，至 1985 年 10 月 9 日止，共发射 11 颗，各卫星按发射顺序的编号依次为 BlockⅠ-1、……、BlockⅠ-11。目前，BlockⅠ型卫星已完成试验任务，并已全部停止了导航定位服务。第二代 GPS 卫星的型号有 BlockⅡ和 BlockⅡA 两种，于 1989 年 2 月 14 日至 1997 年 6 月 17 日，共发射 28 颗，按发射顺序的编号依次为 BlockⅡ-1、……、BlockⅡ-9、BlockⅡA-10、……、BlockⅡA-28。BlockⅡ与 BlockⅡA 的主要差别在于后者增强了军用功能，扩大了数据存储容量。对于存储导航电文的时间，BlockⅡ存储 14 天，而 BlockⅡA 存储 180 天。第三代 GPS 卫星的型号有 BlockⅡR 和 BlockⅢ两种。于 1997 年 6 月 17 日至 2003 年 1 月 29 日，已发射 8 颗 BlockⅡR 卫星，发射顺序编号依次为 BlockⅡR-1、……、BlockⅡR-8，BlockⅡR 的后续卫星和 BlockⅢ型卫星尚在研制中。由于发射失败、卫星使用寿命到期以及故障等原因，至 2004 年 8 月 31 日止，其在轨用于导航定位服务的工作卫星和备用卫星为 29 颗。

每颗卫星除了有一个发射顺序编号外，还有一个 PRN（Pseudo Random Noise：伪随机噪声码）编号。一般来讲，每个星座在轨道上的位置与编号是相对固定的，但各个星座中的卫星并不是永远固定不变的。例如，B3 星座（B 轨道 3 号位置）某时段的卫星是 BlockⅡ-2，对应 PRN 编号为 28，当该颗卫星不能正常工作时，可能被备用星座中 PRN 编号为 2 的 BlockⅡR-5 所替代。

GPS 卫星外形结构如图 3-3 所示。卫星主体呈圆柱形，直径约 1.5m。星体两侧各伸展一块太阳能板，由定向系统控制太阳能板始终面向太阳，为卫星提供工作用电同时给 15A.h 的镉镍电池充电，保证卫星飞越地球影区时仍能正常工作。卫星体底部装有由 12 个单元构成的多波束天线，面向地球发射导航定位信号。卫星体两端面上还装有遥测、遥控天线，用于与地面监控系统的通信。

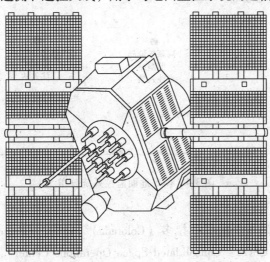

图 3-3　GPS 卫星外形结构

卫星体内的主要设备包括：原子时钟、导航电文（详见第 3.3 节）存储器、导航定位信号发射器、地面监控指令与信息接收器、微处理器，以及卫星姿态与轨道控制系统。卫星上的核心设备是高精度的原子时钟，在每颗卫星中装有 2 台铷钟和2台铯钟共4台高精度原子时钟，实际使用中只有1台在工作，其余3台均为备用。这两种原子钟的频率稳定度均在$10^{-13} \sim 10^{-14}$以上，可以为GPS提供高精度的时间标准。

GPS卫星的主要功能包括：接收地面监控指令并调整卫星的姿态与轨道，接收、存储地面站注入的导航电文与有关信息，提供高精度的时间标准，向用户发送导航定位信号。

### 3.1.2 地面监控系统

根据高空中高速运动的GPS卫星来确定用户的空间位置时，卫星星历（描述卫星运动轨道的数据）必须是已知的，即：GPS卫星为动态已知点。GPS卫星发射升空后，由于地球非中心引力、日月引力、太阳光辐射压力、大气阻力、地球潮汐等诸多不规则复杂因素的影响，使得GPS卫星不可能绝对地按照理论设计的姿态与轨道运行。GPS卫星的实际瞬时位置，由地面监测系统观测确定。利用测定的GPS卫星空间位置，主控系统可以外推计算出未来一段时间（14天或180天）的卫星星历，并注入到卫星后分发给用户；也可以发布调控指令，使卫星按照指定的姿态与轨道运行。

为了实现对GPS卫星的控制、监测，并向卫星注入数据，GPS建立了地面监控系统。该系统包括1个主控站、5个监测站和3个注入站。其分布如图3-4。

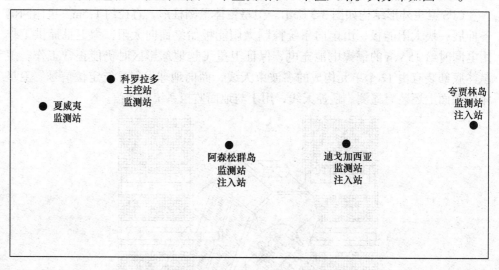

图3-4 GPS地面监控系统分布

**(1) 主控站**

主控站设在美国本土的科罗拉多（Colorada）州佛肯（Falcon）空军基地的联合空间工作中心（CSOC：Consolidated Space Operations Center），拥有以大型计算机为主体的数据收集、计算、传输、诊断等设备和与监测站、注入站相互联络的通信系统。主控站的主要任务是：

1）收集监测数据

收集5个监测站所监测到的所有数据。这些数据包括：监测站至各可见卫星的距离、各卫星钟差与工作状态数据、各监测站钟差和气象数据。

2）编发导航电文

根据收集到的监测站的观测数据，及时计算每颗 GPS 卫星的星历、时钟改正、信号的大气传播改正和卫星状态等数据，并按规定的格式编成导航电文传送到各注入站后，发布命令注入到对应卫星中。

3）监控系统状态

GPS 的系统状态包括地面监控系统的状态和空间卫星的运行状态。主控站控制、协调各监测站、注入站的工作与运行。根据监测数据计算各卫星位置，对远离指定轨道或姿态变化较大的卫星发布指令进行调整，卫星因故障等因素不能正常服务时，发布指令起动备用卫星。

**(2) 监测站**

GPS 有 5 个地面监测站，其中，2 个分别位于美国本土的科罗拉多（Colorada）主控站和夏威夷岛（Hawaii），另外 3 个分别位于太平洋的夸贾林岛（Kwajalein）、印度洋的迪戈加西亚（Dieg Garcia）和大西洋的阿森松群岛（Ascension）三个美军基地。

监测站装有双频 GPS 接收机和高精度铯钟，能够在主控站指令控制下，自动对每颗可见卫星按一定时间间隔（如 1.5s），持续进行跟踪观测，将所测卫星至监测站的距离（伪距）、气象数据、时间等进行处理、存储，并传送给主控站。

**(3) 注入站**

GPS 有 3 个地面注入站，分别与三大海洋中的夸贾林岛、迪戈加西亚和阿森松群岛的 3 个监测站并置。

注入站装有计算机、$L$ 波段信号发射器和直径约 3.6m 的天线等设备。其任务是向飞越注入站上空的 GPS 卫星注入由主控站传送来的导航电文（包括各 GPS 卫星的星历、钟差等参数）和有关控制指令。另外，注入站还按一定时间间隔（如 60s），自动向主控站传送信号，报告本站的工作状况。

### 3.1.3 用户设备

详见"3.5 GPS 接收机"。

## 3.2 测距码

### 3.2.1 码的基本概念

数字信息技术中，广泛采用二进制数 0 和 1 的组合序列来表示不同的信息。例如，用 0 代表男性，用 1 代表女性，则可用 0 与 1 的组合序列来描述排队进站乘车的男女乘客的分布状态。若描述一张黑白像片的影像信息，可以将像片划分成 $m$ 行、$n$ 列，共 $m \times n$ 个像元，黑色像元取值 0，白色像元取值 1，依次排列各像元的数字，便组成像片的数字序列。由此可见，数字、文字、语言、图像等，均可按某种规则，用二进制数 0 和 1 来表示。

由二进制数 0 和 1 的组合所构成的离散数字序列，称为码。码（数字序列）中的一位二进制数，称为一个码元或一比特（bit：binary digit），通常用 bit 来表示，bit 是码的基本度量单位。例如，10011101 是一个具有 8bit（8 个码元）的码。在数字通信技术中，码通常以信号方式进行传输，因此，码亦可用一种信号波形来表示，这种信号波形可以表示成传输时间的函数。码与信号波形的对应关系如图3-5。

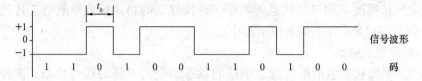

图3-5 码与信号波形的对应关系

上图中，$t_0$为以秒为单位的码元的宽度，即传输一个码元（1bit）所需要的时间。每秒传送的码元（bit）个数，称为数码率，用于描述信息传输的速度，其单位为bit/s（比特/秒）或记为BPS。

码元对应波形是一种不连续的跳跃式波形，只有-1和+1两种状态。当码元值为1时，信号波取值"-1"，可以用负电位（或者低电位）表达；当码元值为0时，信号波取值"+1"，可以用正电位（或者高电位）表达。

### 3.2.2 随机码

为了易于理解随机码的概念，先引用一个简单的随机码事例。取一枚分币投掷$n$次，规定国徽面向上取值0，数字面向上取值1。由概率论理论可知，某次出现0或1没有任何规律，完全是随机的，但每次出现0或1的概率相同。将这$n$个数依次排列成一个数字序列，这个数字序列就是一个随机数序列。

假定有一个码序列$u(t)$，对于某一时刻$t$，码元取值0或1完全是随机的，而整个码序列中，出现0或1的概率各为1/2，这种码序列，称为随机码序列，亦称为随机噪声码序列，简称为随机码。

将随机码序列$u(t)$平移$k$个码元，即由$u(t)$中的第$k+1$个码元开始的后续码元构成一个新的随机码序列$u(t,k)$，再将$u(t)$与$u(t,k)$中对应的码元进行模二相加（模二相加是二进制数的一种加法运算，其运算符用为+，运算规则为：1+1=0，1+0=1，0+1=1，0+0=1，即，两对应码元相同时取值0，相异时取值1），又得到一个新的随机码序列$v(t,k)$，则定义随机码序列$u(t)$的自相关函数$R(k)$如下：

$$R(k) = \frac{A-D}{A+D} \tag{3-1}$$

式中  $A$——$v(t,k)$中0的个数，即$u(t)$与$u(t,k)$中对应的码元同为0或同为1的个数；

$D$——$v(t,k)$中1的个数，即$u(t)$与$u(t,k)$中对应的码元相异的个数。

【例】 设有码序列$u(t)$，

$u(t)$：00101101100110

取$k=4$时，由$u(t)$中第$k+1$个码元开始的后续码元（带下划线的部分）组成$u(t,4)$为：

$u(t,4)$：1101100110

将 $u(t)$ 与 $u(t, 4)$ 对应位置的码元模二相加后得 $v(t, 4)$ 如下：
$v(t, 4): 1 1 1 1 0 1 0 0 0 0$

由 $v(t, k)$ 的码元值可以看出，$A = 5$（码元值为 0 的码元个数），$D = 5$（码元值为 1 的码元个数），则由（3-1）式计算的 $R(4) = (5-5)/(5+5) = 0$。

将 $u(t)$ 与 $u(t, k)$ 模二相加得到 $v(t, k)$。若 $k = 0$，则 $u(t)$ 与 $u(t, 0)$ 成为结构与码元值完全相同的两个随机序列，$v(t, 0)$ 中所有码元值均为 0，于是，在（3-1）式中，$D = 0$，自相关函数 $R(0) = 1$。若 $k \neq 0$，由于码序列的随机性，当序列中的码元数量足够大时，便有 $D \approx A$，自相关函数 $R(k) \approx 0$。由此可知，当结构与码元值完全相同的两个随机序列对齐（$k = 0$）时，$R(0) = 1$；错位（$k \neq 0$）时，$R(k) \approx 0$。根据自相关函数 $R(k)$ 的值，可以判断结构与码元值完全相同的两个随机序列是否已经对齐。

若由 GPS 卫星（简称卫星）发射一个随机码序列 $u(t)$，GPS 接收机（简称接收机）同时也产生（复制）一个同样结构和码元值的 $u(t)$。由于卫星发射的 $u(t)$ 需要一定的时间（产生信号传播的时间延迟）才能到达接收机，在卫星发射的 $u(t)$ 到达接收机时，已与接收机产生的 $u(t)$ 错开 $k$ 个码元，只能与接收机产生的 $u(t, k)$ 对齐，其自相关函数 $R(k) \approx 0$。卫星发射的 $u(t)$ 与接收机产生的 $u(t)$ 错开的码元个数 $k$，可由接收机内置的时间延迟器平移 $u(t, k)$ 的码元序列，通过 $R(k) = 1$ 来判断 $u(t, k)$ 与 $u(t)$ 是否对齐。当平移 $k$ 个码元得到 $R(k) = 1$ 时，记录 $k$ 的值，即移动码元的个数。根据码元的宽度（传送一个码元所花费的时间），求出卫星信号到达接收机所需要的时间，再根据光电波速度，便可以求出卫星至接收机的距离。

利用随机码自相关函数值判断卫星至接收机之间信号延迟的码元数量，是确定卫星至接收机之间距离的理论基础。

### 3.2.3 伪随机码

随机码虽然具有很好的自相关性，但由于它的非周期性，不可复制性和没有确定的编码规则等，其实际应用性较差。GPS 采用的是一种伪随机噪声码（PRN：Pseudo Random Noise），亦称伪随机码，简称伪码。

伪随机码由 $r$ 个连在一起的存储单元组成的 $r$ 级反馈移位寄存器产生。每个存储单元只有 0 或 1（高电位或低电位）两种状态，受置 1 脉冲和时钟脉冲控制而工作。

为了简单说明伪随机码的产生原理，假设有一个如图 3-6 所示的 3 级反馈移位寄存器。当移位寄存器开始工作时，由置 1 脉冲将 3 个存储单元的内容置 1，称为全 1 状态。之后在一个时钟脉冲的驱动下，每个存储单元的内容转移到下一存储单元，末端（最后一个）存储单元的内容输出，同时将第 2 和第 3 两个存储单元（可以是任意两个存储单元）的内容模二相加后反馈到第一个存储单元。重复上述时钟脉冲驱动过程，经过 7 个时钟脉冲后，三个存储单元的内容又回到全 1 状态，这一过程为一个周期。

表 3-1 是图 3-6 所示 3 级反馈移位寄存器对应的状态序列，其末端存储单元在一个周期内输出的码元序列为：1110010，该周期所花的时间为 $7 t_0$。

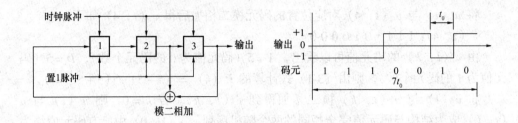

图 3-6 三级反馈移位寄存器

表 3-1 三级反馈移位寄存器状态序列

| 状态编号 | 各级状态 1 | 各级状态 2 | 各级状态 3 | 2+3反馈 | 末端输出码元值 |
|---|---|---|---|---|---|
| 1 | 1 | 1 | 1 | 0 | 1 |
| 2 | 0 | 1 | 1 | 0 | 1 |
| 3 | 0 | 0 | 1 | 1 | 1 |
| 4 | 1 | 0 | 0 | 0 | 0 |
| 5 | 0 | 1 | 0 | 1 | 0 |
| 6 | 1 | 0 | 1 | 1 | 1 |
| 7 | 1 | 1 | 0 | 1 | 0 |
| 8 | 1 | 1 | 1 | 0 | 1 |

如果将上述由第 2 和第 3 两个存储单元的内容模二相加改为由第 1 和第 3 两个存储单元的内容模二相加后反馈到第一个存储单元,可以得到末端存储单元在一个周期内输出的码元序列为:1110110。由此可以看出,不同的反馈连接方式,将得到不同的输出序列。

一个 $r$ 级反馈移位寄存器的连接回路可以有很多种,如 4 级反馈移位寄存器中可以将第 3 与第 4 存储单元的内容模二相加结果,再与第 2 存储单元的内容模二相加后反馈到第 1 个存储单元。不同连接回路输出序列的周期不同,其中最长的输出码序列被称为 $m$ 序列。相同连接回路的不同反馈方式,虽然输出的码元序列不同,但码序列的长度相同。可以证明,一个 $r$ 级反馈移位寄存器产生的 $m$ 序列,在一个周期内,其码元的最大个数 $N$ 为:

$$N = 2^r - 1 \tag{3-2}$$

对应的周期 $T$ 为:

$$T = N \times t_0 \tag{3-3}$$

在 $2^r - 1$ 个码元中,1 的个数总比 0 的个数多 1。利用 (3-1) 式计算的自相关函数 $R(k)$ 时,对于结构相同的两个码元序列,若两者对齐,则 $R(0) = 1$;若两者错开,当 $r$ 足够大时,$R(k) = 1/(2^r - 1) \approx 0$。由此可以看出,伪随机码具有随机码的良好自相关性。由上述 $r$ 级反馈移位寄存器产生的过程还可以看出,当回路与反馈连接方式确定后,伪随机码又是一种结构确定,可以复制,具有周期变化的序列。

### 3.2.4 测距码

GPS 发射两种测距码：C/A 码和 P 码（或 y 码），它们均为伪随机码。由于其结构与规律较为复杂，此处仅介绍基本构成、主要参数和作用。

**(1) C/A 码**

C/A 码（coarse/acquisition code 或 clear/acquisition code）由两个 10 级反馈移位寄存器的组合产生，其基本构成如图 3-7 所示。

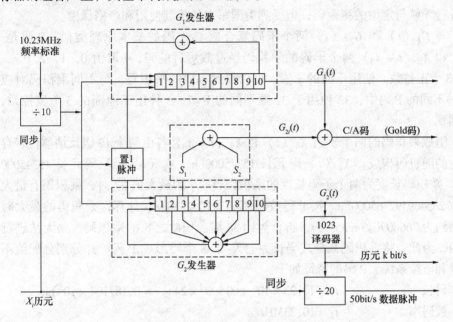

图 3-7 C/A 码构成示意图

两个反馈移位寄存器的各个存储单元于每周日零时由置 1 脉冲全置 1，此后在频率为 $f_1 = f_0/10 = 1.023 \text{MHz}$ 的时钟脉冲驱动下，分别产生码长均为 1023bit、输出端在末端的 $m$ 序列 $G_1(t)$ 和 $G_2(t)$。由产生 $G_2(t)$ 的反馈移位寄存器中的某两个存储单元 $S_1$ 和 $S_2$（非末端存储单元）模二相加可得到 $i$ 个与 $G_2(t)$ 平移等价的 $m$ 序列 $G_{2i}(t)$，再将 $G_1(t)$ 与 $G_{2i}(t)$ 进行模二相加所得到的码序列，便是 C/A 码。由于 $G_2(t)$ 的平移等价序列 $G_{2i}(t)$ 可能有 1023 种，则对应的 C/A 码有 1023 种之多。不同的卫星使用不同的 C/A 码，便于识别不同的卫星信号。虽然各 C/A 码对应位置的码元值不同，但它们的码长、码元宽度、周期、以及数码率均相同。即：

码长　　　　　　$N = 2^{10} - 1 = 1023 \text{bit}$

数码率　　　　　$f_1 = 1.023 \text{MHz/s}$

码元宽度　　　　$t_0 = 1/f_1 \approx 0.97752 \mu s$　　对应距离为 293.1 m

周期　　　　　　$T = N \cdot t_0 = 1 \text{ms}$

C/A 码的码长较短，只有 1023bit，当以 50bit/s 的速度搜索时，只需约 20.5s。利用卫星发射的 C/A 码和 GPS 接收机复制的 C/A 码进行比对来确定卫星信号的时间延迟，是比较容易的。

由于 C/A 码易于捕获，通过 C/A 码提供的信息，才能容易地捕获到 GPS 的 P

码，因此，C/A 码亦称为捕获码。C/A 码的码元宽度较大，当两个序列的码元对齐误差为码元宽度的 1/100～1/10 时，将引起 GPS 卫星至接收机的测距误差为 2.93～29.3m，精度较低，故 C/A 码又称为粗码。C/A 码的结构是公开的，主要用于民用。

**(2) P 码**

P 码（precise code、precision code 或 y 码-加密的 P 码）是一种比 C/A 码更能精确进行导航与定位的测距码，但受到美国军方的控制使用和严格保密。

与 $G_1(t)$ 和 $G_{2i}(t)$ 两个子码复合成 C/A 码的基本原理类似，P 码是 $X_1(t)$ 和 $X_2(t+jt_0)$ 两个子码的乘积码经过截短后的码，$j$ 取值 0，1，2，…，37 共 38 个正整数。使用不同的 $j$ 值，可以得到不同的乘积码，与不同乘积码对应的 38 种不同的 P 码中，32 种用于 32 颗不同的卫星，5 种用于地面的 5 个监控站，1 种闲置。

组成乘积码的两个子码 $X_1(t)$ 和 $X_2(t+jt_0)$ 各由两个 12 级反馈移位寄存器产生的随机码构成，$X_1(t)$ 码元长 15345000bit，$X_2(t+jt_0)$ 码元长 15345000 + $j$bit。乘积码长度为两个子码长度的乘积，当取 $j$ 的最大值 37 时，乘积码有最大码元数 235469592765000bit。按 P 码数码率 $f_2 = 10.23$MHz/s 计算，乘积码的最大时间周期约为 266d09h45min55.5s，折合为约 38 周。如此之长的乘积码，是无法进行搜索的，为此，将乘积码截分成码长为七天共 38 个码形成 P 码，并分别分配给不同卫星和监控系统。P 码的特征如下：

码长            $N = 10.23 \times 10^6 \times 60 \times 60 \times 24 \times 7 = 6.187104 \times 10^{12}$bit

数码率         $f_2 = 10.23$MHz/s

码元宽度     $t_0 = 1/f_2 \approx 0.097752 \mu s$      对应距离为 29.31m

周期             $T = N \cdot t_0 = 7$d

虽然从乘积码中经过截短得到的 P 码比乘积码短了许多，但码长仍然长达 $6.187104 \times 10^{12}$bit，按照 50bit/s 的速度进行搜索时，亦需要 $14.322 \times 10^5$d。为了快速捕获到 P 码，GPS 中采用先捕获码长较短的 C/A 码获得导航电文，再根据导航电文提供的信息，便可很快得到对应 P 吗。

由 P 码特征还可以看出，P 码的码元宽度是 C/A 码码元宽度的 1/10，同 C/A 码的原理可知 P 码的测距精度为 0.293～2.93m，精度较高，故 P 码亦被称为精码。

## 3.3 导航电文

### 3.3.1 导航电文的概念

由 GPS 地面监控系统监测、编算，并按一定时间间隔注入到 GPS 卫星，再由 GPS 卫星播发给用户的导航定位数据码（亦称 D 码），称为导航电文。

导航电文的内容包括：卫星星历（卫星轨道参数、摄动改正参数、数据龄期等）与工作状态、时间系统、钟差参数、电离层延时参数模型、大气折射改正、由 C/A 码捕获 P 码等信息。每颗卫星主要包含了本身的上述导航电文内容，也包含了其他在轨卫星的星历等主要参数，它们是用户利用 GPS 进行定位、导航、测时、测速的基础数据。

### 3.3.2 导航电文的格式与播发

导航电文以二进制码形式，按规定格式组成。如图 3-8，它的基本单位为帧。每帧由 5 个子帧组成，每个子帧含有 10 个字，每个字长 30bit。由此可知，每帧导航电文长 1500bit，每个子帧长 300bit。

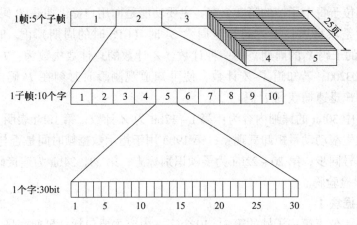

图 3-8　导航电文构成格式

导航电文由 GPS 卫星以 50bit/s 的速度向用户播送，1 子帧需要 6s，播完 1 帧需要 30s。第 1、2、3 子帧的内容由地面注入站每小时向卫星注入、更新一次，每 30s（1 帧的播送时间）重复播送一次。第 4、5 子帧各 25 页，记载其他所有在轨卫星的星历参数等主要数据。第 1、2、3 子帧的内容与第 4、5 子帧各 1 页的内容构成 1 帧，这样，完整的导航电文总共有 25 帧，需要 750s（12.5min）才能播完。

### 3.3.3 导航电文内容

每帧导航电文中，各子帧主要内容及其结构如图 3-9 所示。每个子帧的第 1 个字均为遥测字 TLW（telemetry word）；第 2 个字均为转换字 HOW（hand over word）；第 3~10 个字为数据块。以下介绍各子帧、各字的主要内容。

| 字序号<br>子帧号 | 1 | 2 | 3~10 |
|---|---|---|---|
| 1 | TLW | HOW | 数据块-1时钟修正参数 |
| 2 | TLW | HOW | 数据块-2星历表 |
| 3 | TLW | HOW | 数据块-2星历表续 |
| 4 | TLW | HOW | 数据块-3卫星历书 |
| 5 | TLW | HOW | 数据块-3卫星历书续 |

图 3-9　各帧导航电文的结构与内容

**(1) 遥测字**

遥测字位于每个子帧的第 1 个字，主要作用是描述卫星注入数据的状态。

遥测字中 30bit 的详细内容为：第 1~8bit 为同步码（10001001），为各子帧编码脉冲提供一个同步起点，用户接收机从此起点开始解译电文，它们是捕获信息的前导。第 9~22bit 为遥测电文，包括地面监控系统向卫星注入数据时的状态信息、诊断信息以及其他有关信息。第 23、24bit 为连接码，第 25~30bit 为奇偶检验码，用于发现和纠正错误。

**(2) 转换字**

转换字位于每个子帧的第 2 个字，主要功能是向用户提供捕获 P 码的 Z 计数。Z 计数指的是从每周日零时起算至周六 24 时（GPS 时的周期）止，时间间隔为 1.5s（P 码的子码 $X_1$ 的周期）的一种计数。Z 计数的总计数次数为：$7 \times 24 \times 60 \times 60 \div 1.5 = 403200$。若知道了 Z 计数，便可知道观测瞬时时刻在 P 码中的准确位置，便于用户迅速捕获到 P 码。

转换字中 30bit 的详细内容为：第 1~17bit 为 Z 计数；第 18bit 表明卫星注入电文后有否发生滚动动量矩卸载现象；第 19bit 用于指示数据帧时间是否与 P 码的 $X_1$ 子码的钟信号同步；第 20~22bit 为子帧识别标志；第 23、24bit 为连接码，第 25~30bit 为奇偶检验码。

**(3) 数据块-1**

数据块-1 位于第一子帧的第 3~10 个字，内容主要包括：星期序号、调制码标识、卫星测距精度、电离层时间延迟改正参数、时钟数据龄期、卫星时钟参数参考时刻、卫星钟差改正等。

1) 星期序号-WN　从世界时（UTC）1980 年 1 月 6 日零时开始计算的星期数（WN：week number），即 GPS 周数，最大可用周数为 1024 个。第一批的 1024 个 GPS 周已于 1999 年 8 月 22 日 24 时用完，现在使用的是第二批的 GPS 周，将于 2019 年 4 月 6 日 24 时结束。星期序号位于第 3 字的 1~10bit。

2) 调制码标识　表明 $L_2$ 载波采用 P 码还是 C/A 码调制。码值为 01 时为 P 码调制，10 时为 C/A 码调制。调制码标识位于第 3 字的 11~12bit。

3) 卫星测距精度因子-N　非特许用户利用卫星导航、定位测量时可能达到的测距精度，用 URA（user range accuracy）表示。卫星测距精度因子，用 N 表示，N 取值 0~15（0000~1111）。与测距精度因子 N 对应的用户可达测距精度 URA 的关系，如表 3-2。当 N=15 时，可达到测距精度 URA 大于 6144m，由此可见利用此颗卫星导航、定位已无精度可言。我国实际研究表明，当 N=9 时，非特许用户也不宜使用该颗卫星进行导航、定位测量。卫星测距精度因子位于第 3 字的 13~16bit。

测距精度因子 N 对应的用户可达测距精度 URA　　　　表 3-2

| N | URA（m） | N | URA（m） |
|---|---|---|---|
| 0 | 0.00~2.40 | 8 | 48.00~96.00 |
| 1 | 2.40~3.40 | 9 | 96.00~192.00 |
| 2 | 3.40~4.85 | 10 | 192.00~384.00 |
| 3 | 4.85~6.85 | 11 | 384.00~768.00 |
| 4 | 6.85~9.65 | 12 | 768.00~1536.00 |
| 5 | 9.65~13.65 | 13 | 1536.00~3072.00 |
| 6 | 13.65~24.00 | 14 | 3072.00~6144.00 |
| 7 | 24.00~48.00 | 15 | >6144.00 |

表 3-2 对于双频机用户是适用的,但对于单频机用户,还要考虑电离层时间延迟影响。

4) 电离层时间延迟改正参数 - $T_{GD}$ 载波 $L_1$、$L_2$ 的电离层时间延迟改正参数,用 $T_{GD}$ 表示。仅用单频机观测时,需要进行此项改正,以减少电离层的影响。用双频机观测时,不需进行此项改正。

5) 卫星时钟数据 包括:参考时刻 - $t_{OC}$、卫星钟差改正 - $\Delta t$、时钟数据龄期 - AODC。

(a) 参考时刻 - $t_{OC}$:卫星时钟参数对应的参考时刻;位于第 8 字的 9~24bit。

(b) 卫星钟差改正 - $\Delta t_s$:每颗卫星上的时钟相对于 GPS 时的改正。

$$\Delta t_s = a_0 + a_1(t - t_{OC}) + a_2(t - t_{OC})^2$$

式中,$a_0$、$a_1$ 和 $a_2$ 分别为卫星时钟在参考时刻 $t_{OC}$ 与 GPS 时的偏差、与实际频率的频率偏差和时钟频率漂移系数。$a_2$、$a_1$、$a_0$ 依次位于第 9 字的 1~8、9~25bit 和第 10 字的 1~22bit。

(c) 时钟数据龄期 - AODC:时钟改正数的外推时间间隔,向用户表明卫星时钟改正数的置信度。

$$AODC = t_{OC} - t_L \tag{3-4}$$

式中 $t_L$——计算时钟改正参数的最后一次测量时间。时钟数据龄期由第 3 字的 23、24 bit 和第 8 字的 1~8bit 组合表示。

**(4) 数据块-2**

数据块-2 是导航电文的核心部分,由第 2、3 两个子帧中的第 3~10 个字组成。内容为本颗卫星的星历(广播星历),具体包括卫星轨道的开普勒六参数、轨道摄动九参数和时间两参数。这些参数的含义、所在位置以及实例数据,详见第 4.3.1 节。

此块电文提供的卫星星历参数,用于计算卫星的瞬时空间位置,是实时导航与定位计算的基础数据。

**(5) 数据块-3**

数据块-3 记录本颗卫星之外的其他所有在轨 GPS 卫星的简要星历等数据,由第 4、5 子帧各 25 页所组成,一般称此数据块的内容为卫星历书。

当 GPS 接收机捕获到某颗卫星的信号后,用户便可利用数据块-3 中卫星历书提供的其他卫星简要星历、工作状态、时钟参数、码分地址等数据,选择工作正常、位置适当的卫星,构成空间结构最为理想的几何图形。

以下简要介绍第 4、5 子帧各页的主要内容。

1) 第 4 子帧

(a) 第 2~5、7~10 页为第 25~32 颗卫星的数据;

(b) 第 18 页为电离层改正模型的参数和 UTC(协调世界时)的有关数据;

(c) 第 25 页为在轨最多 32 颗卫星的反电子欺骗(AS)特征码("0"-AS 不工作,"1"-AS 工作)、卫星型号、发射阶段和第 25~32 颗卫星的健康状况;

(d) 第 17 页为专用电文;

(e) 第 1、6、11、12、16、19~24 页为备用页;

(f) 第 13~15 页为空白页。

2) 第 5 子帧

(a) 第 1~24 页分别为第 1~24 颗卫星的星历数据；

(b) 第 25 页为第 1~24 颗卫星的健康状况和星期编号。当指示健康状况的 6bit 内容全为"0"时，表示卫星工作状态良好；全为"1"时，表示卫星工作状态不正常，其数据不能用于导航定位；部分为"0"，部分为"1"时，表示导航数据有一处或多处出现故障。

3) 第 4、5 子帧的 25 页中，各页第 3 个字的前 8bit，是具有相同含义的字码。第 1、2bit 为电文识别位，"00"或"01"分别表示试验卫星或工作卫星格式；第 3~8bit，在含有星历数据的页面表示为该颗 GPS 卫星的伪噪声码相位偏差，在其他页面则表示页面识别符。

## 3.4 GPS 信号

### 3.4.1 GPS 信号与结构

通过 GPS 卫星传播给用户的信号，是在一个基本频率 $f_0 = 10.23\text{MHz}$ 的控制下，以调制在频率为 $L_1$ 与 $L_2$ 载波上的两种调制波方式，包含数据码（导航电文，亦称 D 码）、测距码（C/A 码、P 码或 Y 码）、载波（$L_1$，$L_2$）三种成分的信号。GPS 信号结构示意图如图 3-10。

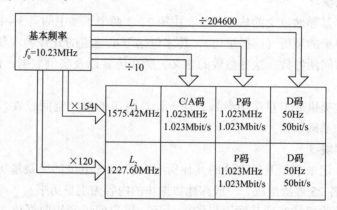

图 3-10 GPS 卫星信号结构示意图

数据码与测距码的含义已在前面介绍，它们都属于低频信号。其中，测距码 C/A 码和 P 码的数码率分别只有 1.023Mbit/s 和 10.23Mbit/s，数据码 D 码的数码率仅为 50bit/s，而 GPS 卫星位于距离地面 20000 km 的高空。对于电能紧张的卫星，很难直接将低频信号有效地传输到地面。实际应用中，是将低频信号（C/A 码、P 码、D 码）调制到需要电能较小的高频载波（$L_1$，$L_2$）上后再发射到地面，地面接收机收到调制波后，由解调设备从调制波中分解出载波 $L_1$，$L_2$ 和 C/A 码、P 码、D 码。

载波 $L_1$、$L_2$ 和 C/A 码、P 码、D 码都是在同一基本频率 $f_0 = 10.23\text{MHz}$ 的控制下产生的。其中，载波 $L_1$ 的频率 $f_1 = 1575.42$ MHz，是基本频率 $f_0$ 的 154 倍，对应

波长 $\lambda = 19.03$cm，$L_1$ 上调制有 C/A 码、P 码和 D 码；载波 $L_2$ 的频率 $f_2 = 1227.60$ MHz，是基本频率 $f_0$ 的 120 倍，对应波长 $\lambda = 24.42$cm，$L_2$ 上调制有 P 码和 D 码；C/A 码的频率为 1.023MHz，是基本频率 $f_0$ 的 1/10；P 码频率为 10.23MHz，与基本频率 $f_0$ 的频率相同；D 码的频率为 50 Hz，是基本频率 $f_0$ 的 1/204 600。

### 3.4.2 GPS 信号的调制

C/A 码、P 码、D 码的码元序列是 0 与 1 的组合序列，对应信号波形为不连续的跳跃式波形，参见图 3-5。当码元值为 1 时，信号波形为 "−1" 状态，当码元值为 0 时，信号波形为 "+1" 状态。载波 $L_1$、$L_2$ 为连续的正弦波。

GPS 信号由 C/A 码、P 码、D 码和载波 $L_1$、$L_2$，经两级调制而成。第一级是将 D 码分别与 C/A 码、P 码模二相加，得到包含有 D 码（导航电文）信息的 C/A 码、P 码，用 PRN（伪随机码：Pseudo Random Noise）码表示。第二级是将含有 D 码信息的 C/A 码、P 码对应的低频信号，称为调制信号，采用调相技术加载到高频载波 $L_1$、$L_2$ 上，加载调制信号后的载波称为调制波。调制波是调制信号与载波的乘积。

图 3-11 描述了载波、PRN 码、调制信号、调制波之间的对应关系。当载波与调制信号 +1 相乘时，载波信号相位不变；载波与调制信号 −1 相乘时，载波信号相位改变 180°。由图中可以看出，当码值由 0 变为 1，或由 1 变为 0，即调制信号由 +1 变为 −1，或由 −1 变为 +1，都会使调制波的相位改变 180°。

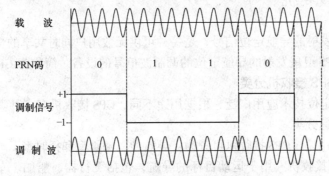

图 3-11 GPS 信号调制示意图

若以 $S_{L1}(t)$ 和 $S_{L2}(t)$ 分别表示对应于载波 $L_1$、$L_2$ 的调制波信号，则有：

$$S_{L1}(t) = A_p P_i(t) D_i(t) \cos(\omega_1 t + \varphi_1) + A_C C_i(t) D_i(t) \sin(\omega_1 t + \varphi_1) \quad (3-5)$$

$$S_{L2}(t) = B_p P_i(t) D_i(t) \cos(\omega_2 t + \varphi_2) \quad (3-6)$$

式中　　$A_P$、$B_P$——分别为调制于 $L_1$、$L_2$ 的 P 码振幅；

$A_C$——调制于 $L_1$ 的 C/A 码振幅；

$i$——卫星编号；

$C_i(t)$、$P_i(t)$、$D_i(t)$——分别为 ±1 状态时的 C/A 码、P 码和 D 码；

$\omega_1, \varphi_1, \omega_2, \varphi_2$——分别为载波 $L_1$、$L_2$ 的角频率与初相位。

图 3-12 是 GPS 信号构成示意图，该图描述了 GPS 信号的各个分量及其调制过程。

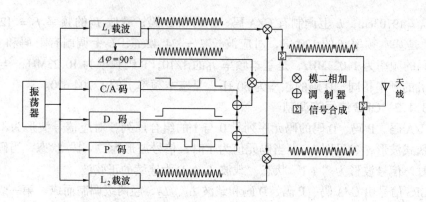

图 3-12 GPS 信号构成示意图

### 3.4.3 GPS 信号的解调

用户接收机收到的 GPS 信号，是包含有测距码、数据码和载波的调制波信号。实际使用时，需要使用解调技术从接收到的调制波中分解出测距码、数据码和恢复载波。常用解调技术有码相关解调技术、平方解调技术，GPS 接收机中设置有相应的电子线路解决解调技术问题。有兴趣的读者可以阅读无线电通讯技术的有关参考文献。

## 3.5 GPS 接收机

GPS 卫星发射的导航定位信号，是一种可供无数用户同时共享的信息资源。用户用于接收 GPS 卫星发射的导航定位的调制波信号的设备，简称为 GPS 接收机。

### 3.5.1 GPS 接收机分类

GPS 导航定位技术应用广泛，根据用途不同，GPS 接收机有多种类型。

**(1) 按用途分类**

根据不同用途，GPS 接收机可分为：导航型、测量型和授时型。

1) 导航型接收机　用于运动目标的导航，包括飞行器、船舶、车辆以及人的运动。导航型接收机主要利用测距码（C/A 码和 P 码）获得伪距观测量进行导航。导航精度取决于使用的测距码，美国军方及其特许用户使用 P 码，精度可达 2～3m，民用导航使用 C/A 码，精度较低，单点实时定位精度一般在 5～10m。

时速在 400km/小时以下的中、低速运动的民用飞机、船舶、车辆等运动目标，一般可以使用 C/A 码；而时速在 400km/小时以上用于军事目的飞机、导弹等运动目标，需要使用高精度的 P 码，但 P 码受到美国军方的严密控制。导航型接收机结构简单，价格较为便宜，因而应用广泛。民用除飞机、轮船等运动目标外，渔船、出租车以及人们的旅行等，都在使用导航型接收机。

RTD（real time differential：实时差分）GPS 以伪距观测量为基础，提供流动观测站米级精度的坐标，可以进行精密导航。

2) 测量型接收机　用于高精度的定位测量和位移监测。测量型接收机主要使用载波相位观测量进行相对定位，相对定位精度可达厘米、甚至更高精度。

大地测量、工程控制测量、滑坡与水电站大坝位移量监测、铁路与公路勘测、施工等精密测量与定位,使用测量型接收机,一般为观测结束后进行数据处理。

RTK(real time kinematic:实时相位差分)GPS 以载波相位观测量为基础,提供流动观测站厘米级精度的坐标,利用自带通讯系统,进行实时快速数据处理。

3) 授时型接收机  专用于时间测定和频率控制。

**(2) 按载波频率分类**

GPS 目前发射 L 波段的两种载波 $L_1$、$L_2$ 用于导航与定位,接收机按能够接收的载波频率数量分为单频接收机和双频接收机。

1) 单频接收机  只能接收载波 $L_1$ 对应的调制波。

2) 双频接收机  能够同时接收载波 $L_1$、$L_2$ 对应的调制波。

由于电离层折射的时间延迟与信号的频率有关,由不同频率的调制波获得的伪距或相位观测量,受到电离层折射影响不同,但实际距离和其他误差影响相同。对于双频接收机,可根据两个不同频率的观测量之差求出电离层折射的时间延迟改正量,从而消除或者削减电离层折射的影响。而单频接收机只有一个观测量,不能得到电离层折射的时间延迟改正,观测量中的电离层折射影响不能被消除。

实测数据统计表明,单频接收机一般只能用于站间距离在 15km 以内的精密定位,30km 以上的站间距离,必须采用双频接收机才能进行精密定位。

**(3) 其他分类**

1) 按信号波道跟踪 GPS 信号的方式可分为平行跟踪式、序贯跟踪式和多重跟踪式。

2) 按照处理信号的方式分为平方型、码相位型和相关型。

这两种分类的含义,详见第 3.5.2 节中"接收单元"的有关信号波道的论述。

### 3.5.2  GPS 接收机基本构成与工作原理

GPS 接收机包括天线单元、接收单元和电源三大部分,主要器件及其关系如图 3-13。

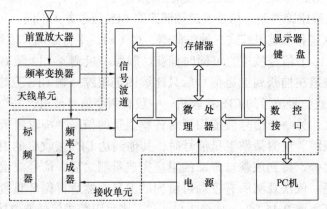

图 3-13  GPS 接收机结构示意图

**(1) 天线单元**

天线单元主要由接收天线、前置放大器和频率变换器组成。其作用是将来自于 GPS 卫星极其微弱的电磁波经由接收天线转化为相应的电流,通过前置放大器将信号电流放大后,再由频率变换器将高频 GPS 信号变成中频信号,以便获得稳定的信号传输给接收单元。

接收天线是接收单元的重要部件,它的品质对于减少信号损失,防止信号干扰和提高定位精度具有重要意义。接收天线有全向振天线、小型螺旋天线和微带天线等种类,从目前应用与生产的发展趋势来看,微带天线已成为 GPS 信号接收天线的主要发展方向。为便于接收单元对信号进行跟踪、处理和量测,要求接收天线满足如下要求:

1) 与前置放大器封为一体,保障正常工作,减少信号损失;
2) 能够接收来自天线上空半球面方向的卫星信号,不产生死角;
3) 能够防护与屏蔽多路径效应;
4) 接收天线相位中心高度稳定,并与几何中心保持一致。

**(2) 接收单元**

组成接收单元的主要部件包括:标频器、频率合成器、信号波道、存储器、微处理器、显示器和数控接口等。其中,标频器和频率合成器的作用是在一种压控振荡器的支撑下,运用分频与倍频功能,产生一系列与基准频率(标频器的频率)的频率不同,但稳定度相同的输出信号;存储器存储解译的 GPS 导航电文、伪距观测量、载波相位观测量和测站信息数据;显示器用于显示接收机的工作状态和所接收到的卫星的基本信息;键盘用于控制接收机的工作。下面重点介绍信号波道与微处理器的工作原理和处理内容。

1) 信号波道

(a) 信号波道概念 所谓信号波道,可以理解为 GPS 信号经过接收机天线进入接收机的路径,用于分离接收到的不同卫星的信号,搜索跟踪卫星,解译导航电文,进行伪距与载波相位测量。信号波道是接收单元的核心部分,由硬件与软件有机组合而成。信号波道数量根据 GPS 接收机用途不同有 1~12 个不等,每个信号波道某一时段只连续跟踪一颗 GPS 卫星的信号。

(b) 信号波道跟踪类型 信号波道按照跟踪 GPS 信号方式不同,可分为平行跟踪式、序贯跟踪式和多重跟踪式三种。如图 3-14 (a),平行跟踪式信号波道的 GPS 接收机,有 4~12 个信号波道,可同时捕获、跟踪、量测 4~12 颗 GPS 卫星的信号,每个信号波道在捕获到卫星信号后只连续固定跟踪一颗 GPS 卫星。如图 3-14 (b),序贯跟踪式信号波道的 GPS 接收机,一般有两个信号波道,一个信号波道用于获取导航电文,另一个信号波道用于对各颗卫星的信号,按时序依次循环进行跟踪观测。在跟踪、量测某颗卫星信号时,其他到达 GPS 接收机的卫星信号将被拒于信号波道之外,待到该颗被跟踪的卫星完成量测之后,信号波道才会自动转换到另一颗卫星。依次观测所有各颗可量测的卫星,然后再循环重复。序贯跟踪式完成一个循环需要 0.16~2s。如图 3-14 (c),多重跟踪式信号波道接收机与序贯信号波道接收机类似,但循环时间很短,一般不超过 20ms,基本上可以保持对卫星的连续跟踪。

统计资料显示,平行跟踪型信号波道的 GPS 接收机已成为应用主流,而且用于高、中动态环境下的 GPS 接收机,基本上采用平行跟踪型信号波道。

(c) 信号波道工作原理 信号波道按照处理信号的方式分为平方型、码相位型

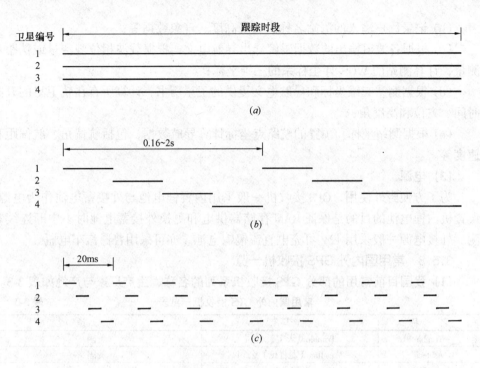

图 3-14 信号波道跟踪类型

（a）平行跟踪型-4 个信号波道各测 1 颗卫星；（b）序贯跟踪型-1 个信号波道测量 4 颗卫星；
（c）多重跟踪型-1 个信号波道测量 4 颗卫星

和相关型三种类型。

平方型信号波道用于重建载波，利用该载波可进行载波相位测量。其工作原理是利用自乘电路，将接收的 GPS 卫星的调制波信号平方，获得频率为原载波频率 2 倍的纯载波信号。平方型信号波道的缺点是不能获取调制波中的 P 码、C/A 码和 D 码。

码相位型信号波道用于获取测距码（P 码或 C/A 码），利用该测距码可进行伪距测量。其工作原理是利用时延电路与自乘电路想结合的方法，获取 P 码或 C/A 码的正弦波，从而获得测距码。码相位型信号波的缺点是不能得到 D 码和载波。

相关型（亦称混合型）信号波道可以通过比较复杂的电子环路，获取载波相位观测量、伪距观测量和导航电文（D 码），缺点是必须知道测距码（P 码或 C/A 码）的结构。由于我国不是 P 码特许使用的国家，无法获取 P 码结构和 $L_2$ 载波相位观测量。

由上可知，平方型、码相位型和相关型三种类型中，只有相关型信号波道能够同时获取载波（$L_1$ 和 $L_2$）、测距码（P 码或 C/A 码）以及导航电文（D 码），因而现代 GPS 接收机中，广泛应用相关型信号波道。

2）微处理器

微处理器是 GPS 接收机的计算与控制系统，其主要功能包括：

（a）控制接收机开机后立即对各个波道进行自检，并显示自检结果；测定、校正和存储各个波道的时延值；

(b) 记录用户输入的测站名称、天线高度、气象数据等；

(c) 根据各波道输出的数据码解译出导航电文，根据载波相位观测量或伪距观测量，计算测站的 WGS-84 坐标系的三维坐标；

(d) 根据测站三维坐标和导航电文提供的卫星历书，计算所有在轨卫星的升降时间、方位和高度角；

(e) 根据测站坐标和预置的航路点坐标计算导航数据，包括航偏角、航偏距和速度等。

**(3) 电源**

为了方便野外使用，GPS 接收机一般采用内置锂电池与外接蓄电池作为电源。设置机内锂电池的目的是保证 RAM 存储器供电和更换外接蓄电池时不中断连续观测。外接电源一般采用 12V 可充电直流镉镍电池，亦可采用普通汽车电瓶。

### 3.5.3 常用国内外 GPS 接收机一览

**(1)** 我国目前常用的部分 GPS 接收机系列的名称、生产厂家与产地如表 3-3。

常用国内外 GPS 接收机一览表　　　　表 3-3

| 名　称 | 生产厂家 | 产　地 |
| --- | --- | --- |
| Trimble | Trimble（天宝）公司 | 美国 |
| Ashtech | Magellan（麦哲伦）公司 | 美国 |
| Leica Wild | Leica（徕卡）公司 | 瑞士、美国、德国 |
| Scorpio | Thales（泰雷兹）公司 | 法国 |
| 南方 | 南方测绘仪器有限公司 | 中国 |
| 中海达 | 中海达测绘仪器有限公司 | 中国 |
| 华测 | 华测上海导航技术有限公司 | 中国 |

**(2)** 天宝 5700 测量型双频 GPS 接收机外形如图 3-15，图（a）为基准站；如图（b）为流动站。

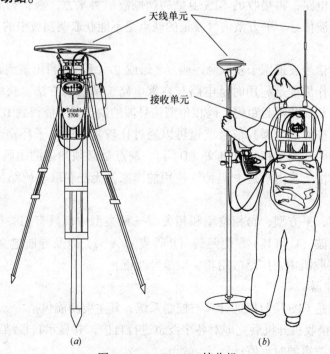

图 3-15　Trimble GPS 接收机

# 4 定位原理

## 4.1 定位基本原理

在 WGS-84 空间直角坐标系中，$S_i$（$i=1, 2, \cdots, n$）为空间待求点 $T$ 上可以观测到的卫星，它们在某一时刻的瞬时空间坐标为（$x_i, y_i, z_i$）。在待求点 $T$ 上安置 GPS 接收机，设接收机天线电磁中心的坐标为（$x, y, z$），GPS 单点定位观测原理如图 4-1。

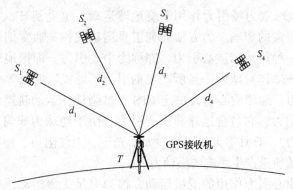

图 4-1 GPS 单点定位原理示意图

利用 GPS 确定待求点空间位置，其基本原理是，先由 GPS 接收机通过接收各可见卫星 $S_i$ 的信号，直接或间接测定信号的传播时间，求出卫星至接收机天线电磁中心的距离 $d_i$；再根据各卫星的空间坐标，采用距离后方交会方法，列出数学方程组为：

$$\left. \begin{array}{l} d_1 = \sqrt{(x_1-x)^2+(y_1-y)^2+(z_1-z)^2} \\ d_2 = \sqrt{(x_2-x)^2+(y_2-y)^2+(z_2-z)^2} \\ d_3 = \sqrt{(x_3-x)^2+(y_3-y)^2+(z_3-z)^2} \\ \cdots \cdots \cdots \cdots \cdots \cdots \\ d_n = \sqrt{(x_n-x)^2+(y_n-y)^2+(z_n-z)^2} \end{array} \right\} \quad (4\text{-}1)$$

用数学方法解算上述方程组，便可求得待求点 $T$ 在 WGS-84 空间直角坐标系中的坐标（$x, y, z$）。解算（4-1）式时，需要计算求出观测时刻卫星 $S_i$ 的空间坐标（$x_i, y_i, z_i$）和观测确定各颗卫星至待求点的距离 $d_i$。

当距离 $d_i$ 和卫星坐标（$x_i, y_i, z_i$）确定后，（4-1）式方程组中只有三个未知数（$x, y, z$），理论上只需观测三颗卫星至接收机的距离。实际上 GPS 信号传播时间中包含有卫星钟差、信号在传播路径上受到电离层、对流层影响的时间延迟和接收机钟差等,则由卫星信号传播时间确定的距离为 $\rho_i$,不等于卫星至接收机天线电磁中心的实际几何距离 $d_i$。需要在 $\rho_i$ 中加入上述误差与影响的改正。卫星钟差和信号传播过程中的时间延迟可以通过导航电文的卫星星历与已经研究的物理模型加以改正,而接收机钟差无法确定。接收机钟差对于每颗卫星是相同的,利用 $\rho_i$ 计算 $d_i$ 时,可以把接收机钟差作为未知参数。这样,(4-1)式方程组有 4 个未知数,需要观测 4 颗卫星。考虑到卫星位置也含有多种因素影响产生的误差,实际上应该观测 4 颗以上数量的卫星,取其平均位置。

## 4.2 卫星运动

卫星为高速运动体,其空间位置随时间而变化,由卫星的运动及其轨道参数所决定。

GPS 卫星在地球重力场引力作用下绕地球运动,也受到日、月和其它天体引力、太阳光压等因素的影响。为方便研究卫星运动规律,通常把作用在卫星上的力分解成两种。一种是地球质心引力,亦称为中心引力。即把地球看成为一个匀质标准圆球体,该球体对球外一点所产生的引力,可以证明其等效于质量集中于球心所产生的引力。地球质心引力决定 GPS 卫星绕地球运动轨道的基本规律与特征。另一种是摄动力,它包含地球非中心引力(由于地球为非匀质、非对称、非圆球所产生的引力)、日月等天体引力、太阳光压、大气阻力、地球潮汐等诸多影响因素对卫星运动轨道产生影响的摄动力。

仅考虑地球质心引力作用的卫星运动,称为卫星无摄运动,对应卫星运动轨道称为无摄轨道。在摄动力作用下的卫星运动,称为卫星受摄运动,对应卫星运动轨道称为受摄轨道。实际研究与应用中,是在无摄动力影响条件下,确定卫星的无摄轨道及其轨道参数,然后再分析、考虑各种摄动力影响,在轨道参数中加入摄动修正值,最后根据经摄动改正的轨道参数,计算 GPS 卫星的空间瞬时位置。

### 4.2.1 卫星无摄运动

在不考虑摄动力影响的卫星无摄运动条件下,可以把卫星和地球看成是在万有引力作用下作相对运动的两个质点。卫星在地球质心引力作用下绕地球所作的无摄运动,亦被称为开普勒运动,可以用开普勒定律(此处不加证明地直接引用)来描述其运动规律。

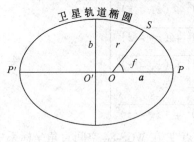

图 4-2 开普勒椭圆

**(1) 开普勒第一定律**

卫星运动轨道是一椭圆,该椭圆的一个焦点与地球质心重合,这是开普勒第一定律。这一定律表明,在地球质心引力作用下,卫星绕地球运动的轨道面是一个通过地球质心的平面,轨道椭圆的形状与大小不变。如图 4-2,轨道椭圆几何中心为 $O'$,两个焦点连线的延长线与卫星轨道椭圆的两个交点,靠近地球质心 $O$ 的交点 $P$,称为近地点,另一个远离地球质心 $O$ 的交点 $P'$,

称为远地点。近地点和远地点的位置也是不变的。

设卫星位于椭圆轨道 $S$ 处,卫星至地球质心的距离为 $r$,可以证明卫星绕地球质心运动的轨道方程为:

$$r = \frac{a(1-e^2)}{1+e\cos f} \tag{4-2}$$

式中 $a$——椭圆长半径;

$e$——椭圆偏心率(亦称扁率);

$f$——真近点角,它是卫星 $S$ 与近地点 $P$ 的地心夹角,是时间的函数。

卫星在轨道椭圆上的位置,是随时间变化的,因此,在不同时刻,卫星 $S$ 至地球质心 $O$ 的距离 $r$ 是不同的。

**(2) 开普勒第二定律**

卫星的地心向量在相等的时间内所扫过的面积相等,这是开普勒第二定律。卫星的地心向量指的是地球质心(轨道椭圆的一个焦点)至卫星质心的距离向量。

开普勒第二定律表明,卫星在轨道椭圆上的运动速度是连续变化的,在近地点 $P$ 处的速度最快,而在远地点 $P'$ 处的速度最慢。如图 4-3 所示,卫星在 $P$ 和 $P'$ 处所运行的时间以及所扫过的面积相同,但弧长不等。

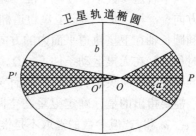

图 4-3 相等时间卫星地心向量所扫面积相等

**(3) 开普勒第三定律**

卫星围绕地球运行的周期的平方与轨道椭圆长半径的立方之比为常量,这是开普勒第三定律。若用 $T$ 表示卫星围绕地球运行的周期,则开普勒第三定律的数学表达式为:

$$\frac{T^2}{a^3} = \frac{4\pi^2}{GM} \tag{4-3}$$

式中 $G$——引力常数;

$M$——地球质量。

令

$$\mu = G \cdot M \tag{4-4}$$

$\mu$ 为地球引力常数,则(4-3)式可以写为:

$$T = 2\pi\sqrt{\frac{a^3}{\mu}} \tag{4-5}$$

### 4.2.2 卫星轨道参数

**(1) 卫星轨道参数**

设有天球坐标系 $O\text{-}xyz$(各坐标轴的定义详见第 2.2.1 节),春分点 $\gamma$、地球赤道平面、卫星 $S$ 及其卫星轨道与轨道平面、近地点 $P$ 等如图 4-4 所示。卫星 $S$ 作无摄运动时,其卫星的空间瞬时位置可以选用 $\Omega$、$i$、$a$、$e$、$\omega$ 和 $f$ 六个开普勒轨道参数(亦称轨道根数)来描述。这

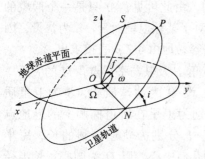

图 4-4 卫星无摄轨道参数

# 4 定位原理

六个参数的几何意义如下：

$\Omega$——升交点赤经，即升交点 $N$（卫星由北向南运行时，卫星轨道与地球赤道面的交点）与春分点 $\gamma$ 之间的地心夹角；

$i$——卫星轨道面倾角，即卫星轨道平面与地球赤道平面之间的夹角；

$a$——卫星轨道椭圆长半径；

$e$——卫星轨道椭圆偏心率；

$\omega$——近地点角距，即卫星轨道平面内轨道近地点 $P$ 与升交点 $N$ 之间的地心夹角；

$f$——真近点角，即卫星轨道平面内卫星 $S$ 与近地点 $P$ 之间的地心夹角。

六个轨道参数中，$\Omega$ 与 $i$ 惟一确定卫星轨道平面在 $O\text{-}xyz$ 坐标系中的相对位置与方向；$a$ 与 $e$ 惟一确定卫星轨道椭圆的形状与大小；$\omega$ 惟一确定近地点方向的轨道椭圆长轴在卫星轨道平面内的方向，$f$ 惟一确定卫星在轨道上相对于近地点 $P$ 的瞬时位置。在无摄运动条件下，$\Omega$、$i$、$a$、$e$ 和 $\omega$ 是 5 个常量，其值由卫星发射入轨的初始条件所决定，不随时间而变化。而 $f$ 是变量，随卫星运动的时间而不同。

需要指出的是，确定卫星在空间的瞬时位置，需要六个参数，如前述 $\Omega$、$i$、$a$、$e$、$\omega$ 和 $f$，但参数的选取不是惟一的，可以选取其他六个参数。

**(2) 真近点角计算**

卫星发射入轨后，无摄运动条件下的六个参数中，只有真近点角 $f$ 随时间而变化，其余参数均为常数。因此，确定无摄运动条件下卫星 $S$ 的空间瞬时位置，关键是求出真近点角 $f$。由开普勒第二定律可知，卫星在椭圆轨道上不同位置的速度不同，对应的角速度是变化的。为了便于求出观测时刻真近点角 $f$，需引入平近点角 $M$ 和偏近点角 $E$，并规定 $M$、$E$ 和 $f$ 起始时刻均为某次过近地点 $P$ 的时刻 $t_p$，观测时刻均为 $t$。

1）平近点角 $M$ 及其计算

设卫星围绕地球运行的周期 $T$，其值由（4-5）式确定，则卫星运动的平均角速度 $n$ 为：

$$n = 2\pi/T \tag{4-6}$$

假定卫星从 $t_p$ 时刻开始，以平均角速度 $n$ 运行到 $t$ 时刻，则卫星以平均角速度离开近地点 $P$ 的地心角距，称为平近点角，用 $M$ 表示，其数学表达式为：

$$M = n(t - t_p) \tag{4-7}$$

实际上，卫星并不是以平均角速度 $n$ 运动的，由此可见，$M$ 只是一个假象的量，但它是卫星平均角速度与时间的线性函数。对于某颗卫星而言，$n$ 为常量，因此，$M$ 可以很容易地由 4-7 式直接求出。

2）偏近点角 $E$ 及其与平近点角 $M$ 的关系

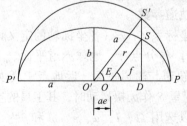

图 4-5 真近点角与偏近点角

如图 4-5，设 $O$ 为地球质心，$S$ 为卫星质心，$P$、$P'$ 分别为卫星在轨道椭圆上的近地点和远地点，$a$、$b$ 分别为轨道椭圆的长、短半径，$O'$ 为椭圆几何中心。以 $O'$ 为圆心，长半径 $a$ 为半径作圆通过 $P$ 和 $P'$ 点，过 $S$ 作椭圆短轴

平行线与圆弧交于 $S'$，与 $P$、$P'$ 连线交于 $D$。其近地点 $P$ 至 $S'$ 的圆弧所对应的圆心角（$<S'O'P$），称为卫星 $S$ 的偏近点角，用 $E$ 表示。

可以证明，偏近点角 $E$ 与平近点角 $M$ 有如下关系：

$$M = E - e\sin E \tag{4-8}$$

该关系式称为开普勒方程。为计算方便，可改写为：

$$E = M + e\sin E \tag{4-9}$$

此式为超越方程，不易直接由 $M$ 求出 $E$。因 GPS 卫星轨道椭圆的偏心率 $e$ 很小（<0.02），采用迭代法计算时收敛很快。迭代初值可取

$$E_0 = M$$

进而依次取

$$E_1 = M + e\sin E_0$$
$$E_2 = M + e\sin E_1$$
$$\cdots\cdots$$
$$E_n = M + e\sin E_{n-1}$$

直至 $\delta_E = E_n - E_{n-1}$ 小于规定的值。

偏近点角 $E$ 的计算，还可采用级数式的直接解法或收敛速度更快的微分迭代法，详见有关参考文献。

3）真近点角 $f$ 的计算

设地球质心 $O$ 至卫星质心 $S$ 的距离为 $r$，由图4-5和椭圆参数方程、椭圆偏心率定义，容易得到偏近点角 $E$ 与真近点角 $f$ 之间有如下关系：

$$r\cos f = a\cos E - ae \tag{4-10}$$

$$r\sin f = b\sin E = a\sqrt{1-e^2}\sin E \tag{4-11}$$

将上两式等号两边分别平方后相加，可得：

$$r = a(1 - e\cos E) \tag{4-12}$$

将（4-12）式分别代入（4-10）式和（4-11）式，并整理后得

$$\cos f = \frac{\cos E - e}{1 - e\cos E} \tag{4-13}$$

$$\sin f = \frac{\sqrt{1-e^2}\sin E}{1 - e\cos E} \tag{4-14}$$

亦可将（4-13）式与（4-14）式代入半角公式得

$$\tan\frac{f}{2} = \frac{\sin f}{1 + \cos f} = \frac{\sqrt{1+e}}{\sqrt{1-e}}\tan\frac{E}{2} \tag{4-15}$$

利用（4-13）式、（4-14）式和（4-15）式中任一式，便可求出真近点角 $f$。

### 4.2.3 卫星受摄运动及其受摄影响

理想的卫星运动，是卫星在地球质心引力作用下，绕地球在标准椭圆轨道上作无摄运动。实际上，卫星除受到地球质心引力外，还受到地球非球形引力、日月引力、太阳光压、大气阻力、地球潮汐等外力的摄动影响，使得卫星不能完全在理想的轨道上运行。卫星空间瞬时位置的解算，需要加入摄动修正量，下面简要介绍主要的摄动力及其对卫星的摄动影响。

### (1) 非球形引力的影响

卫星的无摄运动，其条件是假定地球为匀质正球体，实际上，地球是一个内部物质分布不均匀，地表层高低起伏，长短轴半径相差约21km，且大地水准面在北、南极分别比地球椭球面凸出19m和凹陷21m的近似椭球体。由此，可以将地球的质量看成是地心处等密度均匀正球体质量与偏离地心处的不平衡质量两个质量的叠加。前者对卫星的引力，称为地球质心引力，是使卫星绕地球作无摄运动的力（前已叙及）；后者对卫星所产生的力，称为非球形引力。

研究表明，非球形引力对卫星轨道的摄动力最大，其主要影响有：

1) 旋转轨道平面  表现为升交点 $N$ 沿天球赤道缓慢进动导致升交点赤经 $\Omega$ 以变化率 $\dot{\Omega}$ 产生周期性变化。

2) 旋转轨道长半轴方向  表现为近地点在轨道面内平移，导致卫星近地点角距 $\omega$ 以变化率 $\dot{\omega}$ 缓慢变化。

3) 平近点角变化  平近点角 $M$ 按变化率 $\dot{M}$ 变化。

### (2) 日月引力的影响

日、月质量对卫星产生引力加速度，引起卫星轨道摄动，这种摄动是长周期的。日、月引力对卫星的摄动影响，与日、月质量及其到GPS卫星的距离有关，太阳质量虽然远大于月球质量，但太阳至卫星的距离也远大于月球至卫星的距离。实验证明，太阳对卫星的摄动影响只有月球对卫星的摄动影响的0.46倍左右。当GPS卫星在轨道上运行时，在3h的轨道弧长产生约50～150m的影响。

其他恒星对卫星也产生摄动影响，但由于距离卫星太远，其影响甚微，可以忽略不计。

### (3) 太阳光压的影响

太阳光压是卫星在轨道上受到太阳光直射辐射压力（直射光压力）和地球反射太阳光的压力（反射光压力）的合力。太阳光压对卫星的轨道摄动影响与卫星至太阳的距离、卫星本身的截面积等因素有关。研究表明，反射光压约为直射光压的1～2%。在3h的轨道弧段上，太阳光压使卫星位置产生5～10m偏差。

### (4) 大气阻力的影响

大气对卫星的阻力是一种复杂多变的力，其大小与大气密度和卫星的质量、截面积、速度等有关，很难用精确的数学模型描述。由于GPS卫星位于距地面约20200km的高空，大气密度很低，一般可忽略大气阻力对GPS卫星的影响。

### (5) 地球潮汐的影响

地球形体不是一个刚体。在日、月引力作用下，地球形体随月、日运动连续变化，表现为海潮、固体潮和大气潮，影响最大的是海潮。地球潮汐导致地球质量中心位置产生移动，研究表明，地球潮汐对GPS卫星的影响也很小，一般亦可忽略不计。

综上所述，在卫星受摄运动中，地球非球形引力对卫星轨道的摄动影响最大，日月引力、太阳光压也对卫星产生不可忽略的摄动影响，这三种摄动力的影响，均可以从理论上建立模型推算，并结合实际观测值加以修正。大气阻力和地球潮汐对卫星轨道的摄动影响相对较小，一般可忽略不计。

## 4.3 卫星空间位置计算

### 4.3.1 卫星星历

卫星星历指的是描述卫星运行轨道和状态的一组数据，它由理论推算和实际观测确定，是计算卫星空间位置的依据。根据卫星星历数据来源不同，分为预报星历和后处理星历。

**(1) 预报星历**

预报星历指的是由地面注入站注入到卫星，经卫星广播发射的导航电文传递到用户接收机，再经用户解码后所得到的卫星星历，亦称广播星历或外推星历。预报星历包含 2 个时间参数、6 个轨道参数和 9 个摄动参数共 17 个参数，参数含义与星历实例数据见表 4-1。

导航电文中的 GPS 卫星星历参数及其实例数据　　　　表 4-1

| 类别 | 参数符号/单位 | 参　数　名　称 | PRN3 星历 | PRN5 星历 |
|---|---|---|---|---|
| 时间参数 | $t_{oe}/s$ | 参考时刻 | .439184000000D + 06 | .439200000000D + 06 |
|  | $AODE/s$ | 星历数据龄期 | .148000000000D + 03 | .211000000000D + 03 |
| 轨道参数 | $\Omega_0/rad$ | $\Omega_{oe} - GAST_w$ | − .151700592036D + 01 | .251736720469D + 01 |
|  | $i_0/rad$ | $t_{oe}$ 时刻轨道面倾角 | .959510389768D + 00 | .937313305536D + 00 |
|  | $\sqrt{a}/m$ | 轨道椭圆长半径方根 | .515349519730D + 04 | .515374039650D + 04 |
|  | $e$ | 轨道椭圆偏心率 | .912849896122D − 02 | .663058296777D − 02 |
|  | $\omega/rad$ | 近地点角距 | .250142056376D + 01 | .100359719183D + 01 |
|  | $M_0/rad$ | $t_{oe}$ 时刻平近点角 | .176897183957D + 01 | .402104331248D + 00 |
| 摄动参数 | $\dot{\Omega}/rad$ | 升交点赤经变率 | − .822998558192D − 08 | − .826641599616D − 08 |
|  | $\dot{i}/rad$ | 轨道面倾角变率 | − .539308209202D − 09 | − .492877683111D − 10 |
|  | $C_{uc}/rad$ | 升交点角距余弦调和改正项振幅 | − .949949026108D − 06 | − .350736081600D − 05 |
|  | $C_{us}/rad$ | 升交点角距正弦调和改正项振幅 | .504218041897D − 05 | .108610838652D − 04 |
|  | $C_{rc}/m$ | 卫星地心矢径余弦调和改正项振幅 | .276031250000D + 03 | .160125000000D + 03 |
|  | $C_{rs}/m$ | 卫星地心矢径正弦调和改正项振幅 | − .210937500000D + 02 | .633125000000D + 02 |
|  | $C_{ic}/rad$ | 轨道面倾角余弦调和改正项振幅 | .135973095894D − 06 | − .856816768646D − 07 |
|  | $C_{is}/rad$ | 轨道面倾角正弦调和改正项振幅 | .223517417908D − 07 | .819563865662D − 07 |
|  | $\Delta n/(rad/s)$ | 平均角速度差 | .493091967257D − 08 | .490163287736D − 08 |

表 4-1 中，$AODE$ 为最后一次注入导航电文时起，计算到外推星历时刻的时间间隔，反映外推星历的可靠程度。$\Omega_{oe}$ 为参考时刻升交点赤经，$GAST_w$ 为一周 GPS 时开始时刻 $t_w$ 为起点的格林尼治恒星时。$C_{uc}$、$C_{us}$、$C_{rc}$、$C_{rs}$、$C_{ic}$、$C_{is}$ 分别是用于计算升交点角距、卫星地心矢径、轨道面倾角的摄动改正量的摄动参数。其他参数前已叙述。

预报星历中，对应于参考历元 $t_{oe}$ 的 GPS 卫星 6 个轨道参数，是根据地面监测站对 GPS 卫星约一周的跟踪观测数据推算出来的，它们是 GPS 卫星对应于 $t_{oe}$ 的瞬时轨道参数，亦称密切轨道参数或参考星历。在 $t_{oe}$ 之后的时间里，卫星将在摄动力（由 9 个摄动参数决定）的影响下，偏离密切轨道参数所确定的轨道。偏离的程度取决于观测历元 $t$ 与参考历元 $t_{oe}$ 之间的时间差。计算时，根据导航电文提供的 17 个预报星历参数，将其中对应于 $t_{oe}$ 的 6 个轨道参数中，加入由 9 个摄动参数计算的摄动改正量，外推出观测历元 $t$ 对应的实际轨道参数，再解求卫星位置。为了控制观测历元 $t$ 与参考历元 $t_{oe}$ 之间的时间差过大而导致外推卫星位置误差大，GPS 的预报星历每小时更换一次。预报星历各参数几何意义见图 4-6。

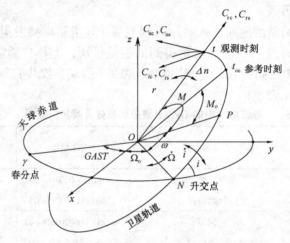

图 4-6  预报星历参数示意图

**(2) 后处理星历**

根据预报星历求出观测历元 $t$ 的卫星位置，是利用参考历元 $t_{oe}$ 对应的轨道参数（参考星历）和摄动参数外推计算出来的，与观测历元 $t$ 的卫星实际位置存在差异。随着 $t$ 与 $t_{oe}$ 之间的时间间隔愈长，其 $t$ 时刻卫星的推算位置与实际位置之差愈大。这种差值不能满足精密定位要求。

为了解决精密定位问题，一些国家、地区或单位建立了地面跟踪站对 GPS 卫星进行跟踪观测。根据观测的实际卫星位置资料，用确定预报星历的同样方法，计算出各观测历元 $t$ 的实际星历，可以避免星历外推的误差。这种星历由实际观测获得，可以精确确定卫星实际位置，故称为精密星历。还由于是事后计算提供的，亦称为后处理星历。

后处理星历不是通过 GPS 的导航电文向用户传递，而是通过网络、磁盘、通讯等方式从有关机构或单位获取。

### 4.3.2  卫星空间瞬时位置计算

根据卫星星历，便可计算观测时刻 $t$ 的卫星空间瞬时位置。下面是根据 GPS 卫星提供的导航电文预报星历参数（以下简称"导航电文星历参数"）解算 WGS-84 坐标系统下卫星坐标的具体计算公式、方法和步骤。

**(1) 基本常数与计算**

由 (4-4) 式，WGS-84 坐标系统的地球引力常数 $\mu$

$$\mu = G \cdot M = 3.986005 \times 10^{14} \quad m^3/s^2 \tag{4-4}$$

计算卫星轨道椭圆长半径 $a$ 和观测时刻 $t$ 与参考时刻 $t_{oe}$ 的时间差 $\Delta t$

$$a = (\sqrt{a})^2 \tag{4-16}$$

$$\Delta t = t - t_{oe} \tag{4-17}$$

上两式中，$\sqrt{a}$、$t_{oe}$ 为导航电文星历参数。

**(2) 计算偏近点角 $E$ 和真近点角 $f$**

令无摄运动的卫星平均角速度为 $n_0$，由（4-5）式和（4-6）式可得

$$n_0 = \sqrt{\frac{\mu}{a^3}} \tag{4-18}$$

计算卫星受摄运动观测时刻 $t$ 时的平均角速度 $n$ 和平近点角 $M$

$$n = n_0 + \Delta n \tag{4-19}$$

$$M = M_0 + n \cdot \Delta t \tag{4-20}$$

根据（4-9）式、（4-15）式计算观测时刻 $t$ 时的偏近点角 $E$ 和真近点角 $f$

$$E = M + e\sin E \tag{4-9}$$

$$f = 2\arctan\left(\sqrt{\frac{1+e}{1-e}} \times \tan\frac{E}{2}\right) \tag{4-21}$$

上述式中，$\Delta n$、$M_0$、$e$ 为导航电文星历参数，偏近点角 $E$ 由 4.2.2 节介绍的迭代法等求解。

**(3) 计算升交点角距 $u$、卫星地心矢径 $r$ 和轨道面倾角 $i$**

卫星轨道平面内，卫星 $S$ 与升交点 $N$ 之间的地心夹角，称为升交点角距。

1) 计算未经摄动修正的升交点角距 $u_0$ 和卫星地心矢径 $r_0$

由真近点角 $f$、导航电文星历参数 $\omega$ 和（4-12）式，分别计算 $u_0$、$r_0$

$$u_0 = f + \omega \tag{4-22}$$

$$r_0 = a(1 - e\cos E) \tag{4-12}$$

2) 计算升交点角距、卫星地心矢径和轨道面倾角对应的摄动改正数 $\delta_u$、$\delta_r$ 和 $\delta_i$

$$\left.\begin{array}{l}\delta_u = C_{us}\sin 2u_0 + C_{uc}\cos 2u_0 \\ \delta_r = C_{rs}\sin 2u_0 + C_{rc}\cos 2u_0 \\ \delta_i = C_{is}\sin 2u_0 + C_{ic}\cos 2u_0\end{array}\right\} \tag{4-23}$$

式中 $C_{uc}$、$C_{us}$、$C_{rc}$、$C_{rs}$、$C_{ic}$、$C_{is}$——为导航电文星历参数。

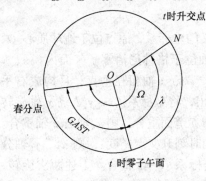

图 4-7 观测时刻升交点经度

3) 计算经摄动改正后的升交点角距 $u$、卫星地心矢径 $r$ 和轨道面倾角 $i$

$$\left.\begin{array}{l}u = u_0 + \delta_u \\ r = r_0 + \delta_r \\ i = i_0 + \delta_i + \dot{i}\Delta t\end{array}\right\} \tag{4-24}$$

式中 $i_0$、$\dot{i}$——导航电文星历参数。

**(4) 计算观测时刻升交点经度 $\lambda$**

观测时刻升交点经度，指的是观测时刻 $t$ 时，地心坐标系中的地心（坐标系原点）$O$ 至升交点 $N$ 的方向与零子午面之间的地心夹角，用 $\lambda$ 表示，如图 4-7 所示。

$$\lambda = \Omega - GAST \tag{4-25}$$

式中 $\Omega$——$t$ 时升交点 $N$ 与春分点 $\gamma$ 之间的地心夹角；

$GAST$——$t$ 时春分点 $\gamma$ 的格林尼治恒星时。

设参考时刻 $t_{oe}$ 的升交点赤经为 $\Omega_{oe}$，其变率为 $\dot{\Omega}$（导航电文星历参数），则观测时刻 $t$ 时升交点赤经 $\Omega$ 由下式计算：

$$\Omega = \Omega_{oe} + \dot{\Omega} \Delta t \tag{4-26}$$

设 GPS 时间原点 $t_w$（$t$ 的零时刻：周六午夜/周日子夜交换时刻）的格林尼治恒星时为 $GAST_w$，由于地球以角速度 $\omega_e = 7.92911567 \times 10^{-5}$ rad/s 自转，其 $GAST$ 将不断增加。因此，$t$ 时刻春分点的格林尼治恒星时为：

$$GAST = GAST_w + \omega_e t \tag{4-27}$$

令：

$$\Omega_0 = \Omega_{oe} - GAST_w \tag{4-28}$$

将 (4-26) 式、(4-27) 式代入 (4-25) 式，并顾及 (4-28) 式，经整理后得：

$$\lambda = \Omega_0 + \dot{\Omega} \Delta t - \omega_e t \tag{4-29}$$

式中 $\Omega_0$——导航电文星历参数。

**(5) 计算卫星在轨道平面空间坐标系中的坐标**

如图 4-8，设坐标系原点位于地球质心 $O$，$O$ 点至卫星升交点 $N$ 的方向为 $x_k$ 轴，$x_k$、$y_k$ 轴位于卫星轨道平面内，$x_k$、$y_k$、$z_k$ 相互垂直且构成右手系。该坐标系是以卫星轨道平面为基础的空间直角坐标系，称为轨道平面空间坐标系，用 $O\text{-}x_k y_k z_k$ 表示。

设原点 $O$ 至卫星 $S$ 的距离为 $r$（卫星地心矢径），升交点角距为 $u$，则卫星在 $O\text{-}x_k y_k z_k$ 坐标系中的坐标为：

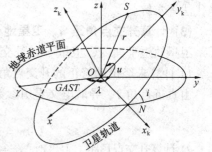

图 4-8 轨道平面空间坐标系

$$\left.\begin{array}{l} x_k = r\cos u \\ y_k = r\sin u \\ z_k = 0 \end{array}\right\} \tag{4-30}$$

**(6) 计算卫星地心坐标系的坐标**

如图 4-8，地球坐标系为第 2.2.2 节中所定义的坐标系，原点位于地球质心 $O$，与轨道平面空间坐标系 $O\text{-}x_k y_k z_k$ 原点重合，$x$ 轴位于格林尼治零子午面内，$x$、$y$ 轴均在地球赤道平面内，$z$ 轴为地球旋转轴，$x$、$y$、$z$ 轴相互垂直，且构成右手系，地球坐标系用 $O\text{-}xyz$ 表示。由图 4-8 可以看出，将坐标系 $O\text{-}x_k y_k z_k$ 绕 $x_k$ 轴旋转角度 $i$（轨道面倾角），可使卫星轨道平面与地球赤道面重合，则 $z_k$ 轴与 $z$ 轴重合。再将旋转后的 $O\text{-}x_k y_k z_k$ 绕 $z_k$ 轴旋转角度 $\lambda$（观测时刻升交点经度），则 $x_k$、$y_k$ 轴分别与 $x$、$y$ 轴重合，此时，坐标系 $O\text{-}x_k y_k z_k$ 与坐标系 $O\text{-}xyz$ 重合。上述两次旋转，可通过线性代数中的两个旋转矩阵 $R_3(-\lambda)$ 和 $R_1(-i)$ 来建立 $x_k$，$y_k$，$z_k$ 与 $x$，$y$，$z$ 的关系如下：

$$\begin{pmatrix} x \\ y \\ z \end{pmatrix} = R_3(-\lambda) \cdot R_1(-i) \begin{pmatrix} x_k \\ y_k \\ z_k \end{pmatrix} = \begin{pmatrix} \cos\lambda & -\sin\lambda\cos i & \sin\lambda\sin i \\ \sin\lambda & \cos\lambda\cos i & -\cos\lambda\sin i \\ 0 & \sin i & \cos i \end{pmatrix} \begin{pmatrix} x_k \\ y_k \\ z_k \end{pmatrix}$$

(4-31)

解算上式后得卫星 $t$ 时刻在地球坐标系 $O\text{-}xyz$ 中的瞬时坐标为：

$$\left.\begin{aligned} x &= \cos\lambda \cdot x_k - \sin\lambda \cdot \cos i \cdot y_k \\ y &= \sin\lambda \cdot x_k + \cos\lambda \cdot \cos i \cdot y_k \\ z &= \sin y_k \end{aligned}\right\}$$

(4-32)

## 4.4 测码伪距观测

### 4.4.1 测码伪距观测原理

利用测距码（C/A 码、P 码或 Y 码）测定星站距离（卫星至安置于运动物体或固定测站上的接收机天线的距离，简称为星站距离），实际上是测量卫星发射的测距码信号到达接收机天线电磁中心的传播时间后，再根据信号的传播速度（光电速度）解算求出的。

设 $S^j(j=1,2,\cdots,n;)$ 为测站上可以观测到的空间卫星，$T_i(i=1,2,\cdots,m,)$ 为安置 GPS 接收机的测站点。为叙述方便，本章中用上标 $j$ 代表卫星或卫星编号，用下标 $i$ 代表测站或测站编号。利用测距码测定 GPS 信号传播时间（通常称为时间延迟）的基本原理如图 4-9，当 $S^j$ 卫星在 GPS 时间（GPS 时间：以下用 GPST 表示）$t^j$（GPST）时刻发射测距码信号 $\varphi^S(t)$ 时，$T_i$ 测站上的接收机在 $t^j$（GPST）时刻同时也复制一个与 $\varphi^S(t)$ 结构完全相同的信号 $\varphi_T(t)$（亦称复制码）。设卫星信号 $\varphi^S(t)$ 在 $t_i$（GPST）时刻到达接收机，由图 4-9 可以看出，接收机收到的信号 $\varphi^S(t)$ 与接收机复制的信号 $\varphi_T(t)$ 中，其对应码元已错开若干码元。此时，可以通过安置在接收机内的码元移位器移动所收到的卫星信号 $\varphi^S(t)$，利用（3-1）式或类似自相关函数，根据函数值是否为 1，或达到最大来判断 $\varphi^S(t)$ 与 $\varphi_T(t)$ 中对应码元是否

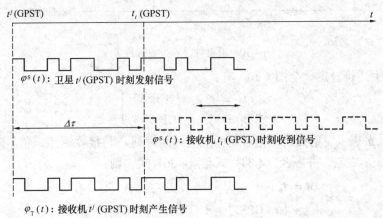

图 4-9 测码伪距观测原理

对齐。设移动 $k$ 个码元使得 $\varphi^S(t)$ 与 $\varphi_T(t)$ 中对应码元对齐，每个码元对应的时间为 $t_0$，则移动码元数 $k$ 与码元时间长度 $t_0$ 的乘积，就是卫星发射的信号到达 GPS 接收机的传播时间 $\Delta\tau$。

$$\Delta\tau = k \times t_0 \tag{4-33}$$

若用信号发射与接收的 GPS 时间表示，信号传播时间亦可以表示为：

$$\Delta\tau = t_i(\text{GPST}) - t^j(\text{GPST}) \tag{4-34}$$

$\Delta\tau$ 是观测瞬间测距码信号从卫星到达接收机的理论传播时间。在（4-34）式中，测距码的发射、接收时刻，都以同一标准 GPST 为基准。

由此可得卫星至接收机的理论距离 $d_i^j$。

$$d_i^j = \Delta\tau \times c \tag{4-35}$$

式中　$c$——光电传播速度。

### 4.4.2　测码伪距观测量

由前述测码观测原理可知，测距码信号的时间延迟（传播时间）是发射时刻与接收时刻的时间差，卫星钟、接收机钟都应与 GPST 同步或者卫星钟与接收机钟同步。实际上，卫星发射测距码和接收机产生复制码的时间，分别受到卫星钟和接收机钟控制，确定观测时间的卫星钟和接收机钟相对于标准 GPST 而言，都存在钟差。一般情况下，卫星钟差与接收机钟差不同。

如图 4-10，设：卫星 $S^j$ 发射测距码信号时卫星的钟面时刻为 $t^j$，它与测距码信号发射时的标准时刻 $t^j$（GPST）的差值为 $\delta t^j$；测站 $T_i$ 上的接收机收到卫星 $S^j$ 发射的测距码信号时接收机的钟面时刻为 $t_i$，它与接收机收到卫星 $S^j$ 发射的测距码信号时的标准时刻 $t_i$（GPST）的差值为 $\delta t_i$。

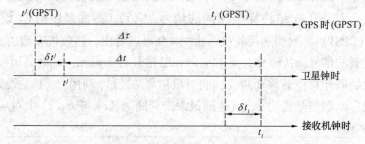

图 4-10　卫星钟差与接收机钟差

根据上述符号定义与图 4-10，有：

$$\left.\begin{array}{l}\delta t^j = t^j - t^j(\text{GPST})\\ \delta t_i = t_i - t_i(\text{GPST})\end{array}\right\} \tag{4-36}$$

若用 $\Delta t$ 表示发射测距码信号时的卫星钟面时刻 $t^j$ 与接收测距码信号时的接收机钟面时刻 $t_i$ 之差，并顾及（4-34）式与（4-36）式，则：

$$\begin{aligned}\Delta t &= t_i - t^j\\ &= [t_i(\text{GPST}) - t^j(\text{GPST})] + (\delta t_i - \delta t^j)\\ &= \Delta\tau + \delta t_i - \delta t^j\end{aligned} \tag{4-37}$$

若用 $\Delta\delta t_i^j$ 表示卫星钟差与接收机钟差之差,有:

$$\Delta\delta t_i^j = \delta t_i - \delta t^j \tag{4-38}$$

$$\Delta t = \Delta\tau + \Delta\delta t_i^j \tag{4-39}$$

$\Delta t$ 可以理解为由卫星钟记录信号发射时刻,由接收机钟记录信号收到时刻的测距码信号从卫星到达接收机的传播时间,它是实际可以观测得到的测码伪距观测量。

由 (4-37) 式可以看出,当 $\delta t_i = \delta t^j$ 时,表明卫星钟与接收机钟同步,此时,$\Delta t = \Delta\tau$,根据 (4-34) 式 $\Delta\tau$ 的含义可知,当卫星钟与接收机钟同步时,测码观测量 $\Delta t$ 等于观测时刻测距码信号的理论传播时间。若 $\delta t_i \neq \delta t^j$,表明卫星钟与接收机钟不同步,此时,$\Delta t \neq \Delta\tau$,测码观测量 $\Delta t$ 不等于观测时刻测距码信号的理论传播时间,在 $\Delta t$ 中,包含有卫星钟差和接收机钟差对测距码信号传播时间的影响。

### 4.4.3 测码伪距观测方程及其线性化

根据测码伪距观测量 $\Delta t$ 和光速 $c$,可以求出卫星至接收机的距离 $\rho_i^j$,

$$\rho_i^j = c \times \Delta t \tag{4-40}$$

由于没有考虑各种因素对测距码信号传播时间的影响,根据 (4-40) 式求出的 $\rho_i^j$,并不是卫星至接收机的实际距离,一般称此距离 $\rho_i^j$ 为伪距。

若将 (4-37) 式代入 (4-40) 式,并顾及 (4-35) 式,经整理后还可得伪距 $\rho_i^j$ 的另一表达式:

$$\rho_i^j = d_i^j + c\delta t_i - c\delta t^j \tag{4-41}$$

(4-41) 式描述了伪距与实际距离、以及卫星钟差、接收机钟差之间的关系。卫星至接收机的距离 $\rho_i^j$ 除了受到卫星钟差、接收机钟差的影响外,信号在传播路径上,还要受到电离层、对流层折射的影响。考虑到卫星位置随时间连续变化,而且卫星钟差、接收机钟差、电离层与对流层折射影响都是随时间变化的,它们都是时间的函数,由此,(4-41) 式可以引伸为测码伪距的观测方程为:

$$\rho_i^j(t) = d_i^j(t) + c\delta t_i(t) - c\delta t^j(t) + \delta I_i^j(t) + \delta T_i^j(t) \tag{4-42}$$

式中 $\delta I_i^j(t)$ —— $t$ 时刻电离层折射引起时间延迟的等效距离误差;

$\delta T_i^j(t)$ —— $t$ 时刻对流层折射引起时间延迟的等效距离误差。

在 (4-42) 中,$d_i^j(t)$ 为非线性项,它是观测时刻卫星 $S^j$ 与测站 $T_i$ 上的接收机之间的实际距离。根据 (4-1) 式有:

$$d_i^j(t) = \sqrt{[x^j(t) - x_i]^2 + [y^j(t) - y_i]^2 + [z^j(t) - z_i]^2} \tag{4-43}$$

式中 $x^j(t), y^j(t), z^j(t)$ 为观测时刻 $t$ 时卫星 $S^j$ 在地球直角坐标系(一般为 WGS-84)中的坐标,可根据 4.3 节中介绍的方法计算求出;

$x_i, y_i, z_i$ 为观测时刻 $t$ 时测站 $T_i$ 上的接收机在地球直角坐标系(与卫星坐标系相同)中坐标,是待求未知量。

为了易于解算,需要将 (4-43) 式线性化。设:

$$\left.\begin{array}{l} x_i = x_{i0} + \delta x_i \\ y_i = y_{i0} + \delta y_i \\ z_i = z_{i0} + \delta z_i \end{array}\right\} \tag{4-44}$$

式中 $x_{i0}$, $y_{i0}$, $z_{i0}$——测站 $T_i$ 在地球直角坐标系中的坐标近似值，亦称为初始值；
$\delta x_i$, $\delta y_i$, $\delta z_i$——$x_{i0}$, $y_{i0}$, $z_{i0}$ 的改正值。

将观测时刻 $t$ 时的卫星位置看成已知值，对 $d_i^j(t)$ 以 $x_{i0}$, $y_{i0}$, $z_{i0}$ 为中心，按泰勒级数展开，并取一次项可得：

$$d_i^j(t) = d_{i0}^j(t) + \left(\frac{\partial d_i^j(t)}{\partial x_i}\right)_0 \delta x_i + \left(\frac{\partial d_i^j(t)}{\partial y_i}\right)_0 \delta y_i + \left(\frac{\partial d_i^j(t)}{\partial z_i}\right)_0 \delta z_i \quad (4-45)$$

式中

$$d_{i0}^j(t) = \sqrt{[x^j(t) - x_{i0}]^2 + [y^j(t) - y_{i0}]^2 + [z^j(t) - z_{i0}]^2} \quad (4-46)$$

$$\left.\begin{aligned}
\left(\frac{\partial d_i^j(t)}{\partial x_i}\right)_0 &= \frac{1}{d_{i0}^j(t)}(x^j(t) - x_{i0}) = -k_i^j(t) \\
\left(\frac{\partial d_i^j(t)}{\partial y_i}\right)_0 &= \frac{1}{d_{i0}^j(t)}(y^j(t) - y_{i0}) = -l_i^j(t) \\
\left(\frac{\partial d_i^j(t)}{\partial z_i}\right)_0 &= \frac{1}{d_{i0}^j(t)}(z^j(t) - z_{i0}) = -m_i^j(t)
\end{aligned}\right\} \quad (4-47)$$

根据（4-47）式的简易符号，（4-45）式的可以表示为

$$d_i^j(t) = d_{i0}^j(t) - k_i^j(t)\delta x_i - l_i^j(t)\delta y_i - m_i^j(t)\delta z_i \quad (4-48)$$

将（4-48）式代入（4-42）式，可得线性化测码伪距观测方程

$$\rho_i^j(t) = d_{i0}^j(t) - k_i^j(t)\delta x_i - l_i^j(t)\delta y_i - m_i^j(t)\delta z$$
$$+ c\delta t_i(t) - c\delta t^j(t) + \delta I_i^j(t) + \delta T_i^j(t) \quad (4-49)$$

## 4.5 测相伪距观测

利用载波信号测距，是测定星站距离的另一种方法。由于载波波长远小于测距码波长，在相同分辨率情况下，载波测相伪距观测精度远高于测码伪距观测精度。利用载波测相伪距观测星站距离，是目前利用 GPS 定位的最精确的测距方法。

### 4.5.1 测相伪距观测基本原理

测相伪距观测中的载波，是由卫星发射，搭载有测距码、导航电文等信号的调制波，在到达接收机后，由接收机解调、恢复的载波，它是单纯的正弦波。

在测相伪距观测中，设卫星 $S^j$、测站 $T_i$ 以及 $t^j$（GPST）、$t_i$（GPST）、$t^j$、$t_i$ 均与 4.4 节中的含义相同。只是测码伪距观测中发射、接收的是测距码，而测相伪距观测中发射、接收的是载波，但测距码与载波都是基于同一基本频率。

卫星 $S^j$ 在 $t^j$ 时刻发射载波 $\varphi^j(t^j)$ 到达接收机，由于无法直接测定载波在星站间的相位差，实际上是由接收机在 $t^j$ 时刻同时产生一个结构和相位都与 $\varphi^j(t^j)$ 相同的参考载波。当卫星于 $t^j$ 时刻发射相位为 $\varphi^j(t^j)$ 的载波，在 $t_i$ 时刻到达接收机时，接收机的参考载波的相位为 $\varphi_i(t_i)$。用 $\varphi_i^j(t_i)$ 表示卫星载波与接收机产生的参考载波之间在 $t_i$ 时刻的相位差，则

$$\Phi_i^j(t_i) = \varphi_i(t_i) - \varphi^j(t^j) \quad (4-50)$$

$\Phi_i^j[t_i(\text{GPST})]$ 为载波在星站间的相位差,单位为周数(每$2\pi$弧度为1周),根据其物理特性,它是若干整周数 $N_i^j(t_i)$ 和不足一个整周的小数部分 $\delta\varphi_i^j(t_i)$ 两部分组成,即

$$\Phi_i^j[t_i(\text{GPST})] = N_i^j[t_i(\text{GPST})] + \delta\varphi_i^j[t_i(\text{GPST})] \tag{4-51}$$

$\Phi_i^j(t_i)$ 也是正弦波,不带任何识别标志,接收机只能测定不足整周的小数部分 $\delta\varphi_i^j(t_i)$,而无法测定整周数 $N_i^j(t_i)$,测相伪距观测中,称整周数 $N_i^j(t_i)$ 为整周未知数,亦称为整周模糊度。如何确定整周未知数,将在第5.4节中详细介绍。

### 4.5.2 测相伪距观测量

当测站 $T_i$ 上的 GPS 接收机在 $t=t_0$ 时刻接收到卫星 $S^j$ 的载波信号时,此 $t_0$ 时刻称为初始观测时刻或称为初始观测历元,此时(4-51)式可以表示为:

$$\Phi_i^j(t_0) = N_i^j(t_0) + \delta\varphi_i^j(t_0) \tag{4-52}$$

如图 4-11 所示,当卫星在 $t_0$ 时刻跟踪、锁定卫星之后,接收机随之将持续对卫星发射的载波信号进行跟踪观测。由于卫星的运动,星站间的距离将随卫星的运动发生变化,相应的载波相位差也同步变化。对应于初始观测历元 $t_0$ 之后的任一观测历元(观测时刻)$t$,其总相位差可由下式表示。

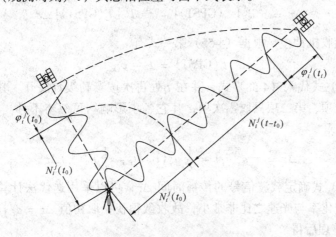

图 4-11 测相伪距观测量

$$\Phi_i^j(t) = N_i^j(t_0) + N_i^j(t-t_0) + \delta\varphi_i^j(t) \tag{4-53}$$

式中 $N_i^j(t_0)$——对应于初始历元 $t_0$ 的整周未知数,在载波信号被跟踪锁定后为未知常数;

$N_i^j(t-t_0)$——初始历元 $t_0$ 至观测历元 $t$ 之间载波相位差变化量的整周数;

$\delta\varphi_i^j(t)$——对应于观测历元 $t$ 的载波相位差中不足一周的小数部分。

接收机跟踪、锁定卫星之后,不仅可以直接测定载波相位差中不足一周的小数部分 $\delta\varphi_i^j(t)$,也可以通过接收机的计数器自动连续记录整周变化数 $N_i^j(t-t_0)$。令

$$\varphi_i^j(t) = N_i^j(t-t_0) + \delta\varphi_i^j(t) \tag{4-54}$$

则（4-53）可以表示为

$$\Phi_i^j(t) = N_i^j(t_0) + \varphi_i^j(t) \tag{4-55}$$

$\varphi_i^j(t)$ 由 GPS 接收机观测输出，故称为测相伪距观测量。

### 4.5.3 载波信号传播时间

卫星发射载波的时间通常是不知道的，假定载波在星站间的理论传播时间为 $\Delta\tau$，由（4-34）式得

$$t^j(\text{GPST}) = t_i(\text{GPST}) - \Delta\tau \tag{4-56}$$

根据载波信号在星站间的传播时间 $\Delta\tau$ 与传播的几何距离 $d_i^j$、传播速度 $c$ 之间的关系，以及距离 $d_i^j$ 与载波发射时刻 $t^j$（GPST）、接收时刻 $t_i$（GPST）的函数关系，并顾及到（4-56）式有

$$\Delta\tau = \frac{1}{c} d_i^j [t_i(\text{GPST}), t^j(\text{GPST})]$$

$$= \frac{1}{c} d_i^j [t_i(\text{GPST}), t_i(\text{GPST}) - \Delta\tau] \tag{4-57}$$

将（4-57）式按泰勒级数，在 $t_i$（GPST）处展开，略去影响可以忽略的二次以上高次项，则

$$\Delta\tau = \frac{1}{c} d_i^j [t_i(\text{GPST})] - \frac{1}{c} \dot{d}_i^j [t_i(\text{GPST})] \Delta\tau \tag{4-58}$$

若考虑接收机钟差，根据（4-55）第一式有

$$t_i(\text{GPST}) = t_i - \delta t_i \tag{4-59}$$

将（4-59）式代入（4-58）式，并在 $t_i$ 处再次按泰勒级数展开。其中第一项展开后取至一次项，第二项只取零次项，其它各项影响均可忽略不计。（4-58）式可以表示为

$$\Delta\tau = \frac{1}{c} d_i^j(t_i) - \frac{1}{c} \dot{d}_i^j(t_i) \delta t_i - \frac{1}{c} \dot{d}_i^j(t_i) \Delta\tau \tag{4-60}$$

用（4-60）式确定载波信号的传播时间 $\Delta\tau$，可以采用迭代法计算。由于后两项中的距离变化率与光速之比非常小，故收敛很快，取初值 $\Delta\tau = d_i^j(t_i)/c$ 代入（4-60）式，整理后得

$$\Delta\tau = \frac{1}{c} d_i^j(t_i) \cdot \left[1 - \frac{1}{c} \dot{d}_i^j(t_i)\right] - \frac{1}{c} \dot{d}_i^j(t_i) \delta t_i \tag{4-61}$$

若观测历元取任意时刻（历元）$t$，并考虑对应于 $t$ 时刻电离层折射、对流层折射引起时间延迟的等效距离误差 $\delta I_i^j(t)$、$\delta T_i^j(t)$，则由（4-61）式扩展的载波信号的实际传播时间，用下式表示

$$\Delta\tau = \frac{1}{c} d_i^j(t) \cdot \left[1 - \frac{1}{c} \dot{d}_i^j(t)\right] - \frac{1}{c} \dot{d}_i^j(t) \delta t_i(t) + \frac{1}{c} (\delta I_i^j(t) + \delta T_i^j(t)) \tag{4-62}$$

### 4.5.4 测相伪距观测方程

对于一个稳定度很好的振荡器，相位与频率之间有如下关系

$$\varphi(t + \Delta t) = \varphi(t) + f\Delta t \tag{4-63}$$

目前的卫星与接收机上的载波与参考载波均有良好的稳定度，其载波与参考

载波的频率的频移与波动误差很小，可以忽略。若用 $f^j$ 表示卫星发射的载波信号频率，用 $f_i$ 表示接收机的参考载波频率，则

$$f^j = f_i = f \tag{4-64}$$

根据（4-34）有

$$t_i(\text{GPST}) = t^j(\text{GPST}) + \Delta\tau \tag{4-65}$$

利用（4-65）式，运用（4-63）式，并顾及（4-64）式

$$\varphi_i[t_i(\text{GPST})] = \varphi^j[t^j(\text{GPST})] + f\Delta\tau \tag{4-66}$$

根据（4-36）式得

$$\left.\begin{array}{l} t^j(\text{GPST}) = t^j - \delta t^j \\ t_i(\text{GPST}) = t_i - \delta t_i \end{array}\right\} \tag{4-67}$$

将（4-67）代入（4-66）后，对 $\varphi_i(t_i - \delta t_i)$ 和 $\varphi^j(t^j - \delta t^j)$ 运用（4-63）式

$$\varphi_i(t_i) - f\delta t_i = \varphi^j(t^j) - f\delta t^j + f\Delta\tau \tag{4-68}$$

整理（4-68）式，顾及（4-50）式有

$$\Phi_i^j(t_i) = \varphi_i(t_i) - \varphi^j(t^j) = f\Delta\tau + f(\delta t_i - \delta t^j) \tag{4-69}$$

将 $\Phi_i^j(t_i)$ 中的观测历元 $t_i$ 改成任意观测历元 $t$，且 $\delta t_i$、$\delta t^j$ 也是随观测历元 $(t)$ 变化的函数，顾及（4-55）式有

$$\varphi_i^j(t) = f\Delta\tau + f[\delta t_i(t) - \delta t^j(t)] - N_i^j(t_0) \tag{4-70}$$

将（4-62）式中的 $\Delta\tau$ 的表达式代入上式，并整理后得用观测量 $\varphi_i^j(t)$ 表达的载波相位观测方程，简称测相观测方程

$$\varphi_i^j(t) = \frac{f}{c}d_i^j(t)\left(1 - \frac{1}{c}\dot{d}_i^j(t)\right) + f\left(1 - \frac{1}{c}\dot{d}_i^j(t)\right)\delta t_i(t)$$
$$- f\delta t^j(t) + \frac{f}{c}(\delta I_i^j(t) + \delta T_i^j(t)) - N_i^j(t_0) \tag{4-71}$$

考虑到载波波长 $\lambda$ 与频率 $f$、光速 $c$ 的关系式 $\lambda = c/f$，由上式可得到测相伪距观测方程

$$\lambda\varphi_i^j(t) = d_i^j(t)\left(1 - \frac{1}{c}\dot{d}_i^j(t)\right) + c\left(1 - \frac{1}{c}\dot{d}_i^j(t)\right)\delta t_i(t)$$
$$- c\delta t^j(t) + \delta I_i^j(t) + \delta T_i^j(t) - \lambda N_i^j(t_0) \tag{4-72}$$

（4-71）式与（4-72）式是测相伪距观测方程的两种表示方式的严密公式。其中的 $\dot{d}_i^j(t)$ 为星站距离变化率，对伪距的影响为米级。在相对定位中，如果基线距离较短（如小于 20km）时，可以忽略此星站距离变化率。其对应的公式可以简写为

$$\varphi_i^j(t) = \frac{f}{c}d_i^j(t) + f\delta t_i(t) - f\delta t^j(t) + \frac{f}{c}(\delta I_i^j(t) + \delta T_i^j(t)) - N_i^j(t_0) \tag{4-73}$$

$$\lambda\varphi_i^j(t) = d_i^j(t) + c\delta t_i(t) - c\delta t^j(t) + \delta I_i^j(t) + \delta T_i^j(t) - \lambda N_i^j(t_0) \tag{4-74}$$

在不影响理解 GPS 定位原理的情况下，下面将只讨论或使用（4-73）式与（4-74）式。对于在长基线上利用 GPS 进行定位时，需要使用（4-71）式和（4-72）式严密公式。读者可阅读 GPS 精密定位的有关文献。

与(4-42)式一样，$d_i^j(t)$ 为非线性项，需要对其进行线性化。按照测码伪距的同样方法，将(4-48)式代入(4-73)、(4-74)式可得下述线性化方程。

$$\varphi_i^j(t) = \frac{f}{c} d_{i0}^j(t) - \frac{f}{c} [k_i^j(t)\delta x_i + l_i^j(t)\delta y_i + m_i^j(t)\delta z_i]$$

$$+ f\delta t_i(t) - f\delta t^j(t) + \frac{f}{c}(\delta I_i^j(t) + \delta T_i^j(t)) - N_i^j(t_0) \quad (4\text{-}75)$$

$$\lambda\varphi_i^j(t) = d_{i0}^j(t) - [k_i^j(t)\delta x_i + l_i^j(t)\delta y_i + m_i^j(t)\delta z_i]$$

$$+ c\delta t_i(t) - c\delta t^j(t) + \delta I_i^j(t) + \delta T_i^j(t) - \lambda N_i^j(t_0) \quad (4\text{-}76)$$

上述两式为测相伪距观测的简略线性化方程，同理可得(4-71)与(4-72)式对应的测相伪距严密的线性化观测方程。

## 4.6 GPS 定位误差

利用太空中高速运行的 GPS 卫星进行导航与定位，其定位误差来源很多，也十分复杂，概括起来可分为四大类：卫星相关误差、信号传播误差、接收机相关误差、其它误差。下面简要介绍各大类中的主要误差。

### 4.6.1 卫星相关误差

与卫星相关误差主要指卫星星历误差和卫星钟差，相对论效应由于与卫星运动的速度以及重力位有关，所以也列入卫星相关误差之中。

**(1) 卫星星历误差**

由卫星星历提供的轨道参数、摄动参数等计算的卫星位置与实际位置之差，称为卫星星历误差。卫星星历分为预报星历（广播星历，由卫星导航电文提供）和后处理星历（根据地面跟踪站监测资料计算的精密星历），卫星星历误差主要指预报星历误差。

预报星历误差主要来源于：由 GPS 的地面监控跟踪系统提供的数据计算的参考历元 $t_{oe}$ 的星历参数的误差；根据预报星历参考历元 $t_{oe}$ 及其对应的轨道参数和摄动参数外推计算的卫星位置与观测历元 $t$ 的卫星实际位置存在差异，并随着 $t$ 与 $t_{oe}$ 之间的时间间隔愈长，影响会愈大。

根据卫星预报星历计算的卫星位置误差，一般在 20~40m，有时高达 80m，通过 GPS 全球监控、跟踪网络系统数据的改善，其精度可达到大约在 5~10m。在相对定位中，卫星星历误差对于 10km 的基线可能产生 10mm 误差，对于 1000km 的基线，可能产生约 1m 的误差。对于基线不是很长、相对精度要求在 $(1~2) \times 10^{-6}$ 的相对定位，可以直接使用预报星历。对于精度要求很高的精密定位，可以使用后处理星历（精密星历），精密星历在 1000km 的基线上的相对定位可以达到 0.25m。

为了削减卫星星历误差的影响，可以建立自己独立的卫星跟踪网独立定轨，在观测方法上可以选择同步观测求差法，在计算中选择轨道松弛法等。

**(2) 卫星钟误差**

卫星钟面时间与 GPS 标准时间之间的差值，称为卫星钟误差，简称为星钟误差。星钟误差包括频偏、频漂，并随时间而变化。

卫星位置、测码伪距观测量、测相伪距观测量，均以精密时间为依据。星钟误差总量可达 1ms，对测码伪距、测相伪距产生的等效距离误差约为 300km。卫星钟差通过下述数学模型改正

$$\delta t^j(t) = a_0 + a_1(t - t_{oe}) + a_2(t - t_{oe})^2 \tag{4-77}$$

式中　　$t_{oe}$——星钟修正参考历元；

$a_0$——星钟在参考历元 $t_{oe}$ 时相对于 GPST 的偏差；

$a_1$——星钟钟速误差（频率偏差）；

$a_2$——星钟钟速变率（老化率）。

这些参数由 GPS 地面监控系统测定，并通过导航电文向用户提供。经改正后的星钟误差可保持在 20ns 之内，由此引起的等效距离偏差在 6m 左右。另外，还可以通过差分观测定位技术消除或减弱星钟误差的影响。

**(3) 相对论效应**

由于卫星钟与接收机钟所处的运动速度和重力位不同而引起两钟之间产生的相对钟差。

理论可以证明，同样一台钟在卫星上的频率比在静止的地面上频率增加 $4.449 \times 10^{-10} f$，简单的解决办法是厂家制造卫星上的钟时，将星钟频率降低相应的频数，当这种钟进入轨道后，其卫星钟频率正好等于标准时钟频率。

卫星在椭圆轨道上运行，根据开普勒定律，卫星运动速度是变化的，所以，相对论效应的影响并不是常数，最大变化可达 70ns，对精密定位仍然不可忽略。

### 4.6.2 信号传播误差

GPS 信号从卫星发射后到达接收机，途经大气中的电离层、对流层（详见 2.5 节）将产生折射误差，且电离层、对流层的折射率不同，其影响也不相同。另外信号还会被测站外的反射物反射后传播到接收机引起多路径效应的误差。

**(1) 电离层折射误差**

GPS 信号穿越大气层中的电离层时，受电离层大量自由电子、离子的影响，其路径弯曲与速度变化导致信号的传播距离与几何距离之差，称为电离层折射误差。

若用 $\delta I_\rho$、$\delta I_\varphi$ 分别表示电离层折射对测码伪距和测相伪距的影响误差，可以证明，电离层折射误差对测码伪距和测相伪距的影响的基本表达式为

$$\left. \begin{array}{l} \delta I_\rho = 40.28 \dfrac{N_\Sigma}{f^2} \\ \delta I_\varphi = -40.28 \dfrac{N_\Sigma}{f^2} \end{array} \right\} \tag{4-78}$$

式中　　$N_\Sigma$——信号传播路径上的电子总量；

$f$——信号频率。

由 (4-78) 式可以看出，电离层折射误差主要取决于传播路径上的电子总量和信号频率。研究表明，电离层折射对于 GPS 卫星信号传播路径的影响，夜间卫星位于天顶方向时最小，小于 5m；白天中午前后，卫星接近地平方向时影响最大，可能大于 150m。为了减小、削弱电离层折射对 GPS 信号传播路径的影响，通常采

用如下措施。

1) 利用双频观测改正

虽然（4-78）式中的 $N_\Sigma$ 很难直接求出，但可通过双频观测求出改正数。已知载波 $L_1$ 的频率为 $f_1 = 1575.42\text{MHz}$，$L_2$ 的频率为 $f_2 = 1227.60\text{MHz}$。设调制在 $L_1$ 和 $L_2$ 上的测距码 P 码测得星站伪距分别为 $\rho_1$、$\rho_2$，星站几何距离分别为 $d$。在（4-78）式中，取 $A = 40.28 N_\Sigma$，则

$$\left.\begin{aligned} d &= \rho_1 + \delta I_{1\rho} = \rho_1 + \frac{A}{f_1^2} \\ d &= \rho_2 + \delta I_{2\rho} = \rho_2 + \frac{A}{f_2^2} \end{aligned}\right\} \quad (4\text{-}79)$$

将（4-79）式中的两式相减得

$$\rho_1 - \rho_2 = \frac{A}{f_2^2} - \frac{A}{f_1^2} = \left(\frac{f_1^2 - f_2^2}{f_2^2}\right)\frac{A}{f_1^2} = \left(\frac{f_1^2 - f_2^2}{f_2^2}\right)\delta I_{1\rho}$$

$$= \left(\frac{f_1^2 - f_2^2}{f_1^2}\right)\frac{A}{f_2^2} = \left(\frac{f_1^2 - f_2^2}{f_1^2}\right)\delta I_{2\rho}$$

将 $f_1$、$f_2$ 的值代入上式可得到两个不同频率所测伪距 $\rho_1$、$\rho_2$ 的电离层折射改正数分别为

$$\left.\begin{aligned} \delta I_{1\rho} &= 1.54573(\rho_1 - \rho_2) \\ \delta I_{2\rho} &= 2.54573(\rho_1 - \rho_2) \end{aligned}\right\} \quad (4\text{-}80)$$

根据两个载波上调制的测距码测定的伪距 $\rho_1$、$\rho_2$，将（4-80）式代入（4-79）式，可得星站几何距离 $d$。

根据（4-78）式，同理可以求得测相伪距的电离层折射改正数绝对值相等，符号相反。

2) 利用模型改正

对于单频机用户，无法使用双频观测计算伪距改正数，可以通过经验模型或实测模型进行延时改正。实测模型是利用实际观测所得到的离散电离层延迟或电子含量来建立模型，改正效果较好。经验模型主要有 Klobuchar 模型、Bent 模型和国际参考电离层模型等，改正效果不如实测模型。以下仅简要介绍由导航电文向用户提供参数的 Klobuchar 经验模型计算延时改正数 $T_{\text{gd}}$。该模型由美国人 J.A.Klobuchar 提出并由此命名，其基本特点是，夜间的电离层时延不变，且恒定为 5ns；白天的电离层时延改正的最大值定在当地每天的 14h；改正数 $T_{\text{gd}}$ 的表达式为：

$$T_{\text{gd}} = 5ns + A_{\text{g}}\cos\frac{2\pi}{P_{\text{g}}}(t - 14^{\text{h}}) \quad (4\text{-}81)$$

式中

$$\left.\begin{aligned} A_{\text{g}} &= \sum_{i=0}^{3} \alpha_i (\varphi_{\text{m}})^i \\ P_{\text{g}} &= \sum_{i=0}^{3} \beta_i (\varphi_{\text{m}})^i \end{aligned}\right\} \quad (4\text{-}82)$$

式中，$\alpha_i$、$\beta_i$ 由导航电文提供，它们是主控站根据一年中的 $n$ 天（共 37 组反应季

节变化的常数）和前5天太阳的平均辐射量（共10组数），总计370组常数中进行选择的。$\varphi_m$为地心纬度。

3) 利用同步观测求差

用2台接收机在基线两端的测站上，对同一组卫星的同步观测值求差，以减弱电离层折射的影响。其原因是两个观测站相距不远时（如20km内），其大气的状况基本相似，所求观测值之差中可以相互抵消。

这种方法对于20km内的短基线效果较好，若再进行折射改正，其基线的残差可达5ppm。所以，短基线的相对定位，单频机也可以达到较高的精度。当基线增长时，其精度将明显降低。

**(2) 对流层折射误差**

对流层直接与地面接触，集中了约99%的大气层质量，风、雨、云、雾、雪等主要天气现象都发生在对流层，对流层具有很强的对流作用。对流层的大气属于中性，对于频率低于30GHz的电磁波，其传播速度与频率无关。对流层折射率略大于1，且随高度增加，大气密度减小而逐渐降低，在接近对流层顶部时趋近于1。

受对流层折射影响，GPS信号穿越对流层时，其路径弯曲导致信号的传播距离与几何距离之差，称为对流层折射误差。研究表明，对流层折射误差，在天顶方向可使电磁波的传播路径延迟达2.3m，在高度角10°时可达20m。

削弱对流层折射对GPS信号传播路径的影响，可以采取如下措施。

1) 利用同步观测求差

当基线较短，基线两端测站气象条件相似且稳定时，利用基线两端同步观测求差，可以有效削弱，甚至接近消除对流层折射的影响。

2) 利用模型改正

对流层折射率不仅与高度有关，还与大气压力、温度、湿度密切相关。为分析方便，通常将大气折射分为干分量与湿分量两种，对应的沿天顶方向的电磁波传播路径延迟的近似改正模型为：

$$\left.\begin{array}{l}\delta S_d = 1.552 \times 10^{-5} \dfrac{P}{T_k} H_d \\ \delta S_w = 1.552 \times 10^{-5} \dfrac{4810 e_0}{T_k} H_w\end{array}\right\} \quad (4-83)$$

式中  $\delta S_d$、$\delta S_w$ ——分别表示对应大气折射干分量和湿分量沿天顶方向的电磁波传播路径延迟；

$P$ ——大气压力；

$T_k$ ——绝对温度；

$e_0$ ——水气分压；

$H_d$ —— $H_d = 40136 + 148.72(T_k - 273.16)$ m（根据全球高空气象探测资料推荐经验公式）；

$H_w$ —— $H_w = 11000$ m。

对于高度角为$\beta$的卫星，设$\delta \rho_d$、$\delta \rho_w$分别表示对应于大气折射干分量、湿分

量沿高度角为 $\beta$ 的方向产生的电磁波传播路径延迟。推荐如下与（4-82）式对应的近似路径延迟改正模型。

$$\left.\begin{array}{l}\delta\rho_{\mathrm{d}}=\dfrac{\delta S_{\mathrm{d}}}{\sin\sqrt{\beta^2+2.25}}\\[2ex]\delta\rho_{\mathrm{w}}=\dfrac{\delta S_{\mathrm{w}}}{\sin\sqrt{\beta^2+2.25}}\end{array}\right\} \qquad (4\text{-}84)$$

利用在测站附近实测气象资料完善对流层大气改正模型，可以减小对流层折射对时间延迟的 92%～93%。由于对流层大气对流作用强，大气的压力、温度、湿度等各种因素的变化非常复杂，所以对流层的延迟改正很难以准确地模型化。

**(3) 多路径效应与多路径误差**

由多路径信号传播所引起的干涉时延效应，称为多路径效应；来自于直接到达的 GPS 信号与经周边建筑物等反射的 GPS 信号的干涉、叠加导致接收机天线相位中心迁移所产生的误差，称为多路径误差。

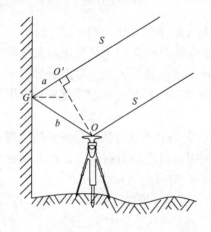

图 4-12 多路径效应及其影响

多路径效应与多路径误差的影响如图 4-12 所示。设接收机天线相位中心为 $O$，直接来自卫星的信号到达 $O$ 的星站距离为 $S$，来自同一卫星的信号经另一路径过 $O'$ 到达反射体（建筑物等）的 $G$ 点反射后，再到达 $O$ 的星站距离为 $S'$。设卫星到 $O'$ 与到 $O$ 的距离均等于 $S$，则有，$S'=S+a+b>S$。由此，多条不同路径信号的叠加与干涉，将使观测距离不等于实际几何距离。

由于无法确定多路径的信号来自哪一反射体以及反射体的哪一部位，目前不能准确地建立多路径误差改正模型。为了降低多路径误差的影响，可以考虑如下方法与措施：

1) 选择合适的测站，尽量避免多路径环境。如远离大面积平静水面、与建筑屋保持必要距离，避免在山坡、山谷设站，观测时让汽车不要离测站太近；

2) 选择抗多路径误差、屏蔽良好的接收机天线。如抗多路径天线、带抑径板或抑径圈的天线、极化天线等；

3) 适当延长观测时间，削弱多路径效应的周期性影响。

### 4.6.3 接收机相关误差

与 GPS 接收机相关的误差，主要包括：观测误差、接收机钟差、天线相位中心位置偏差、整周未知数等。

**(1) 观测误差**

一种是接收机对信号的分辨率，一般为信号波长的 1%，此种误差不能消除；另一种是天线安置误差，包括天线对中误差、天线整平误差和量取天线相位中心高度的误差，应尽量精确安置天线，减小影响。

**(2) 接收机钟差**

接收机钟与 GPS 标准时间之间的差值称为接收机钟差,亦称为站钟误差。

站钟误差对观测成果产生较大影响,如果站钟与星钟不同步的误差为 $1\mu s$ ($1\times 10^{-6}s$),则引起的等效距离误差为 300m。解决站钟误差可采取如下方法与措施:

1) 在单点定位中作为未知数解求。由于同一测站上来自不同卫星的观测值中,其站钟误差是相同的,可以将站钟误差作为未知数,与测站坐标未知数一并参与方程组的解算。

2) 在载波相位相对定位中采用对观测值求差,可以有效削弱或消除其影响。

3) 外接频标,如外接铯钟、铷钟等,为接收机提供高精度的时钟标准。这种方法一般用于固定站。

**(3) 天线相位中心位置偏差**

天线相位中心与几何中心之差,称为天线相位中心位置偏差。

天线相位中心位置偏差量,直接影响定位精度。观测时,按天线盘上标志方向安置天线来减小影响,或者使用同类天线在同步观测同一组卫星后求差来削弱影响。

**(4) 整周未知数**

其定义在前面已介绍。解决方法在第 5 章中介绍。

### 4.6.4 其他误差

包括地球自转引起的误差和地球潮汐引起的误差,可以通过模型加以改正。

# 5　定位方法

从原理上讲,根据解算的卫星空间坐标和星站测码伪距或测相伪距基本观测量,可以确定任意目标的空间位置。实际导航定位中,目标可能是固定的,也可能是运动的;有的按照导航定位基本原理就可以满足精度要求,有的则要求进行高精密度的导航与定位;由于卫星、接收机等设备的不完善和信号传播的各种误差,需要采用相应的观测手段与方法才能削弱或消除各种误差对定位精度的影响。

定位方法按照天线状态、定位模式、处理时效、基本观测量以及不同用途等分为许多种。不同的方法,获得的成果、达到的精度不同,所用仪器数量、功能和应用目的也不同。

接收机天线在地球坐标系中某固定点不动的定位,称为静态定位。由于所求点静止不动,可以通过多次重复观测,使待定点达到很高的精度。静态定位广泛应用于大地测量、精密工程测量、地震监测、地球动力学等领域。接收机天线安置在运动载体上的定位称为动态定位。由于待测点处于运动状态,动态定位精度远低于静态定位精度。动态定位主要用于飞行器(卫星、飞机、导弹等)、车辆、船舶等的定位与导航。

定位方法按照定位模式分为单点定位、相对定位和差分定位。如果只使用一台接收机定位,称为单点定位。由于单点定位得到的成果是某规定坐标系(如WGS-84坐标系)下的绝对坐标,因此单点定位也称为绝对定位。单点定位只需使用一台接收机单独定位,观测与数据处理简单,可瞬时定位,但受卫星星历误差、大气延时误差等影响较大,定位精度低,一般用于导航、车辆定位、资源普查等。飞行器的导航、导弹制导等军事与国防领域,单点定位有着重要作用。如果同时使用两台或多台接收机同步观测,确定同步观测的接收机(测站)之间相对位置的定位方法,称为相对定位。相对定位的成果是同步跟踪站之间的基线向量(三维坐标差),不含位置基准特点。相对定位的定位精度高,但多台接收机共同作业时,组织、观测和数据处理复杂,不能直接获取绝对坐标。如果以某个已知精确位置的点为基准点,通过观测获得与基准点相关观测成果(根据观测值计算的已知点坐标、卫星至已知点的距离观测值或者载波相位),求出观测成果与已知值之间的差值,然后对待定点的位置或待定点至卫星的距离或载波相位进行改正的定位,称为差分定位。按照适用范围,差分方法有局域差分和广域差分等。按照差分内容有位置差分、伪距差分、载波相位差分等。不同差分方法,其定位精度、适用范围不同。

按照处理时效,定位方法有实时定位和事后定位;按照基本观测量,定位方法有伪距测量定位和载波相位测量定位。

从概念上讲,不同定位方法有不同含义。实际使用的定位方法,是上述定位方法所包含概念的组合。如静态单点定位包含静态定位与单点定位的含义,动态相对定位包含动态定位与相对定位含义。本章将根据实际应用与掌握GPS定位基本原理与方法为基础,着重介绍静态单点定位、静态相对定位和差分定位。

## 5.1 单点定位

单点定位成果与所用卫星星历同属一个坐标系统,卫星星历采用广播星历时,定位坐标值属于WGS-84坐标系坐标,采用IGS(International GPS Service)精密星历时,定位坐标值为ITRF(International Terrestrial Reference Frames)坐标系坐标。

单点定位按照定位模式分为静态单点定位和动态单点定位。按照基本观测量分为测码伪距单点定位和测相伪距单点定位。下面分别介绍各种单点定位方法,并概略分析静态单点定位的精度。

### 5.1.1 静态测码伪距单点定位

由前述静态定位与单点定位的概念可知,静态单点定位的待定点相对于地球坐标系为静止固定点。获得该点的空间位置,只需使用一台GPS接收机,所获得的成果与使用的GPS卫星星历的坐标系统相同,通常为WGS-84坐标系坐标,亦可以是ITRF(精密星历)坐标系坐标。

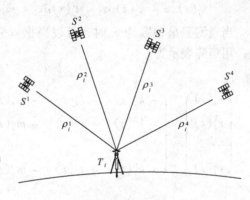

图 5-1 静态单点定位

如图5-1,设有地面待定点 $T_i$,在该点安置一台GPS接收机,可以观测到 $j$($j=1,2,\cdots n$)颗GPS卫星 $S^j$,通过测码伪距测得待定点 $T_i$ 至卫星 $S^j$ 的伪距为 $\rho_i^j$。

根据(4-49)式,可以得到 $T_i$ 测站至 $S^j$ 卫星的测码伪距观测方程如下:

$$\rho_i^j(t) = d_{i0}^j(t) - k_i^j(t)\delta x_i - l_i^j(t)\delta y_i - m_i^j(t)\delta z_i + c\delta t_i(t)$$
$$- c\delta t^j(t) + \delta I_i^j(t) + \delta T_i^j(t) \tag{4-49}$$

式中,$k_i^j(t)$、$l_i^j(t)$、$m_i^j(t)$ 由(4-47)式计算,$d_{i0}^j(t)$ 由下式求出

$$d_{i0}^j(t) = \sqrt{[x^j(t) - x_{i0}]^2 + [y^j(t) - y_{i0}]^2 + [z^j(t) - z_{i0}]^2} \tag{4-46}$$

对于(4-49)式,如果使用导航电文提供的参数或实测数据,对卫星钟差 $\delta t^j(t)$、电离层折射改正数 $\delta I_i^j(t)$、对流层折射改正数 $\delta T_i^j(t)$,用第4.6节中的有关模型进行改正,并令

$$\rho_{i0}^j(t) = d_{i0}^j(t) - c\delta t^j(t) + \delta I_i^j(t) + \delta T_i^j(t) \tag{5-1}$$

则不考虑接收机钟钟差随时间的变化时,(4-49)式可以写成

$$\rho_i^j(t) = \rho_{i0}^j(t) - k_i^j(t)\delta x_i - l_i^j(t)\delta y_i - m_i^j(t)\delta z_i + c\delta t_i(t) \tag{5-2}$$

在(5-2)式中,只有待定点的坐标改正参数和接收机钟差4个未知数,在观测历元 $t$ 时刻,只要观测4颗卫星得到4个测码伪距观测值 $\rho_i^j(t)$,就可以列出下

面具有4个观测方程的线性方程组

$$\left.\begin{array}{l}\rho_i^1(t) = \rho_{i0}^1(t) - k_i^1(t)\delta x_i - l_i^1(t)\delta y_i - m_i^1(t)\delta z_i + c\delta t_i(t)\\ \rho_i^2(t) = \rho_{i0}^2(t) - k_i^2(t)\delta x_i - l_i^2(t)\delta y_i - m_i^2(t)\delta z_i + c\delta t_i(t)\\ \rho_i^3(t) = \rho_{i0}^3(t) - k_i^3(t)\delta x_i - l_i^3(t)\delta y_i - m_i^3(t)\delta z_i + c\delta t_i(t)\\ \rho_i^4(t) = \rho_{i0}^4(t) - k_i^4(t)\delta x_i - l_i^4(t)\delta y_i - m_i^4(t)\delta z_i + c\delta t_i(t)_i\end{array}\right\} \quad (5\text{-}3)$$

解算（5-3）式线性方程组，可以求出待定点坐标改正数（$\delta x_i$，$\delta y_i$，$\delta z_i$）和接收机钟钟差 $\delta t_i(t)$ 共4个未知数。解算4个未知数，必要观测的卫星数量为4。为了提高定位精度，实际观测中，观测卫星的颗数 $n$，一般多于4颗。大于必要观测数4的数量 $n-4$，称为多余观测。当出现多余观测时，观测值 $\rho_i^j$ 中需要加入误差改正数 $v_i^j$，若忽略接收机钟差 $\delta t_i(t)$ 随时间的变化，取其值为 $\delta t_i$，则由（5-2）式观测方程可以得到对应的误差方程为

$$v_i^j(t) = -k_i^j(t)\delta x_i - l_i^j(t)\delta y_i - m_i^j(t)\delta z_i + c\delta t_i + \rho_{i0}^j(t) - \rho_i^j(t) \quad (5\text{-}4)$$

当观测卫星颗数为 $n$ 时，可以根据（5-4）式列出具有 $n$ 个方程的误差方程组，用矩阵表示为

$$\begin{pmatrix}v_i^1(t)\\v_i^2(t)\\\cdots\\v_i^n(t)\end{pmatrix} = \begin{pmatrix}-k_i^1(t) & -l_i^1(t) & -m_i^1(t) & c\\-k_i^2(t) & -l_i^2(t) & -m_i^2(t) & c\\ & \cdots & \cdots & \\-k_i^n(t) & -l_i^n(t) & -m_i^n(t) & c\end{pmatrix}\begin{pmatrix}\delta x_i\\\delta y_i\\\delta z_i\\\delta t_i\end{pmatrix} + \begin{pmatrix}\rho_{i0}^1(t) - \rho_i^1(t)\\\rho_{i0}^2(t) - \rho_i^2(t)\\\cdots\\\rho_{i0}^n(t) - \rho_i^n(t)\end{pmatrix}$$

$$(5\text{-}5)$$

令

$$V_i = \begin{pmatrix}v_i^1(t)\\v_i^2(t)\\\cdots\\v_i^n(t)\end{pmatrix} \qquad A_i = \begin{pmatrix}-k_i^1(t) & -l_i^1(t) & -m_i^1(t) & c\\-k_i^2(t) & -l_i^2(t) & -m_i^2(t) & c\\ & \cdots & \cdots & \\-k_i^n(t) & -l_i^n(t) & -m_i^n(t) & c\end{pmatrix}$$

$$\delta X_i = \begin{pmatrix}\delta x_i\\\delta y_i\\\delta z_i\\\delta t_i\end{pmatrix} \qquad L_i = \begin{pmatrix}\rho_{i0}^1(t) - \rho_i^1(t)\\\rho_{i0}^2(t) - \rho_i^2(t)\\\cdots\\\rho_{i0}^n(t) - \rho_i^n(t)\end{pmatrix}$$

则（5-5）式可以写成

$$V_i = A_i\delta X_i + L_i \quad (5\text{-}6)$$

根据最小二乘法 $V_i^T V_i = \min$，可得

$$\delta X_i = -(A_i^T A_i)^{-1} A_i^T L_i \quad (5\text{-}7)$$

求出 $(\delta X_i)^T = (\delta x_i\,\delta y_i\,\delta z_i\,\delta t_i)$ 后，根据（4-44）式，可求出

$$\begin{pmatrix} x_i \\ y_i \\ z_i \end{pmatrix} = \begin{pmatrix} x_{i0} \\ y_{i0} \\ z_{i0} \end{pmatrix} + \begin{pmatrix} \delta x_i \\ \delta y_i \\ \delta z_i \end{pmatrix} \qquad (5\text{-}8)$$

上式中，$(x_{i0}, y_{i0}, z_{i0})$ 为测站点 $T_i$ 的初始坐标，在观测方程线性化时必须确定。实际上开始时很难精确确定初始坐标，通常是给定一组数据，采用迭代法迭代多次解算求得。实验证明，确定测站初始坐标的迭代收敛速度很快，一般迭代 2~3 次就可以获得良好精度的值。

在（5-4）、（5-5）式表示的误差方程组中，假定接收机钟差 $\delta t_i$ 是不变的，但在测站上观测的时间较长时，应该考虑接收机钟差的随时间的变化。接收机钟差随时间的变化可以通过两种方式进行处理：一种方法是将钟差表示成多项式，并将多项式系数作为未知数，在解算方程组时同时求出。另一种方法是对不同观测历元 $t_1, t_2, \cdots, t_m$，分别取独立的钟差参数 $\delta t_i(t_1), \delta t_i(t_1), \cdots, \delta t_i(t_m)$，代入到（5-5）式进行求解，此时，将增加了 $m-1$ 个未知数。

### 5.1.2 静态测相伪距单点定位

与测码伪距观测原理类似，设有地面待定点 $T_i$，在该点安置一台 GPS 接收机，可以观测到 $j$ $(j=1,2,\cdots n)$ 颗 GPS 卫星 $S^j$。通过测相伪距观测方法，测得卫星 $S^j$ 的载波与待定点 $T_i$ 上接收机产生的参考载波之间的相位差，接收机跟踪、锁定卫星之后的整周数与累计的不足整周部分之和 $\varphi_i^j$。假定卫星载波相位与接收机参考相位的波长均为 $\lambda$，卫星 $S^j$ 至 $T_i$ 的实际几何距离为 $d_{i0}^j(t)$。根据（4-76）式有观测方程

$$\lambda \varphi_i^j(t) = d_{i0}^j(t) - [k_i^j(t)\delta x_i + l_i^j(t)\delta y_i + m_i^j(t)\delta z_i]$$
$$+ c\delta t_i(t) - c\delta t^j(t) + \delta I_i^j(t) + \delta T_i^j(t) - \lambda N_i^j(t_0) \qquad (4\text{-}76)$$

使用导航电文提供的参数或实测数据，对卫星钟差 $\delta t^j(t)$、电离层折射改正数 $\delta I_i^j(t)$、对流层折射改正数 $\delta T_i^j(t)$，用第 4.6 节中的有关模型进行改正，并令

$$\rho_{i0}^j(t) = d_{i0}^j(t) - c\delta t^j(t) + \delta I_i^j(t) + \delta T_i^j(t) \qquad (5\text{-}1)$$

将（5-1）式代入（4-76）式得

$$\lambda \varphi_i^j(t) = \rho_{i0}^j(t) - k_i^j(t)\delta x_i - l_i^j(t)\delta y_i - m_i^j(t)\delta z_i - \lambda N_i^j(t_0) \qquad (5\text{-}9)$$

当观测值个数出现多余观测时，观测值 $\lambda \varphi_i^j$ 中需要加入误差改正数 $v_i^j$，按照测码伪距观测原理，由（5-9）式观测方程可以得到对应的误差方程为

$$v_i^j(t) = -k_i^j(t)\delta x_i - l_i^j(t)\delta y_i - m_i^j(t)\delta z_i - \lambda N_i^j(t_0) + \rho_{i0}^j(t) - \lambda \varphi_i^j(t)$$
$$(5\text{-}10)$$

比较测码伪距误差方程（5-4）式和测相伪距误差方程（5-10）式，测相伪距误差方程除了多出与观测历元 $t_0$ 时刻对应的整周模糊度相关的 $\lambda N_i^j(t_0)$ 外，其余各项均与测码伪距误差方程相同。因此，利用测相伪距解求地面待定点 $T_i$ 的坐标 $(x_i, y_i, z_i)$ 时，根据误差方程（5-10）式列出全部误差方程组，然后利用（5-5）~（5-8）式进行解算。

### 5.1.3 动态单点定位

动态单点定位包括动态测码伪距单点定位和动态测相伪距单点定位。

## 5 定位方法

**(1) 动态测码伪距单点定位**

动态测码伪距单点定位与静态测码伪距单点定位的原理基本相同，只是确定动态测站点 $T_i$ 初始坐标 $(x_{i0}, y_{i0}, z_{i0})$ 的方法略有不同。静态测码伪距单点定位中，通过多次迭代方法获得测站点初始坐标，而动态测码伪距单点定位中，使用前一测站 $(i-1)$ 点的定位坐标值 $(x_{i-1}, y_{i-1}, z_{i-1})$ 作为待定点 $i$ 的初始坐标 $(x_{i0}, y_{i0}, z_{i0})$。

**(2) 动态测相伪距单点定位**

动态测相伪距单点定位的测站点初始坐标的确定方法与动态测码伪距单点定位方法相同，也是使用前一测站 $(i-1)$ 点的定位坐标值 $(x_{i-1}, y_{i-1}, z_{i-1})$ 作为待定点 $i$ 的初始坐标 $(x_{i0}, y_{i0}, z_{i0})$。

另外，由 (5-10) 式可以看出，利用测相伪距单点定位时，每个误差方程中除了 3 个坐标改正数和 1 个接收机钟钟差共 4 个未知数外，还有一个对应于观测历元 $t_0$ 时刻的整周模糊度 $N_i^j(t_0)$。在任一观测历元 $t$ 时刻观测 $n$ 颗卫星得到个 $n$ 观测值，但由于每个观测值中都含有一个整周模糊度 $N_i^j(t_0)$，使得未知数有 $n+4$ 个，这样，观测方程数量少于未知数个数，将无法得到未知数的解。如果能够在观测历元 $t_0$ 时刻跟踪到卫星后，一直锁定该卫星进行观测，由 (4-76) 式可以看出，$t_0$ 后任意观测历元 $t$ 的整周未知数与 $t_0$ 时刻相同，即增加观测值个数，但不增加未知数。由此，可以在跟踪到卫星后，继续跟踪观测卫星，便可以求解测站坐标改正数及其坐标。

实际动态单点定位时，一般采用测码伪距观测，主要是因为动态测码伪距单点定位方法，无论是作业，还是计算都比较简单。而动态测相观测要求跟踪、锁定卫星比较困难。

### 5.1.4 观测卫星几何分布对单点定位精度的影响

**(1) 未知参数的地球直角坐标系权系数阵与中误差**

以测码伪距为例，根据最小二乘理论和 (5-7) 式，若用 $Q_i$ 表示权系数（协因数）阵，则有

$$Q_i = (A_i^T A_i)^{-1} = \begin{bmatrix} q_{11} & q_{12} & q_{13} & q_{14} \\ q_{21} & q_{22} & q_{23} & q_{24} \\ q_{31} & q_{32} & q_{33} & q_{34} \\ q_{41} & q_{42} & q_{43} & q_{44} \end{bmatrix} \quad (5\text{-}11)$$

权系数阵中的元素，代表在某一观测时刻卫星空间几何分布确定状态下，各参数的定位精度及其相互关系的信息。

未知参数向量 $(\delta x_i, \delta y_i, \delta z_i, \delta t_i)$ 各分量的中误差与权系数阵元素关系为

$$(m_i)_k = \sigma_0 \sqrt{q_{kk}} \quad (5\text{-}12)$$

式中　$i$——测站，$k = \delta x_i, \delta y_i, \delta z_i, \delta t_i$；

$(m_i)_k$——表示分量 $k$ 的中误差；

$\sigma_0$——测码伪距测量中误差，它来自于卫星星历误差、卫星钟差、电离层折射误差、对流层折射误差和测量伪距的误差等；

$q_{kk}$——协因数阵主对角线上对应于分量 $k$ 的元素。

**(2) 位置参数的站心地平直角坐标系权系数阵**

(5-11) 式表示的权系数阵，是针对地球直角坐标系（一般为 WGS-84）的，而选择观测卫星时，观测站的位置精度，通常用站心地平直角坐标系来描述。设站心地平直角坐标系测站点坐标的权系数阵为 $Q_{iB}$，根据方差与协方差传播定律，顾及 (2-7) 式有

$$Q_{iB} = HQ_{ix}H^T = \begin{pmatrix} g_{11} & g_{12} & g_{13} \\ g_{21} & g_{22} & g_{23} \\ g_{31} & g_{32} & g_{33} \end{pmatrix} \quad (5\text{-}13)$$

式中 $H$——由地球直角坐标系到站心地平直角坐标系的坐标变换矩阵；

$Q_{iB}$——权系数阵 $Q_i$ 中对应于测站位置未知数 $\delta x_i$，$\delta y_i$，$\delta z_i$ 的子块权系数阵，其具体表达式为

$$H = \begin{pmatrix} -\sin B\cos L & -\sin B\sin L & \cos B \\ -\sin L & \cos L & 0 \\ \cos B\cos L & \cos B\sin L & \sin B \end{pmatrix} \quad Q_{iB} = \begin{pmatrix} q_{11} & q_{12} & q_{13} \\ q_{21} & q_{22} & q_{23} \\ q_{31} & q_{32} & q_{33} \end{pmatrix}$$

上式中，$L$、$B$ 分别为测站点大地坐标系中的经度与纬度，详见第 2.2.3 节。

**(3) 常用精度因子**

为了评价定位结果的精度，除了利用 (5-12) 式估算地球坐标系中位置参数的精度外，在定位与导航中，通常采用精度因子 DOP（Dilution of precision），来估计观测卫星的空间几何分布对定位精度的影响。常用精度因子包括如下几种。

1) 平面位置（站心地平直角坐标系）精度因子 HDOP（Horizontal DOP）

$$\text{HDOP} = \sqrt{g_{11} + g_{22}}$$

平面位置中误差

$$m_H = \sigma_0 \times \text{HDOP} \quad (5\text{-}14)$$

2) 高度（站心地平直角坐标系）精度因子 VDOP（Vertical DOP）

$$\text{VDOP} = \sqrt{g_{33}}$$

高度中误差

$$m_V = \sigma_0 \times \text{VDOP} \quad (5\text{-}15)$$

3) 空间位置（地球空间直角坐标系）精度因子 PDOP（Position DOP）

$$\text{PDOP} = \sqrt{q_{11} + q_{22} + q_{33}}$$

空间位置中误差

$$m_P = \sigma_0 \times \text{PDOP} \quad (5\text{-}16)$$

4) 接收机钟差（地球空间直角坐标系）精度因子 TDOP（Time DOP）

$$\text{TDOP} = \sqrt{q_{44}}$$

接收机钟差中误差

$$m_T = \sigma_0 \times \text{TDOP} \quad (5\text{-}17)$$

5) 空间几何（地球空间直角坐标系）精度因子 GDOP（Geometric DOP）

$$\text{GDOP} = \sqrt{q_{11} + q_{22} + q_{33} + q_{44}}$$
$$= \sqrt{(\text{PDOP})^2 + (\text{TDOP})^2}$$

空间几何精度因子对应中误差

$$m_G = \sigma_0 \times \text{GDOP} \tag{5-18}$$

利用上述各种精度因子及其中误差，可以从不同方面对定位精度作出评价。

## 5.2 静态相对定位

相对定位分为静态相对定位和动态相对定位。静态相对定位的基本原理是在基线的两个端点安置接收机测定基线向量，通过建立单差、双差和三差观测模型消除相同误差或抵消相近误差。动态相对定位的基本原理是在两个测站上安置接收机同步观测，其中一个测站的空间位置是已知点，通过对已知点的观测得到已知数据与观测数据之间的差值，然后用此差值对未知点的观测数据进行改正，这种方法通常被称为差分定位。本节介绍静态相对定位，第5.3节介绍差分定位。

静态相对定位一般采用载波相位观测值作为基本观测量。由（4-73）、（4-74）式可以看出，载波相位观测方程中除整周模糊度外，还包含有卫星钟差、接收机钟差、电离层折射误差、对流层折射误差等。

接收机钟差可作为未知数在误差方程组中与位置参数一并解算，但接收机钟差是随时间变化的，若将不同观测历元的接收机钟差作为不同的未知数参与误差方程组的解算，将会增加大量的未知数，这不仅给误差方程的解算增加计算的难度，还可能降低解算位置未知数的精度。

在单点定位中，卫星钟差、电离层折射误差、对流层折射误差主要是通过模型进行改正。但由于卫星钟差也是随时间而变化，大气复杂的变化使得电离层折射误差、对流层折射误差不能完全通过模型彻底改正与消除，卫星钟差、电离层折射误差、对流层折射误差改正后的残余误差，将对精密定位产生较大影响。为了消除或削弱各项误差的影响，引入静态相对定位方法，通过载波基本观测量的组合，提高定位精度。例如，在基线两端点安置接收机同时观测同一颗卫星，得到两个载波相位观测量，将这两个观测量求差得到一个组合观测量。由于两个观测量的卫星钟差相同，求差后的组合观测量中将完全消除卫星钟差的影响；当两个测站相距不是太远（如没有超过100km），由于卫星信号到达两个测站所经历的大气层情况相近，其电离层折射误差、对流层折射误差接近相同，组合观测量中大大削弱大气折射的影响。

如图5-2，设安置在基线端点的接收机 $T_i$（$i = 1, 2$），在历元 $t_k$（$k = 1, 2$），对卫星 $S^j$（$j = 1, 2$）进行同步观测，则可以得到以下独立载波相位观测量：

$$\varphi_1^1(t_1), \varphi_2^1(t_1), \varphi_1^1(t_2), \varphi_2^1(t_2), \varphi_1^2(t_1), \varphi_2^2(t_1), \varphi_1^2(t_2), \varphi_2^2(t_2)$$

对应的载波相位观测量由（4-73）式得

$$\varphi_i^j(t_k) = \frac{f}{c} d_i^j(t_k) + f\delta t_i(t_k) - f\delta t^j(t_k) + \frac{f}{c}\left(\delta I_i^j(t_k) + \delta T_i^j(t_k)\right) - N_i^j(t_0)$$

(5-19)

## 5.2 静态相对定位

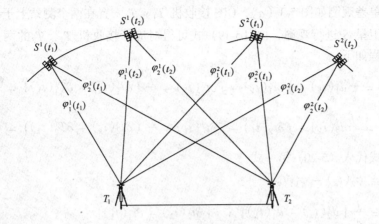

图 5-2 静态相对定位观测原理

载波基本观测量的组合具体包括：单差观测模型、双差观测模型和三差观测模型。

### 5.2.1 单差观测模型及其解算

单差指不同测站、不同卫星、不同观测历元的观测量之差。它们由（5-19）式基本观测量求差组成。

**(1) 单差模型**

如图 5-3 所示，按照测站、卫星和观测历元，单差分为：站际单差，图 5-3（$a$）；星际单差，图 5-3（$b$）；历元间单差，图 5-3（$c$）。

若用 $\Delta\varphi_{12}^{j}(t_k)$、$\Delta\varphi_{i}^{12}(t_k)$、$\Delta\varphi_{i}^{j}(t_{12})$（$i = 1, 2$；$j = 1, 2$；$k = 1, 2$）分别代表站际单差观测量、星际单差观测量和历元间单差观测量，则有

$$\left.\begin{array}{l} \Delta\varphi_{12}^{j}(t_k) = \varphi_{2}^{j}(t_k) - \varphi_{1}^{j}(t_k) \\ \Delta\varphi_{i}^{12}(t_k) = \varphi_{i}^{2}(t_k) - \varphi_{i}^{1}(t_k) \\ \Delta\varphi_{i}^{j}(t_{12}) = \varphi_{i}^{j}(t_2) - \varphi_{i}^{j}(t_1) \end{array}\right\} \quad (5\text{-}20)$$

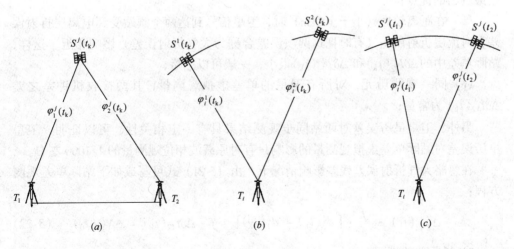

图 5-3 单差观测

1) 站际单差模型

站际单差观测如图 5-3（a），GPS 接收机 $T_1$、$T_2$ 安置在两个测站上于历元 $t_k$ 时刻同步对卫星 $S^j$ 进行观测，由（5-19）式可得对应于接收机 $T_1$、$T_2$ 的两个载波相位观测方程如下：

$$\varphi_1^j(t_k) = \frac{f}{c} d_1^j(t_k) + f\delta t_1(t_k) - f\delta t^j(t_k) + \frac{f}{c}(\delta I_1^j(t_k) + \delta T_1^j(t_k)) - N_1^j(t_0)$$

$$\varphi_2^j(t_k) = \frac{f}{c} d_2^j(t_k) + f\delta t_2(t_k) - f\delta t^j(t_k) + \frac{f}{c}(\delta I_2^j(t_k) + \delta T_2^j(t_k)) - N_2^j(t_0)$$

将上述两式代入（5-20）第一式

$$\Delta\varphi_{12}^j(t_k) = \varphi_2^j(t_k) - \varphi_1^j(t_k)$$

$$= \frac{f}{c}[d_2^j(t_k) - d_1^j(t_k)] + f[\delta t_2(t_k) - \delta t_1(t_k)]$$

$$+ \frac{f}{c}(\delta I_2^j(t_k) - \delta I_1^j(t_k)) + \frac{f}{c}(\delta T_2^j(t_k) - \delta T_1^j(t_k)) - (N_2^j(t_0) - N_1^j(t_0))$$

此式简写为

$$\Delta\varphi_{12}^j(t_k) = \frac{f}{c} \cdot [d_2^j(t_k) - d_1^j(t_k)] + f \cdot \Delta\delta t_{12}(t_k)$$

$$+ \frac{f}{c}\Delta\delta I_{12}^j(t_k) + \frac{f}{c}\Delta\delta T_{12}^j(t_k) - \Delta N_{12}^j(t_0) \qquad (5\text{-}21)$$

式中　接收机钟差之差　　$\Delta\delta t_{12}(t_k) = \delta t_2(t_k) - \delta t_1(t_k)$

　　　电离层折射误差之差　$\Delta\delta I_{12}^j(t_k) = \delta I_2^j(t_k) - \delta I_1^j(t_k)$

　　　对流层折射误差之差　$\Delta\delta T_{12}^j(t_k) = \delta T_2^j(t_k) - \delta T_1^j(t_k)$

　　　初始整周未知数之差　$\Delta N_{12}^j(t_0) = N_2^j(t_0) - N_1^j(t_0)$

（5-21）式为站际单差虚拟观测方程。从该式可以看出：

（a）由于卫星钟差对两个同步观测量相同，卫星钟差影响被消除，这是站际单差最突出的优点；

（b）在距离较短（小于 100km）时，卫星信号到达两个测站受到电离层折射误差和对流层折射误差（有时把这两项误差合称为大气折射误差）影响相近，这样，站际单差中的 $\Delta\delta I_{12}^j(t_k)$ 和 $\Delta\delta T_{12}^j(t_k)$ 很小，一般可以忽略；

（c）同一观测历元，对所有卫星的单差虚拟观测量，其两接收机钟差之差 $\Delta\delta t_{12}(t_k)$ 为常量；

另外，卫星星历误差对两站同步观测结果具有一定相关性，可以证明，卫星星历误差对站际单差虚拟观测量的影响只有对原载波相位观测量的 1/1000 左右。

在忽略大气折射误差残差影响情况下，由（5-21）式可写成如下站际单差观测方程：

$$\Delta\varphi_{12}^j(t_k) = \frac{f}{c} \cdot [d_2^j(t_k) - d_1^j(t_k)] + f \cdot \Delta\delta t_{12}(t_k) - \Delta N_{12}^j(t_0) \qquad (5\text{-}22)$$

2）星际单差模型

如图 5-3（b），接收机 $T_i$ 在历元 $t_k$ 时刻观测卫星 $S^1$ 和 $S^2$。在（5-19）式中，将 $j$ 分别用 1（对应于 $S^1$）和 2（对应于 $S^2$）表示，得到观测量 $\varphi_i^1(t_k)$ 和 $\varphi_i^2(t_k)$，

然后将这两个观测量代入求差公式（5-20）第二式，并整理后得

$$\begin{aligned}\Delta\varphi_i^{12}(t_k) &= \varphi_i^2(t_k) - \varphi_i^1(t_k) \\ &= \frac{f}{c}[\,d_i^2(t_k) - d_i^1(t_k)\,] - f\Delta\delta t^{12}(t_k) + \frac{f}{c}[\,\Delta\delta I_i^{12}(t_k) \\ &\quad + \Delta\delta T_i^{12}(t_k)\,] - \Delta N_i^{12}(t_0)\end{aligned} \quad (5\text{-}23)$$

式中　卫星钟差之差　　　　$\Delta\delta t^{12}(t_k) = \delta t^2(t_k) - \delta t^1(t_k)$

　　　电离层折射误差之差　$\Delta\delta I_i^{12}(t_k) = \delta I_i^2(t_k) - \delta I_i^1(t_k)$

　　　对流层折射误差之差　$\Delta\delta T_i^{12}(t_k) = \delta T_i^2(t_k) - \delta T_i^1(t_k)$

　　　初始整周未知数之差　$\Delta N_i^{12}(t_0) = N_i^2(t_0) - N_i^1(t_0)$

在（5-23）式中，已经没有接收机钟差的影响，这是星际单差模型的突出优点；不同卫星星钟没有相关性，卫星钟差之差 $\Delta\delta t^{12}(t_k)$ 的影响不能减弱；两颗卫星的信号传播路径相距较大，电离层折射误差之差 $\Delta\delta I_i^{12}(t_k)$、对流层折射误差之差 $\Delta\delta T_i^{12}(t_k)$ 都无法有效消除。

因此，星际单差模型很少单独使用。

3）历元间单差模型

如图 5-3（c），接收机 $T_i$ 在历元 $t_1$、$t_2$ 时刻观测卫星 $S^j$。在（5-19）式中，将 $k$ 分别用 1（对应于 $t_1$）和 2（对应于 $t_2$）表示，得到观测量 $\varphi_i^j(t_1)$ 和 $\varphi_i^j(t_2)$，然后将这两个观测量代入求差公式（5-20）第三式，并整理后得

$$\begin{aligned}\Delta\varphi_i^j(t_{12}) &= \varphi_i^j(t_2) - \varphi_i^j(t_1) \\ &= \frac{f}{c}[\,d_i^j(t_2) - d_i^j(t_1)\,] + f\Delta\delta t_i(t_{12}) - f\Delta\delta t^j(t_{12}) \\ &\quad + \frac{f}{c}[\,\Delta\delta I_i^j(t_{12}) + \Delta\delta T_i^j(t_{12})\,]\end{aligned} \quad (5\text{-}24)$$

式中　接收机钟差之差　　　$\Delta\delta t_i(t_{12}) = \delta t_i(t_2) - \delta t_i(t_1)$

　　　卫星钟差之差　　　　$\Delta\delta t^j(t_{12}) = \delta t^j(t_2) - \delta t^j(t_1)$

　　　电离层折射误差之差　$\Delta\delta I_i^j(t_{12}) = \delta I_i^j(t_2) - \delta I_i^j(t_1)$

　　　对流层折射误差之差　$\Delta\delta T_i^j(t_{12}) = \delta T_i^j(t_2) - \delta T_i^j(t_1)$

在（5-24）式中，已经没有初始整周未知数；由于相邻历元时间间隔很短，同一接收机钟差之差 $\Delta\delta t_i(t_{12}) \approx 0$，卫星钟差之差 $\Delta\delta t^j(t_{12}) \approx 0$；信号传播路径接近，电离层折射误差之差 $\Delta\delta I_i^j(t_{12})$、对流层折射误差之差 $\Delta\delta T_i^j(t_{12})$ 都非常小，可以忽略。

**(2) 站际单差模型未知数解算**

在两测站间求单差，一般以其中某点为已知参考点。从图 5-3 观测原理图上可以看出，星际单差和历元间单差它们都是在同一待定点上观测，只是星际单差在同一历元 $t_k$ 时刻观测不同卫星 $S^1$ 和 $S^2$，而历元间单差是不同历元 $t_1$ 和 $t_2$ 时刻观测同一卫星 $S^j$，但它们都属于单点定位，不具备根据一个已知点确定待定点相对位置的条件。由此可见，只有站际单差属于两点相对定位。

在站际单差模型中,假定 $T_1$ 点为已知坐标点,$T_2$ 为待定点,则测站 $T_1$ 至卫星 $S^j$ 的几何距离 $d_1^j(t_k)$,可以根据 $T_1$ 点已知坐标和 $S^j$ 卫星星历计算求出,测站 $T_2$ 至卫星 $S^j$ 的几何距离 $d_2^j(t_k)$,由 (4-48) 式给出,将 $d_2^j(t_k)$ 的表达式和 $d_1^j(t_k)$ 的值一并代入 (5-22) 式,可得如下表达形式:

$$\Delta \varphi_{12}^j(t_k) = -\frac{f}{c} [k_2^j(t_k)\delta x_2 + l_2^j(t_k)\delta y_2 + m_2^j(t_k)\delta z_2]$$

$$+ f \cdot \Delta \delta t_{12}(t_k) - \Delta N_2^j(t_0) + \frac{f}{c} \cdot [d_{20}^j(t_k) - d_1^j(t_k)] \quad (5\text{-}25)$$

当观测值个数大于未知数个数时,需要对各观测值进行改正,设 $\Delta \varphi_{12}^j(t_k)$ 对应的改正数为 $\Delta v_{12}^j(t_k)$,则 (5-25) 对应的误差方程为:

$$\Delta v_{12}^j(t_k) = -\frac{f}{c} [k_2^j(t_k)\delta x_2 + l_2^j(t_k)\delta y_2 + m_2^j(t_k)\delta z_2]$$

$$+ f \cdot \Delta \delta t_{12}(t_k) - \Delta N_2^j(t_0) + \Delta L_{12}^j(t_k) \quad (5\text{-}26)$$

式中

$$\Delta L_{12}^j(t_k) = \frac{f}{c} \cdot [d_{20}^j(t_k) - d_1^j(t_k)] - \Delta \varphi_{12}^j(t_k)$$

当在 $T_1$、$T_2$ 测站上同步观测了 $m$ 颗卫星,可根据 (5-26) 式列出如下误差方程组:

$$\begin{pmatrix} \Delta v_{12}^1(t_k) \\ \Delta v_{12}^2(t_k) \\ \cdots \\ \Delta v_{12}^m(t_k) \end{pmatrix} = -\frac{f}{c} \begin{bmatrix} k_2^1(t_k) & l_2^1(t_k) & m_2^1(t_k) \\ k_2^2(t_k) & l_2^2(t_k) & m_2^2(t_k) \\ \cdots & \cdots & \cdots \\ k_2^m(t_k) & l_2^m(t_k) & m_2^m(t_k) \end{bmatrix} \begin{pmatrix} \delta x_2 \\ \delta y_2 \\ \delta z_2 \end{pmatrix} + f \begin{pmatrix} 1 \\ 1 \\ \cdots \\ 1 \end{pmatrix} \Delta \delta t_{12}(t_k)$$

$$- \begin{bmatrix} 1 & 0 & \cdots & 0 \\ 0 & 1 & \cdots & 0 \\ \cdots & \cdots & \cdots & \cdots \\ 0 & 0 & \cdots & 1 \end{bmatrix} \begin{pmatrix} \Delta N_2^1(t_0) \\ \Delta N_2^2(t_0) \\ \cdots \\ \Delta N_2^m(t_0) \end{pmatrix} + \begin{pmatrix} \Delta L_{12}^1(t_k) \\ \Delta L_{12}^2(t_k) \\ \cdots \\ \Delta L_{12}^m(t_k) \end{pmatrix}$$

上式用矩阵符号简写为:

$$\Delta v(t_k) = a(t_k)\delta X_2 + b(t_k)\Delta \delta t_{12}(t_k) + c(t_k)\Delta N + \Delta L(t_k) \quad (5\text{-}27)$$

式中

$$\Delta L(t_k) = \begin{pmatrix} \Delta L_{12}^1(t_k) \\ \Delta L_{12}^2(t_k) \\ \cdots \\ \Delta L_{12}^m(t_k) \end{pmatrix} \qquad a(t_k) = -\frac{f}{c} \begin{bmatrix} k_2^1(t_k) & l_2^1(t_k) & m_2^1(t_k) \\ k_2^2(t_k) & l_2^2(t_k) & m_2^2(t_k) \\ \cdots & \cdots & \cdots \\ k_2^m(t_k) & l_2^m(t_k) & m_2^m(t_k) \end{bmatrix}$$

$$b(t_k) = f \begin{pmatrix} 1 \\ 1 \\ \cdots \\ 1 \end{pmatrix} \qquad c(t_k) = -\begin{bmatrix} 1 & 0 & \cdots & 0 \\ 0 & 1 & \cdots & 0 \\ \cdots & \cdots & \cdots & \cdots \\ 0 & 0 & \cdots & 1 \end{bmatrix}$$

$$\Delta v(t_k) = \begin{pmatrix} \Delta v_{12}^1(t_k) \\ \Delta v_{12}^2(t_k) \\ \cdots \\ \Delta v_{12}^m(t_k) \end{pmatrix} \quad \delta X_2 = \begin{pmatrix} \delta x_2 \\ \delta y_2 \\ \delta z_2 \end{pmatrix} \quad \Delta N = \begin{pmatrix} \Delta N_2^1(t_0) \\ \Delta N_2^2(t_0) \\ \cdots \\ \Delta N_2^m(t_0) \end{pmatrix}$$

如果同步对同一组（$m$ 颗）卫星观测 $n$ 个历元，则对应的误差方程组可以扩展为：

$$V = A\delta X_2 + B\Delta \delta t + C\Delta N + L \tag{5-28}$$

或

$$V = (A \ B \ C) \begin{pmatrix} \delta X_2 \\ \Delta \delta t \\ \Delta N \end{pmatrix} + L \tag{5-29}$$

式中

$$V = [\Delta v(t_1) \ \Delta v(t_2) \ \cdots \ \Delta v(t_n)]^T$$
$$A = [a(t_1) \ a(t_2) \ \cdots \ a(t_n)]^T$$
$$B = \begin{bmatrix} b(t_1) & 0 & \cdots & 0 \\ 0 & b(t_2) & \cdots & 0 \\ \cdots & \cdots & \cdots & \cdots \\ 0 & 0 & \cdots & b(t_n) \end{bmatrix}$$
$$C = [c(t_1) \ c(t_2) \ \cdots \ c(t_n)]^T$$
$$\Delta \delta t = [\Delta \delta t_{12}(t_1) \ \Delta \delta t_{12}(t_2) \ \cdots \ \Delta \delta t_{12}(t_n)]^T$$
$$L = [\Delta L(t_1) \ \Delta L(t_2) \ \cdots \ \Delta L(t_n)]^T$$

由此，按照最小二乘原理对误差方程组求解，可得法方程

$$NY + U = 0 \tag{5-30}$$

式中　法方程系数矩阵　　$N = (A \ B \ C)^T P (A \ B \ C)$

　　　　法方程常数矩阵　　$U = (A \ B \ C)^T P L$

　　　　未知参数矩阵　　　$Y = (\delta X_2 \ \Delta \delta t \ \Delta N)$

　　　　单差观测量权矩阵　$P$

解算（5-30）式法方程得未知参数矩阵 $Y$ 和协因数阵 $Q_y$

$$Y = -N^{-1}U \tag{5-31}$$
$$Q_y = N^{-1} \tag{5-32}$$

设同步观测的测站数为 $l$，卫星数为 $m$，历元数为 $n$，则总观测（误差）方程数 $u$、未知数个数 $w$ 和多余观测数 $r$ 分别为

$$u = (l-1) \times m \times n \tag{5-33}$$
$$w = (l-1)(3 + m + n) \tag{5-34}$$
$$r = u - w \tag{5-35}$$

根据误差方程的改正数可得单位权中误差 $\sigma_0$ 和未知数向量 $Y$ 的分量 $y_i$ 的精度估算值 $\sigma_i$：

$$\sigma_0 = \sqrt{\frac{V^{\mathrm{T}}PV}{r}} \tag{5-36}$$

$$\sigma_i = \sigma_0 \sqrt{q_{ii}} \tag{5-37}$$

式中  $q_{ii}$——$Q_y$ 中主对角线上对应于 $y_i$ 的元素。

### 5.2.2 双差观测模型

双差观测模型指对两个单差观测模型再次求差所得的模型，具体包括：

1) 站际星际双差模型，如图 5-4（a），用符号 $\Delta\varphi_{12}^{12}(t_k)$ 表示；
2) 星际历元间双差模型，如图 5-4（b），用符号 $\Delta\varphi_i^{12}(t_{12})$ 表示；
3) 站际历元间双差模型，如图 5-4（c），$\Delta\varphi_{12}^{j}(t_k)$ 表示。

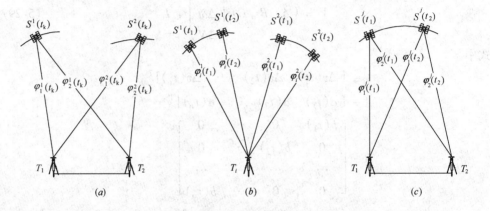

图 5-4 双差观测

站际星际双差模型、星际历元间双差模型、站际历元间双差模型与单差观测模型及其基本观测量依次用如下三个表达式表示为：

$$\left. \begin{aligned} \Delta\varphi_{12}^{12}(t_k) &= \Delta\varphi_{12}^{2}(t_k) - \Delta\varphi_{12}^{1}(t_k) \\ &= [\varphi_2^{2}(t_k) - \varphi_1^{2}(t_k)] - [\varphi_2^{1}(t_k) - \varphi_1^{1}(t_k)] \\ \Delta\varphi_i^{12}(t_{12}) &= \Delta\varphi_i^{12}(t_2) - \Delta\varphi_i^{12}(t_1) \\ &= [\varphi_i^{2}(t_2) - \varphi_i^{1}(t_2)] - [\varphi_i^{2}(t_1) - \varphi_i^{1}(t_1)] \\ \Delta\varphi_{12}^{j}(t_{12}) &= \Delta\varphi_{12}^{j}(t_2) - \Delta\varphi_{12}^{j}(t_1) \\ &= [\varphi_2^{j}(t_2) - \varphi_1^{j}(t_2)] - [\varphi_2^{j}(t_1) - \varphi_1^{j}(t_1)] \end{aligned} \right\} \tag{5-38}$$

由图 5-4（b）可以看出，星际历元间双差模型中只有一个待定点，属于单点定位形式，主要用于精密单点定位。对于站际历元间双差模型，可以证明其不能完全消除接收机钟差影响，与站际星际双差模型相比，使用较少。下面仅介绍实际使用较多的站际星际双差模型及其误差方程。

站际星际双差是在两个测站上的 GPS 接收机 $T_1$、$T_2$，对卫星 $S^1$ 的单差 $\Delta\varphi_{12}^{1}(t_k)$ 和对卫星 $S^2$ 的单差 $\Delta\varphi_{12}^{2}(t_k)$ 再次求差。根据 (5-38) 第一式，顾及以 (5-19) 式为基础，并忽略了站际单差中电离层折射误差与对流层折射误差两项误差的残差影响得到的 (5-22) 式，则有站际星际双差虚拟观测方程：

$$\Delta\varphi_{12}^{12}(t_k) = \Delta\varphi_{12}^{2}(t_k) - \Delta\varphi_{12}^{1}(t_k)$$

$$= \frac{f}{c} [(d_2^2(t_k) - d_1^2(t_k)) - (d_2^1(t_k) - d_1^1(t_k))]$$
$$- [(N_2^2(t_0) - N_1^2(t_0)) - (N_2^1(t_0) - N_1^1(t_0))] \tag{5-39}$$

由此虚拟观测方程可以看出，站际单差中不能消除的接收机钟差，在站际星际双差中得到消除。如同站际单差一样，假定 $T_1$ 测站点坐标已知，则可根据卫星星历计算出 $d_1^1(t_k)$ 和 $d_1^2(t_k)$。将 $d_1^1(t_k)$ 和 $d_1^2(t_k)$ 按（4-48）式展开并代入（5-39）式，可得线性化后的站际星际双差模型如下：

$$\Delta\varphi_{12}^{12}(t_k) = -\frac{f}{c}[k_2^{12}(t_k)\delta x_2 + l_2^{12}(t_k)\delta y_2 + m_2^{12}(t_k)\delta z_2] - \Delta N_{12}^{12}(t_0)$$
$$+ \frac{f}{c}[(d_{20}^2(t_k) - d_1^2(t_k)) - (d_{20}^1(t_k) - d_1^1(t_k))] \tag{5-40}$$

式中

$$k_2^{12}(t_k) = k_2^2(t_k) - k_2^1(t_k)$$
$$l_2^{12}(t_k) = l_2^2(t_k) - l_2^1(t_k)$$
$$m_2^{12}(t_k) = m_2^2(t_k) - m_2^1(t_k)$$
$$\Delta N_{12}^{12}(t_0) = (N_2^2(t_0) - N_1^2(t_0)) - (N_2^1(t_0) - N_1^1(t_0))$$

当观测值个数大于未知数个数时，需要对各观测值进行改正，设 $\Delta\varphi_{12}^{12}(t_k)$ 对应的改正数为 $\Delta v_{12}^{12}(t_k)$，则（5-40）式对应的误差方程为：

$$\Delta v_{12}^{12}(t_k) = -\frac{f}{c}[k_2^{12}(t_k)\delta x_2 + l_2^{12}(t_k)\delta y_2 + m_2^{12}(t_k)\delta z_2] - \Delta N_{12}^{12}(t_0) + \Delta L_{12}^{12}(t_k)$$
$$\tag{5-41}$$

式中

$$\Delta L_{12}^{12}(t_k) = \frac{f}{c}[(d_{20}^2(t_k) - d_1^2(t_k)) - (d_{20}^1(t_k) - d_1^1(t_k))] - \Delta\varphi_{12}^{12}(t_k)$$

对应于（5-40）式站际星际双差模型的误差方程组的组成、未知数的解算及其精度评定，可参考第5.2.1节中"站际单差观测量及其解算"方法完成，此处不再重叙。

由于站际星际双差模型中消除了卫星钟差、接收机钟差影响，同时也使电离层折射误差、对流层折射误差削弱到忽略不计，因此，站际星际双差模型是双差模型中常用的模型。

星际历元间双差模型和站际历元间双差模型观测方程、误差方程、未知数解算等，均可仿照站际星际双差模型的方法进行。

### 5.2.3 三差观测模型

在两个测站上安置 $T_1$、$T_2$ 两台接收机，分别在两个历元 $t_1$、$t_2$ 时刻，同步观测两颗卫星 $S^1$、$S^2$ 所得双差之差，称为三差观测模型。三差观测模型只有一种形式，实际上是站际、星际、历元间三次求差的观测模型，可以直接将 $t_1$、$t_2$ 两个时刻的站际星际双差模型求差得到。其模型的数学表达式为：

$$\Delta\varphi_{12}^{12}(t_{12}) = \Delta\varphi_{12}^{12}(t_2) - \Delta\varphi_{12}^{12}(t_1) \tag{5-42}$$

将 $k$ 分别取值 1 和 2 代入（5-39）式，得到对应于观测历元 $t_1$ 时刻的站际星

际双差观测量 $\Delta\varphi_{12}^{12}(t_1)$ 和对应于观测历元 $t_2$ 时刻的站际星际双差观测量 $\Delta\varphi_{12}^{12}(t_2)$。将 $\Delta\varphi_{12}^{12}(t_1)$ 与 $\Delta\varphi_{12}^{12}(t_2)$ 一并代入（5-42）式可得：

$$\Delta\varphi_{12}^{12}(t_{12}) = \frac{f}{c}\{[(d_2^2(t_2) - d_1^2(t_2)) - (d_2^1(t_2) - d_1^1(t_2))]$$
$$- [(d_2^2(t_1) - d_1^2(t_1)) - (d_2^1(t_1) - d_1^1(t_1))]\} \tag{5-43}$$

从上式可以看出，三差模型中已经没有初始整周未知数。概括起来讲，站际单差中消除了卫星钟差影响并使电离层折射误差和对流层折射误差抵消到可以忽略；再通过站际星际双差，消除接收机钟差影响；最后通过站际星际历元间三差，消除初始整周未知数影响。

与站际单差、站际星际双差原理相同，取测站 $T_1$ 为已知坐标值的基准点，则根据卫星星历可以计算出与测站 $T_1$ 相关的 $d_1^1(t_1)$、$d_1^2(t_1)$、$d_1^1(t_2)$ 和 $d_1^2(t_2)$；将 $d_2^1(t_1)$、$d_2^2(t_1)$、$d_2^1(t_2)$ 和 $d_2^2(t_2)$ 按（4-48）式展开并代入（5-43）式，可得站际、星际、历元间三差观测模型：

$$\Delta\varphi_{12}^{12}(t_{12}) = -\frac{f}{c}[k_2^{12}(t_{12})\delta x_2 + l_2^{12}(t_{12})\delta y_2 + m_2^{12}(t_{12})\delta z_2]$$
$$+ \frac{f}{c}\{[(d_{20}^2(t_2) - d_1^2(t_2)) - (d_{20}^1(t_2) - d_1^1(t_2))]$$
$$- [(d_{20}^2(t_1) - d_1^2(t_1)) - (d_{20}^1(t_1) - d_1^1(t_1))]\} \tag{5-44}$$

式中

$$k_2^{12}(t_{12}) = [k_2^2(t_2) - k_2^1(t_2)] - [k_2^2(t_1) - k_2^1(t_1)]$$
$$l_2^{12}(t_{12}) = [l_2^2(t_2) - l_2^1(t_2)] - [l_2^2(t_1) - l_2^1(t_1)]$$
$$m_2^{12}(t_{12}) = [m_2^2(t_2) - m_2^1(t_2)] - [m_2^2(t_1) - m_2^1(t_1)]$$

当观测值个数大于未知数个数时，需要对各观测值进行改正，设 $\Delta\varphi_{12}^{12}(t_{12})$ 对应的改正数为 $\Delta v_{12}^{12}(t_{12})$，则（5-44）式对应的误差方程为：

$$\Delta v_{12}^{12}(t_{12}) = -\frac{f}{c}[k_2^{12}(t_{12})\delta x_2 + l_2^{12}(t_{12})\delta y_2 + m_2^{12}(t_{12})\delta z_2] + \Delta L_{12}^{12}(t_{12})$$
$$\tag{5-45}$$

式中

$$\Delta L_{12}^{12}(t_{12}) = +\frac{f}{c}\{[(d_{20}^2(t_2) - d_1^2(t_2)) - (d_{20}^1(t_2) - d_1^1(t_2))]$$
$$- [(d_{20}^2(t_1) - d_1^2(t_1)) - (d_{20}^1(t_1) - d_1^1(t_1))]\} - \Delta\varphi_{12}^{12}(t_{12})$$

对应于（5-45）式站际星际历元间三差模型的误差方程组的组成、未知数的解算及其精度评定，参考第 5.2.1 节中"站际单差观测量及其解算"方法完成。

## 5.3 差分定位

利用设置在已知坐标的基准站上的 GPS 接收机，测定、计算出观测数据与已知数据之差，作为定位改正数分发到一定范围内的待测点的 GPS 用户（流动站），用户将同步测定的数据中加入基准站传送的改正数,用以提高定位精度,这种方法称为差分定位,亦称为差分 GPS (DGPS-Differential GPS)。

差分定位根据发送的改正数信息不同分为伪距差分、位置差分和载波相位差分。根据工作原理和差分模型分为局域差分和广域差分。各种差分定位的改正数内容或基准站数不同,但都是利用基准站测定的改正数对用户观测的数据进行改正。

### 5.3.1 伪距差分

伪距差分的基本思想是:一定的区域内同一时刻,已知坐标的基准站与待求坐标的用户流动站同时测定的伪距受到同样的误差影响,可以通过基准站测定的伪距与已知几何距离的差值对流动站的伪距进行改正,用以消除相同误差对伪距观测值的影响。基准站分发给用户的伪距改正数,是由卫星星历(广播星历或精密星历)和基准站已知坐标计算的基准站至卫星的实际几何距离与基准站测定伪距之差。

设由基准站 $A$ 点的已知坐标和观测历元 $t$ 时刻 $S^j$ 卫星的星历求出的 $A$ 点至 $S^j$ 的实际几何距离为 $d_A^j(t)$;同一观测历元,由基准站 $A$ 点接收机观测 $S^j$ 卫星可以得到伪距 $\rho_A^j(t)$。若用 $\Delta\rho_A^j(t)$ 表示 $A$ 至 $S^j$ 的实际几何距离 $d_A^j(t)$ 与伪距 $\rho_A^j(t)$ 之差,则

$$\Delta\rho_A^j(t) = d_A^j(t) - \rho_A^j(t) \tag{5-46}$$

$\Delta\rho_A^j(t)$ 实际上也可以看成是 $\rho_A^j(t)$ 的改正数,即

$$\rho_A^j(t) + \Delta\rho_A^j(t) = d_A^j(t) \tag{5-47}$$

基准站将 $\Delta\rho_A^j(t)$ 作为改正量发送给用户接收机,用户将待测点接收机 $T_i$ 上观测的伪距 $\rho_i^j(t)$ 中加入改正量 $\Delta\rho_A^j(t)$ 得改正后 $T_i$ 至卫星 $S^j$ 的距离为 $\rho_i^j(t) + \Delta\rho_A^j(t)$。

在 (4-42) 式中,若考虑卫星星历误差对伪距的影响 $\delta\rho_A^j(t)$,则有

$$\rho_A^j(t) = d_A^j(t) + c\delta t_A(t) - c\delta t^j(t) + \delta I_A^j(t) + \delta T_A^j(t) + \delta\rho_A^j(t) \tag{5-48}$$

上式中符号含义与 (4-42) 相同。将 (5-48) 式代入 (5-46) 式,并整理后得伪距改正数 $\Delta\rho_A^j(t)$ 与伪距 $\rho_A^j(t)$ 对应的接收机钟差 $\delta t_A(t)$、卫星钟差 $\delta t^j(t)$、电离层折射误差 $\delta I_A^j(t)$、对流层折射误差 $\delta T_A^j(t)$ 以及卫星星历误差 $\delta\rho_A^j(t)$ 有如下关系

$$\Delta\rho_A^j(t) = -c\delta t_A(t) + c\delta t^j(t) - \delta I_A^j(t) - \delta T_A^j(t) - \delta\rho_A^j(t) \tag{5-49}$$

参照 (5-48) 式,用户接收机 $T_i$ 在待测点上观测的伪距为 $\rho_i^j(t)$ 与其对应的几何距离 $d_i^j(t)$、接收机钟差 $\delta t_i(t)$、卫星钟差 $\delta t^j(t)$、电离层折射误差 $\delta I_i^j(t)$、对流层折射误差 $\delta T_i^j(t)$ 以及卫星星历误差 $\delta\rho_i^j(t)$ 有如下关系

$$\rho_i^j(t) = d_i^j(t) + c\delta t_i(t) - c\delta t^j(t) + \delta I_i^j(t) + \delta T_i^j(t) + \delta\rho_i^j(t) \tag{5-50}$$

将 (5-49)、(5-50) 两式相加并整理后得

$$\rho_i^j(t) + \Delta\rho_A^j(t) = d_i^j(t) + c[\delta t_i(t) - \delta t_A(t)] + [\delta I_i^j(t) - \delta I_A^j(t)]$$
$$+ [\delta T_i^j(t) - \delta T_A^j(t)] + [\delta\rho_i^j(t) - \delta\rho_A^j(t)] \tag{5-51}$$

上式等式左边为改正后 $T_i$ 至卫星 $S^j$ 的距离;该式中消除了卫星钟差 $\delta t^j(t)$ 的影响。当基准站与用户接收机之间的距离在 100km 以内时,可以认为大气折射影响

和卫星星历误差近似相同，则有

$$\delta I_i^j(t) \approx \delta I_A^j(t) \quad \delta T_i^j(t) \approx \delta T_A^j(t) \quad \delta \rho_i^j(t) \approx \delta \rho_A^j(t)$$

根据上述关系，并取基准站钟与流动站钟不同步引起的伪距误差为 $\delta dt_i(t) = c[\delta t_i(t) - \delta t_A(t)]$，则

$$\rho_i^j(t) + \Delta \rho_A^j(t) = d_i^j(t) + \delta dt_i(t)$$

将 (4-43) 式代入上式得

$$\rho_i^j(t) + \Delta \rho_A^j(t) = \sqrt{[x^j(t) - x_i]^2 + [y^j(t) - y_i]^2 + [z^j(t) - z_i]^2} + \delta dt_i(t) \tag{5-52}$$

上式中，只有 $x_i$，$y_i$，$z_i$ 和 $\delta dt_i(t)$ 四个未知数，在历元 $t$ 时刻同步观测 4 颗或 4 颗以上卫星，按照第 5.1 节单点定位解算方法，可以解求出用户接收机 $T_i$ 的空间坐标 $(x_i, y_i, z_i)$。

实际伪距差分测量中，有时需要考虑伪距改正数的时间变化率和接收机的噪声影响，且伪距改正数的时间变化率，由基准站随伪距改正数一道分发，此处不再详述。

### 5.3.2 位置差分

位置差分的基本思想是：一定的区域内同一时刻，已知坐标的基准站与待求坐标的用户流动站同时测定的坐标受到同样的误差影响，可以通过基准站测定的坐标与已知坐标的差值对流动站的坐标进行改正，用以消除相同误差对坐标观测值的影响。基准站分发给用户的坐标改正数，是基准站已知坐标与观测坐标之差。

设测站 $A$ 的精确坐标为 $(x_A, y_A, z_A)$，对应于不同观测历元 $t$、且包含接收机钟差、卫星钟差、电离层折射误差、对流层折射误差、卫星星历误差、多路径效应等影响的观测坐标为 $[x_A(t), y_A(t), z_A(t)]$，则可求出位置改正数 $[\Delta x(t), \Delta y(t), \Delta z(t)]$ 如下：

$$\left. \begin{array}{l} \Delta x(t) = x_A - x_A(t) \\ \Delta y(t) = y_A - y_A(t) \\ \Delta z(t) = z_A - z_A(t) \end{array} \right\} \tag{5-53}$$

基准站通过数据链将位置改正数 $[\Delta x(t), \Delta y(t), \Delta z(t)]$ 分发给用户接收机。设观测历元 $t$ 时刻用户接收机 $T_i$ 的观测坐标为 $[x_i(t), y_i(t), z_i(t)]$，待求点 $T_i$ 实际空间坐标为 $(x_i, y_i, z_i)$，则由位置差分原理可得：

$$\left. \begin{array}{l} x_i = x_i(t) + \Delta x(t) \\ y_i = y_i(t) + \Delta y(t) \\ z_i = z_i(t) + \Delta z(t) \end{array} \right\} \tag{5-54}$$

与伪距差分原理类似，有时需要顾及用户接收机位置改正数的瞬时变化，读者可参考有关文献。

经过坐标改正后的用户站的坐标 $(x_i, y_i, z_i)$，消除了基准站与用户站的共同

误差，这些误差主要包括卫星钟差、电离层折射误差、对流层折射误差和卫星星历误差等，但不能消除接收机钟差等。随着用户站与基准站的距离增大，位置差分定位的精度逐渐降低，一般而言，位置差分的距离不宜超过 100km。

### 5.3.3 载波相位差分

载波相位差分定位原理与伪距差分相似：由基准站接收机对卫星进行连续跟踪观测，并将观测数据与测站信息实时分发给用户站；用户站同步连续跟踪观测卫星和接收基准站信息，并按照相对定位原理进行数据处理，确定用户站空间坐标。

载波相位差分定位方法分为测相伪距改正法和载波相位求差法两种。测相伪距改正法原理与伪距差分原理相同，由用户站载波相位观测量中加入基准站测定并实时分发的改正数后再进行定位计算；载波相位求差法与 5.2 节中介绍的静态相对定位求差法原理相同，由基准站将测定的载波实时分发给用户站，用户站将基准站观测量与本站观测量求差后解算用户站坐标。

**(1) 测相伪距改正法**

在基准站 $A$ 上，设根据载波观测量获得的 $A$ 点至卫星 $S^j$ 的测相伪距为 $\rho_A^j(t)$，由卫星星历和基准站已知坐标计算的 $A$ 至卫星 $S^j$ 的实际几何距离为 $d_A^j(t)$。参照 (5-48)，并顾及到测相伪距受到多路径效应的影响误差 $\delta M_A$、接收机噪声引起的误差 $\delta V_A$，则

$$\rho_A^j(t) = d_A^j(t) + c\delta t_A(t) - c\delta t^j(t) + \delta I_A^j(t) + \delta T_A^j(t) + \delta \rho_A^j(t) + \delta M_A + \delta V_A \tag{5-55}$$

若用 $\Delta \rho_A^j(t)$ 表示载波相位差分中基准站和用户站的伪距改正数，它实际上是 $A$ 至 $S^j$ 的实际几何距离 $d_A^j(t)$ 与测相伪距 $\rho_A^j(t)$ 之差。根据 (5-46) 式得：

$$\Delta \rho_A^j(t) = d_A^j(t) - \rho_A^j(t) \tag{5-56}$$

$$\Delta \rho_A^j(t) = -c\delta t_A(t) + c\delta t^j(t) - \delta I_A^j(t) - \delta T_A^j(t) - \delta \rho_A^j(t) - \delta M_A - \delta V_A \tag{5-57}$$

设根据载波观测量获得的用户站 $T_i$ 至卫星 $S^j$ 的测相伪距为 $\rho_i^j(t)$，参照 (5-55) 式有

$$\rho_i^j(t) = d_i^j(t) + c\delta t_i(t) - c\delta t^j(t) + \delta I_i^j(t) + \delta T_i^j(t) + \delta \rho_i^j(t) + \delta M_i + \delta V_i \tag{5-58}$$

根据载波相位差分改正法原理，将 (5-57)、(5-58) 两式相加并整理得

$$\rho_i^j(t) + \Delta \rho_A^j(t) = d_i^j(t) + c[\delta t_i(t) - \delta t_A(t)] + [\delta I_i^j(t) - \delta I_A^j(t)]$$

$$+ [\delta T_i^j(t) - \delta T_A^j(t)] + [\delta \rho_i^j(t) - \delta \rho_A^j(t)]$$

$$+ [\delta M_i(t) - \delta M_A(t)] + [\delta V_i(t) - \delta V_A(t)] \tag{5-59}$$

上式等式左边的 $\rho_i^j(t) + \Delta\rho_A^j(t)$ 为改正后 $T_i$ 至卫星 $S^j$ 的测相距离；该式中消除了卫星钟差 $\delta t^j(t)$ 的影响。与伪距差分相同，可以认为

$$\delta I_i^j(t) \approx \delta I_A^j(t) \qquad \delta T_i^j(t) \approx \delta T_A^j(t) \qquad \delta\rho_i^j(t) \approx \delta\rho_A^j(t)$$

令

$$\Delta d_{Ai}(t) = c[\delta t_i(t) - \delta t_A(t)] + [\delta M_i(t) - \delta M_A(t)] + [\delta V_i(t) - \delta V_A(t)] \tag{5-60}$$

(5-59) 式可以写成

$$\rho_i^j(t) + \Delta\rho_A^j(t) = d_i^j(t) + \Delta d_{Ai}(t) \tag{5-61}$$

由 (4-53) 相位差公式、载波波长 $\lambda$ 及其与相位差的关系可得

$$\rho^j(t) = \lambda\Phi_A^j(t) = \lambda[N_A^j(t_0) + N_A^j(t - t_0) + \delta\varphi_A^j(t)]$$

$$\rho_i^j(t) = \lambda\Phi_i^j(t) = \lambda[N_i^j(t_0) + N_i^j(t - t_0) + \delta\varphi_i^j(t)]$$

根据 (5-57) 第一等式和上述两式，则 (5-61) 式等式左边表达式可以表示为

$$\rho_i^j(t) + \Delta\rho_A^j(t) = \rho_i^j(t) + d_A^j(t) - \rho_A^j(t)$$

$$= d_A^j(t) + \lambda[N_i^j(t_0) - N_A^j(t_0)] + \lambda\{[N_i^j(t - t_0) - N_A^j(t - t_0)]$$

$$+ [\delta\varphi_i^j(t) - \delta\varphi_A^j(t)]\}$$

令

$$\Delta N_{Ai}^j(t_0) = N_i^j(t_0) - N_A^j(t_0)$$

$$\Delta\varphi_{Ai}^j(t) = [N_i^j(t - t_0) - N_A^j(t - t_0)] + [\delta\varphi_i^j(t) - \delta\varphi_A^j(t)]$$

上式可以简写为

$$\rho_i^j(t) + \Delta\rho_A^j(t) = d_A^j(t) + \lambda\Delta N_{Ai}^j(t_0) + \lambda\Delta\varphi_{Ai}^j(t) \tag{5-62}$$

将 (5-62) 式代入 (5-61) 式等式左边，将 (4-43) 式代入 (5-61) 式右边得

$$d_A^j(t) + \lambda\Delta N_{Ai}^j(t_0) + \lambda\Delta\varphi_{Ai}^j(t)$$

$$= \sqrt{[x^j(t) - x_i]^2 + [y^j(t) - y_i]^2 + [z^j(t) - z_i]^2} + \Delta d_{Ai}(t) \tag{5-63}$$

上式为载波相位差分观测方程，同步观测 $n$ 颗（至少 4 颗）卫星 $m$ 个历元，列出足够数量的观测方程组，可以解算出上式中的位置参数。

(5-63) 式中，$\Delta N_{Ai}^j(t_0)$、$\Delta d_{Ai}(t)$、$x_i$、$y_i$、$z_i$ 是需要解求的未知参数。其中，$\Delta N_{Ai}^j(t_0)(j = 1,2,\cdots,n)$ 为基准站和用户站同步观测、跟踪卫星 $S^j$ 时的初始整周未知数之差，在卫星被锁定后是未知常数，此项的未知数个数等于被同步跟踪观测的卫星数。$\Delta d_{Ai}(t)$ 根据 (5-60) 式由基准站与用户站接收机之间的钟差之差导致的距离误差 $c[\delta t_i(t) - \delta t_A(t)]$、多路径效应误差之差 $\delta M_i(t) - \delta M_A(t)$ 和接收机噪声引起的距离误差之差 $\delta V_i(t) - \delta V_A(t)$ 共三部分组成，在两个历元之间的变化

量均小于1cm，在解算过程中可以视为未知常数。$x_i$、$y_i$、$z_i$是用户站的空间坐标，如果用户站接收机为静态定位状态，则为未知常数，观测4颗卫星时共有8个未知数（$n=4$，$n+1+3=8$）只需观测两个历元；如果为动态定位状态，则每个历元对应3个坐标未知数，$m$个历元则对应$3m$个坐标未知数，当跟踪观测4颗卫星时，需至少观测5个历元得到20个方程，才能正好解求20个未知数（$n=4$，$m=5$，$n+1+3m=20$）。

当初始整周未知数$N_i^j(t_0)$与$N_A^j(t_0)$确定后，$\Delta N_{Ai}^j(t_0)$随之确定。此后，只需在基准站和用户站上同步观测4颗卫星，就可以列出4个观测方程解算出用户站坐标（$x_i$、$y_i$、$z_i$）和$\Delta d_{Ai}(t)$ 4个未知数。

(5-62) 式中的$d_A^j(t)$是基准点$A$至卫星$S^j$的实际几何距离，根据卫星星历和基准点已知坐标计算；$\Delta \varphi_{Ai}^j(t)$为基准站和用户站同步观测卫星$S^j$的相位差之差，是已知观测量；$\lambda$为已知载波波长；$[x^j(t), y^j(t), z^j(t)]$是根据已知卫星星历计算的卫星$S^j$的空间坐标。

**(2) 载波相位求差法**

测相伪距改正法是由基准站根据已知数据测定、计算伪距改正数并发送到用户站，再由用户站对本站测定的测相伪距加入基准站发来的改正数后，解算用户点的位置。载波相位求差法是由基准站将测定的载波相位观测量发送到用户站，再由用户站将本站测定的载波相位与基准站发送来的载波相位进行求差后，解算用户站的位置。

载波相位求差法的方法与静态相对定位求差法类似，使用单差、双差和三差求差观测模型，主要使用站际星际双差观测模型。静态相对定位利用求差法解求的是基线向量，动态相对定位载波相位使用求差法求解的是用户站实时动态位置。

此处不再重复介绍求差模型，只对解求动态点位的载波相位求差法程序与过程简要介绍如下。

1) 用户站接收机静态观测若干历元，利用基准站发送的载波相位观测量与本站的载波相位观测量，按静态相对定位方法求解出初始整周未知数，即初始化。

2) 将初始化所得整周未知数代入站际星际双差观测模型 (5-40) 式，此时，因基准站坐标已知，卫星坐标可以通过卫星星历计算求出，则双差模型中只有三个位置未知数（$\delta x_i, \delta y_i, \delta z_i$）(下标$i$代表基准站外的用户站点号)，只需观测三颗卫星便可解算出用户站坐标。当观测卫星数多于三颗时，可以列出误差方程组，按照静态相对定位方法精密解算。

3) 根据用户站近似坐标（$x_{i0}, y_{i0}, z_{i0}$）和解算的近似坐标改正数（$\delta x_i, \delta y_i, \delta z_i$），求出用户点的WGS-84坐标系下的坐标（$x_i$、$y_i$、$z_i$），最后按照第二章介绍的坐标转换方法，将WGS-84坐标系下的坐标换算成大地球面坐标（$L, B, H$）或大地平面坐标（$X, Y, H$）。

### 5.3.4 局域差分与广域差分

差分定位按照工作原理和差分模型分为局域差分和广域差分。无论何种差分定位方法，其系统都包括基准站、无线电数据通讯链和用户站。各种系统的区别，既包括基准站的数量与覆盖的范围，也包括工作原理和数学模型。局域差分向用户提供各项误差综合影响的改正数，广域差分向用户提供各项误差影响的单独计算模型。前者定位精度与可靠性低于后者。

**(1) 局域差分**

基准站根据本站已知数据和观测数据计算、分发观测量改正数，用户站将基准站发送来的改正数进行处理后，加入到用户站同步观测量中的差分方法，称为局域差分 GPS，亦称为 LADGPS（Local Area DGPS）。

局域差分的改正数是基准站上卫星钟差、卫星星历误差、电离层折射误差、对流层折射误差、接收机钟差、多路径效应误差等的综合影响值。根据基准站的数量，局域差分分为单基准站局域差分和多基准站局域差分。

1) 单基准站局域差分

单基准站局域差分是一种结构与算法都比较简单的差分方法。系统中只有一个基准站，前提条件是用户站的观测量误差与基准站的观测量误差具有很大的相关性，可以通过单个基准站测定误差量并分发到用户站作为改正数对用户站的观测量进行改正，前面介绍的各种方法，都可用于单基准站差分，此处不再详述。基准站提供的信息包括距离改正数和改正数变化率。单基准站差分一般只适用于 100km 以内的范围，且用户站与基准站误差极大相关的情况，对于较大区域、大气环境差别较大或者定位精度要求很高的精密定位，应该使用多基准站局域差分或广域差分。

2) 多基准站局域差分

在较大范围的区域中布设多个基准站，通常还包括一个或多个监控站，构成基准站网络系统，由各基准站根据本站已知数据和观测数据计算、分发观测量改正数，用户站将各个基准站发送来的改正数进行加权平均、最小二乘等方法计算后，加入到用户站观测量中，这种差分方法，称为多基准站局域差分 GPS。在多基准站局域差分计算中，对各基准站发送来的改正数的权，一般根据用户站与对应基准站之间的距离确定，不同距离基准站的权值不同。

多基准站局域差分比单基准站局域差分的精度与可靠性均有一定提高，但都是测定各种误差对基准站的综合影响作为一个改正数，用于对用户站观测量进行改正。实际上，不同性质的误差对不同点位的定位影响是不同的，例如，卫星星历误差对定位的影响与观测量的距离成正比，而大气折射影响主要取决于不同站点的大气环境，不一定与距离有关。这样，将各种误差使用同一种综合改正模型，存在不合理因素，随着用户站离基准站愈远，其改正数的准确性愈低。因此，局域差分的应用范围具有一定的局限性。

**(2) 广域差分**

在一个大的区域中建立由数据处理中心、监测站、若干基准站、数据链构成的差分 GPS 网，各已知空间位置的基准站将观测数据发送到数据处理中心，数据处理中心对观测量的误差来源加以区分，并对每种误差分别模型化，然后将计算出的各个误差源的数值，通过数据链传输给用户站，用户根据数据处理中心发送的信息对观测量进行相应改正。这种差分系统，称为广域差分 GPS，亦称为 WADGPS（Wide Area DGPS）。

1) 模型化误差种类

广域差分 GPS 系统分离、模型化的误差主要有如下三种：

(a) 星历误差　导航电文提供的星历是一种外推星历，精度较低。广域差分 GPS 系统通过基准站对卫星的连续跟踪观测，可以测定卫星的精密轨道，由此推算出卫星精密星历，用于取代广播星历，减小星历误差影响。

(b) 大气延时误差（包括电离层和对流层延时）　根据基准站、监测站的观测数据，建立精确的区域大气模型，拟合出改正模型中的各个参数，用于精确地计算区域中不同用户站的大气延时改正数。

(c) 卫星钟差　导航电文提供的卫星钟差的误差在 ±30ns，等效伪距为 ±9m。广域差分 GPS 系统根据实测数据可以计算出各卫星钟各时刻的精确钟差。

2) 系统工作流程

(a) 在已知坐标的监测站、基准站上跟踪观测卫星，获取测码伪距、载波相位观测量和电离层延时的双频量测结果等观测数据；

(b) 将观测数据传输到数据处理中心；

(c) 数据处理中心在区域精密定轨基础上，计算出卫星星历误差改正、卫星钟差改正和电离层延时改正模型；

(d) 通过数据通讯链将误差改正参数传输到用户站；

(e) 用户站利用改正参数对观测数据等进行改正计算。

3) 广域 GPS 系统主要特点

(a) 用户站至基准站距离从 100km 增加到 2000km，定位精度不会明显下降；

(b) 基准站数量明显少于局域差分系统，投资减小，但硬件与通讯系统费用昂贵，软件技术复杂，运行与维持成本很高；

(c) 覆盖区域内定位精度均匀分布，覆盖范围可以扩充到局域差分系统不易到达区域，且在覆盖范围内精度高于局域差分系统精度。

## 5.4　整周未知数确定方法与周跳分析

通过测相伪距观测原理可以看出，测定卫星发射的载波相位到达接收机时与接收机参考相位之间的相位差 $\Phi_i^j(t)$，就可根据载波波长计算出卫星至接收机的测相伪距。由（4-53）式可知，当接收机在 $t_0$ 时刻跟踪、锁定卫星之后，$\Phi_i^j(t)$ 由初始历元 $t_0$ 的整周未知数 $N_i^j(t_0)$、初始历元 $t_0$ 至观测历元 $t$ 之间载波相位差变化量的整周数 $N_i^j(t-t_0)$ 和对应于观测历元 $t$ 的载波相位差中不足一周的小数部分 $\delta\varphi_i^j(t)$ 所组成。其中，不足一周的小数部分 $\delta\varphi_i^j(t)$ 可以直接由接收机测定。$N_i^j(t_0)$ 为初始整周未知常数，不能直接测定，需要通过其他方法确定。$N_i^j(t-t_0)$ 是接收机在初始历元 $t_0$ 跟踪、锁定卫星后，由接收机计数器连续跟踪并自动记录。实际观测中，如果卫星信号受到障碍物屏蔽或者外界因素干扰中断时，计数器将无法记录中断期间的整周变化量，这种整周数记录被中断的现象，称为整周跳变，简称周跳。由以上叙述可以看到，确定整周未知数和探测、修复周跳，是测相伪距观测的两项关键工作。

### 5.4.1 整周未知数确定方法

由于载波相位观测能够高精度定位，而整周未知数是载波相位观测的关键技术，因此，如何准确、快速确定整周未知数，一直受到 GPS 科研人员、应用部门和 GPS 接收机制造厂家的热门关注。整周未知数的静态求解方法主要有待定参数法、三差法和变换天线法、伪距法等，动态求解方法主要有模糊度函数法、最小二乘搜索法等，以下简要介绍其中部分经典并应用较多的方法。

**(1) 待定参数法**

待定参数法是将整周未知数作为参数，直接在观测方程或者误差方程中，与待定点坐标等未知数一并解算。(5-25)、(5-26) 式的站际单差观测方程与误差方程中的 $\Delta N_2^j(t_0)$ 和(5-40)、(5-41)式站际星际双差观测方程与误差方程中的 $\Delta N_{12}^{12}(t_0)$，它们都是整周未知数的线性组合，可以通过观测方程或误差方程解算其他未知数时同时解求出来。

整周未知数本身是整数，但由于与测站点空间坐标等其他实数未知数一并解算，其解算出来的整周未知数的值一般不是整数，而是一个带小数位的实数。根据卫星星历误差、大气折射误差等对不同长度基线的不同影响，使得整周未知数实数解的精度不同，整周未知数的值可以有以下两种取值方法：

1) 短基线（小于 20km）的整周未知数实数解具有较高精度，整周未知数的值，可以直接取与实数解最接近的整数（通常采用四舍五入法），或选实数解 3 倍中误差范围内的若干组整数，分别代入观测方程或误差方程重新计算，选出能使解向量满足最小二乘要求的一组整数。

2) 长基线（大于 20km）的整周未知数实数解精度下降，可直接取实数解作为整周未知数的值。

**(2) 三差法**

三差法是利用只含用户测站点空间坐标参数的三差观测方程与误差方程，得到用户测站点精确坐标解后，再将坐标代入到单差或者双差模型（观测方程或误差方程）中求解整周未知数的一种方法。(5-44)、(5-45) 式分别为站际星际历元间三差观测模型的观测方程与误差方程，只包含（$\delta x_2$，$\delta y_2$，$\delta z_2$）空间坐标参数，精确解算出坐标值后，可代入 (5-25)、(5-26) 式的站际单差观测方程与误差方程或 (5-40)、(5-41) 式站际星际双差观测方程与误差方程解算出整周未知数。

**(3) 交换天线法**

在待定点 $T_1$ 上安置天线 $A$，在 $T_1$ 附近（5~10m）选择一点 $T_2$ 安置天线 $B$，分别对卫星 $S^1$、$S^2$ 进行跟踪观测，可得对应于历元 $t_1$ 时刻，由 (5-22) 式表示的两个站际单差观测方程，对两个站际单差再次求差得到 (5-39) 式表示站际星际双差观测方程如下：

$$\Delta \varphi_{12}^{12}(t_1) = \frac{f}{c} \left[ \left( d_2^2(t_1) - d_1^2(t_1) \right) - \left( d_2^1(t_1) - d_1^1(t_1) \right) \right]$$

$$- \left[ \left( N_B^2(t_0) - N_A^2(t_0) \right) - \left( N_B^1(t_0) - N_A^1(t_0) \right) \right] \quad (5-64)$$

将天线 $A$、$B$ 位置交换，即天线 $A$ 移至 $T_2$，天线 $B$ 移至 $T_1$，继续观测相同卫星，可得对应于历元 $t_2$ 时刻的站际单差观测模型后，再次求差得到站际星际双差观测方程如下：

$$\Delta\varphi_{12}^{12}(t_2) = \frac{f}{c}\left[\left(d_2^2(t_2) - d_1^2(t_2)\right) - \left(d_2^1(t_2) - d_1^1(t_2)\right)\right]$$

$$- \left[\left(N_A^2(t_0) - N_B^2(t_0)\right) - \left(N_A^1(t_0) - N_B^1(t_0)\right)\right] \quad (5\text{-}65)$$

由于天线位置交换，(5-64) 和（5-65）两式整周未知数的位置也交换。将两式相加得：

$$\Delta\varphi_{12}^{12}(t_{12}) = \frac{f}{c}\Big[\left(d_2^2(t_1) - d_1^2(t_1)\right) - \left(d_2^1(t_1) - d_1^1(t_1)\right)$$

$$+ \left(d_2^2(t_2) - d_1^2(t_2)\right) - \left(d_2^1(t_2) - d_1^1(t_2)\right)\Big] \quad (5\text{-}66)$$

按照三差方程解算方法，可以由（5-66）式解算出待测点坐标未知数后，再代入单差方程，便可以求出整周未知数。由于 $T_1$、$T_2$ 之间的距离很短，卫星星历误差、大气折射误差影响基本可以抵消，交换天线法解算的空间坐标值和整周未知数的精度都非常高，并且观测时间短、操作简便，是相对定位和准动态定位确定整周未知数的常用方法。

**(4) 其他求解方法**

常用其他方法有最小二乘搜索法、模糊度函数法、快速确定整周未知数法、综合法等很多种方法，此处不再一一详细介绍。

### 5.4.2 周跳探测与修复

当接收机出现故障或 GPS 卫星信号意外中断，接收机整周计数器没能连续、完整记录整周变化量时，将导致观测量中存在周跳。周跳直接影响载波相位观测量的准确性与精确度。利用已经观测到信息搜寻、找出周跳，称为周跳探测；根据丢失的周跳数量修正载波相位观测量，称为周跳修复。对周跳进行探测与修复的常用方法有多项式拟合法、高次差法、屏幕扫描法、电离层残差法、伪距载波相位组合法等，下面仅以高次差法和多项式拟合法的组合为例，简要介绍周跳探测与修复的基本原理与过程，以便读者对周跳探测与修复的理解。

GPS 卫星在轨道上连续有规律地快速运动，反映卫星至测站之间距离的载波相位观测量（以周为单位）也应该相应地随卫星的运动连续有规律地变化。见表 5.1，设观测历元之间的时间间隔相同，则相邻历元两个载波相位观测量之差，称为一次差。如果设想卫星相对于测站做匀速直线运动，而且没有周跳与各种误差影响，则所有一次差应该为常数。实际上，卫星是绕椭圆轨道作开普勒变速运动，而且载波相位观测量中还包含有周跳以及各种误差，所以表 5-1 中的一次差不可能是常数。在没有周跳的情况下，一次差应该是缓和、有规律变化的。将相邻两个一次差再次求差，得到二次差，依此类推。一般来讲，在没有周跳的情况下，取 4～5 次差（简称为高次差）之后，距离变化时高次差应该接近于忽略不记的程度。

表 5-1 为没有周跳影响的情况，表 5-2 为受到周跳影响的情况。这种方法可以探测到比较大的周跳（大于 5 周）。对于较小周跳的探测与分析，可采用其他探测方法。

载波相位观测量及其差值　　　　　　　　　　　　　　　　表 5-1

| 历元 | $\Phi_i^j(t)$ | 1 次差 | 2 次差 | 3 次差 | 4 次差 |
|---|---|---|---|---|---|
| $t_1$ | 475833.2251 | | | | |
| | | 11608.7533 | | | |
| $t_2$ | 487441.9784 | | 399.8138 | | |
| | | 12008.5671 | | 2.5074 | |
| $t_3$ | 499450.5455 | | 402.3212 | | −0.5797 |
| | | 12410.8883 | | 1.9277 | |
| $t_4$ | 511861.4338 | | 404.2489 | | 0.9639 |
| | | 12815.1372 | | 2.8916 | |
| $t_5$ | 524676.5710 | | 407.1405 | | −0.2721 |
| | | 13222.2777 | | 2.6195 | |
| $t_6$ | 537898.8487 | | 409.7600 | | −0.4219 |
| | | 13632.0377 | | 2.1976 | |
| $t_7$ | 551530.8864 | | 411.9576 | | |
| | | 14043.9953 | | | |
| $t_8$ | 565574.8817 | | | | |

含有周跳影响的载波相位观测量及其差值　　　　　　　　　表 5-2

| 历元 | $\Phi_i^j(t)$ | 1 次差 | 2 次差 | 3 次差 | 4 次差 |
|---|---|---|---|---|---|
| $t_1$ | 475833.2251 | | | | |
| | | 11608.7533 | | | |
| $t_2$ | 487441.9784 | | 399.8138 | | |
| | | 12008.5671 | | 2.5074 | |
| $t_3$ | 499450.5455 | | 402.3212 | | 100.5797* |
| | | 12410.8883 | | −98.0723* | |
| $t_4$ | 511861.4338 | | 304.2489* | | 300.9639* |
| | | 12715.1372* | | 202.8916* | |
| $t_5$ | 524576.5710* | | 507.1405* | | 300.2721* |
| | | 13222.2777 | | −97.3805 | |
| $t_6$ | 537798.8487* | | 409.7600 | | 99.5781* |
| | | 13632.0377 | | 2.1976 | |
| $t_7$ | 551430.8864* | | 411.9576 | | |
| | | 14043.9953 | | | |
| $t_8$ | 565474.8817* | | | | |

\* 受周跳影响数据。

以上两表引自参考文献 [1]。

探测到某一历元出现周跳，可以根据该历元前后历元的观测量，利用高次插值公式外推该历元的正确整周值；或者根据相邻若干正确观测量，采用 $n$ 阶多项式拟合方法，推求正确整周数。

目前生产的 GPS 接收机，在失锁时具有自动报警功能，在数据处理软件中，可以通过计算机屏幕直接观测到周跳现象，自动化程度很高，一般不需人工干预就可自动完成周跳的探测与修复。

# 6 GPS定位测量

GPS的作用是确定空间目标的位置，空间目标可以是静止的地面固定点，也可以是运动体。确定地面固定点空间位置的工作，属于GPS定位测量；确定运动体的空间位置，属于GPS导航。GPS定位测量与GPS导航，其定位原理和观测方法基本相同，只是观测量、定位精度、观测过程与内容等方面的具体要求存在一定差异。

GPS定位测量根据用途与精度不同主要包括：控制测量，厘米至毫米级；工程勘测与放样，分米至厘米级；形变监测，毫米级，要求精度最高；GIS数据采集，米至分米级；资源调查，数十米至米级。这些GPS定位测量工作，概括起来包括技术设计、外业观测和数据处理等工作过程。本章以最基础的控制测量为例，介绍GPS定位测量的工作内容、方法和过程等。

## 6.1 GPS测量技术基础

### 6.1.1 GPS测量技术标准

**(1) GPS测量规范**

GPS测量一般执行国家技术标准，但不同行业，根据本行业的特点与要求，可以执行行业技术标准。目前我国的国家标准和行业标准有：

1) 2001年国家质量技术监督局发布的国家标准《全球定位系统（GPS）测量规范》（GB/T 18314—2001）（以下简称"国标《规范》"）。

2) 1997年国家建设部发布的行业标准《全球定位系统城市测量技术规程》（CJJ 73—97）（以下简称"建设行标《规程》"）。

3) 各部、委、局根据本部门或行业制定的其他GPS测量规范或细则等行业技术标准。

如果没加特别说明，本书所涉及的技术、参数、技术指标，均采用国家标准《规范》（GB/T 18314—2001）。

**(2) GPS测量等级及主要技术指标**

国标《规范》规定，GPS测量依次划分为AA、A、B、C、D、E共6个级别。建设行标《规程》规定，GPS测量依次划分为二、三、四、一级、二级共五个等级。

1) 各等级GPS测量的技术指标

不同等级的GPS测量，有不同的技术指标要求，表6-1、表6-2分别摘录了国标《规范》和建设行标《规程》规定的若干有代表意义的技术指标。

# 6 GPS 定位测量

国标《规范》GPS 测量精度分级与基本要求　　　表 6-1

| 级　　别 | | AA | A | B | C | D | E |
|---|---|---|---|---|---|---|---|
| 固定误差 $a$ | mm | ≤3 | ≤5 | ≤8 | ≤10 | ≤10 | ≤10 |
| 比例误差系数 $b$ | ppm·d | ≤0.01 | ≤0.1 | ≤1 | ≤5 | ≤10 | ≤20 |
| 相邻点间平均距离 $d$ | km | 1000 | 300 | 70 | 10～15 | 5～10 | 0.2～5 |
| 闭合环或附合路线边数 | | | ≤5 | ≤6 | ≤6 | ≤8 | ≤10 |

建设行标《规程》GPS 测量精度分级与基本要求　　　表 6-2

| 等　　级 | | 二等 | 三等 | 四等 | 一级 | 二级 |
|---|---|---|---|---|---|---|
| 固定误差 $a$ | mm | ≤10 | ≤10 | ≤10 | ≤10 | ≤15 |
| 比例误差系数 $b$ | ppm·d | ≤2 | ≤5 | ≤10 | ≤10 | ≤20 |
| 平均距离 $d$ | km | 9 | 5 | 2 | 1 | <1 |
| 最弱边相对中误差 | | 1/120000 | 1/80000 | 1/45000 | 1/20000 | 1/10000 |

注：当边长小于 200m 时，以边长中误差小于 20mm 来衡量。

表 6-1 和表 6-2 中：$a$ 为 GPS 接收机标称精度中固定误差（mm）；$b$ 为 GPS 接收机标称精度中的比例误差系数（ppm·d）；$d$ 为 GPS 网中相邻点间的距离（km）。

各等级 GPS 相邻点间弦长精度（中误差）$\sigma$ 用下式表示

$$\sigma = \sqrt{a^2 + (bd)^2} \tag{6-1}$$

2）国标《规范》规定的各级 GPS 测量用途

（a）AA 级：主要用于全球性的地球动力学研究、地壳形变测量和卫星的精密定轨；

（b）A 级：主要用于区域性的地球动力学研究、地壳形变测量；

（c）B 级：主要用于局部形变监测和各种精密工程测量；

（d）C 级：主要用大、中城市和工程测量的基本控制网；

（e）D、E 级：主要用于中小城市、城镇和地形图测绘、地籍、土地信息、房产、物探、路桥勘测与施工、资源勘探、建筑施工等的控制测量；

AA 级、A 级可作为建立地心参考框架的基础；AA 级、A 级、B 级可作为建立国家空间大地控制网的基础。

## 6.1.2　GPS 测量控制网

测定控制点的空间位置，控制点之间应该构成满足某些几何条件的网络图形。为了有效消除或者削弱各种误差对观测成果的影响，GPS 测量控制网还应满足一些特定的条件。

**(1) GPS 网图形构成的几个基本概念**

1）观测时段：测站上开始接收卫星信号到停止接收，连续观测的时间段，简称时段。

2）同步观测：两台或两台以上接收机同时对同一组卫星进行的观测。

3）基线向量：对同步观测所采集的数据进行处理，所获得的同步观测测站间的坐标差。

4）同步观测环：三台或三台以上接收机同步观测所获得的基线向量构成的闭

合环，简称同步环。

5）独立观测环：由独立观测所获得的基线向量构成的闭合环，简称独立环。

6）异步观测环：基线向量中包含有非同步观测基线向量的多边形环路，简称异步环。

7）独立基线：由相互函数独立的差分观测值所确定出的基线向量。当某一时段有 $N$ 台接收机进行同步观测时，可得到 $N$-1 条独立基线。

8）非独立基线：除独立基线外的其他基线。数量上为总基线数与独立基线数之差。

**(2) GPS 网特征条件计算**

设观测时段数为 $C$，按照 R.A sany 提出的计算公式如下：

$$C = n \cdot m / N \tag{6-2}$$

式中　$n$——网点数；

　　　$m$——每点设站次数；

　　　$N$——接收机数。

以（6-2）式为基础，在 GPS 网中，存在如下关系式：

总基线数：　　　　$J_总 = C \cdot N \cdot (N - 1)/2$ 　　　　(6-3)

必要基线数：　　　$J_必 = n - 1$ 　　　　(6-4)

独立基线数：　　　$J_独 = C \cdot (N - 1)$ 　　　　(6-5)

多余基线数：　　　$J_余 = C \cdot (N - 1) - (n - 1)$ 　　　　(6-6)

依据上述计算公式，可以确定一个 GPS 网图形结构的主要特征。

**(3) GPS 网同步图形构成与独立基线选择**

根据（6-3）式，由 $N$ 台 GPS 接收机构成的同步图形中的一个时段所包含的基线数为：

$$J_总 = N \cdot (N - 1)/2 \tag{6-7}$$

图 6-1 是接收机数 $N = 2$，3，4，5 时所构成的同步图形。当 $N = 2$，3 时，各只有一种图形，图 6-1（a）、（b）；$N \geq 4$ 时，将有两种或多种图形结构，图 6-1（c）、（d）。在图 6-1 中的每种图形，各有 $N - 1$ 条基线为独立基线，其他为非独立基线。除 $N = 2$ 时独立基线只有一种选择外，其他每种图形中的独立基线可以有两种至多种选择。例如，图 6-1（d）的第三个图形有很多种选择，图 6-2 的图形为 $N = 5$ 时的四种独立基线的选择，还可以有其他选择。

**(4) GPS 控制网图形**

GPS 控制网与常规测量控制网一样，通过建立某种几何图形关系来消除粗差、削弱误差影响、提高定位精度、推算点的空间位置。GPS 网也有自己的特点，如，GPS 测量控制网的图形形状限制较少，不要求点与点之间相互通视，但要求天空方向没有遮挡，重点强调同步观测。为了便于其他方式测量，一般要求 GPS 测量点至少与一个控制点通视。

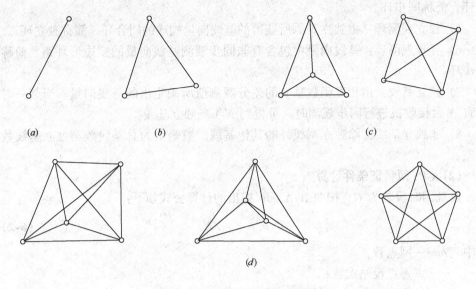

图 6-1　$N$ 台接收机同步观测图形
($a$) $N=2$；($b$) $N=3$；($c$) $N=4$；($d$) $N=5$

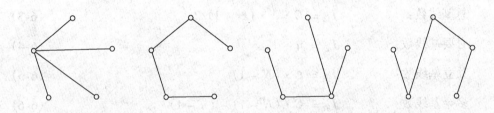

图 6-2　$N=5$ 时 GPS 独立基线的不同选择

GPS 控制网是以同步图形作为基础进行扩展的网状图形。根据不同用途和区域形状，有多种布网图形。图 6-3 中的星形连接、点连式、边连式、边点混连式、导线网连接、三角锁连接和没有绘出布设图形的网连式为常见布设图形，图中阴影线部分为没有构成观测环路部分。($a$)~($e$) 五种图形是具有 13 个相同 GPS 控制点的不同布设形式。

1) 图 6-3 ($a$) 为星形连接，是一种最简单的连接方式，也是一种快速定位方式，只需 2 台接收机便可进行定位测量。由于连接方式中没有同步闭合环路，抗粗差能力极差。这种连接方式一般用于较低精度测量。

2) 图 6-3 ($b$) 为点连式，是一种由同步环组成，但相邻同步环之间仅有一个公共点连接的图形。此连接方式比较简单，观测量小。整个环路没有构成闭合形式，图形强度较弱。

3) 图 6-3 ($c$) 为边连式，是一种由同步环组成，相邻同步环之间由一条公共边连接的图形（阴影区域没有构图观测，下同）。几何图形强度与可靠性优于点连式，但观测量大。

4) 图 6-3 ($d$) 为边点混连式，是点连式与边连式的组合布设形式。这种图形既保障了一定的几何图形强度，也降低观测量，是比较理想的布设方式。

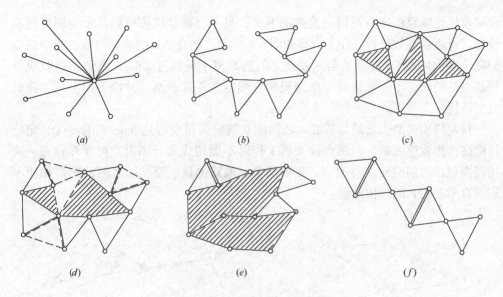

图 6-3 GPS 控制网布设图形
(a) 星形连接；(b) 点连式；(c) 边连式；(d) 边点混连式；(e) 导线网连接；(f) 三角锁连接

5) 图 6-3 (e) 为导线网连接，是将同步图形布设成直伸状，形如导线结构的 GPS 网，各独立边组成封闭形状，适用于精度较低的 GPS 布网。

6) 图 6-3 (f) 为三角锁连接，是由点连式与边连式组合连续发展的三角锁连接布设图形，适用于铁路、公路、管线勘察等狭长地区的 GPS 布网。

7) 网连式是相邻同步图形间有两个以上的公共点连接，需 4 台以上接收机。网的几何强度与可靠性相当高，但所花经费与观测量大，一般用于高精度控制测量。

### 6.1.3 GPS 测量作业模式

确定两点基线向量的观测方案，通常称为 GPS 测量作业模式。根据所使用的接收机的硬件、软件的功能和 GPS 测量用途不同，GPS 测量有多种作业模式。目前普遍使用的相对定位作业模式有静态定位模式（经典定位、快速定位）、动态定位模式（准动态定位和动态定位）和实时动态定位模式三类。

**(1) 静态定位模式**

静态定位模式包括经典静态定位模式和快速静态定位模式两种。

1) 经典静态定位模式

经典静态定位模式使用两台或两台以上接收机，分别安置在一条或数条基线的两个端点，同步观测 4 颗或 4 颗以上的卫星，每个时段观测 45 分钟至 2 小时，要求精度很高时需要观测更长时间。所有已观测的基线应组成闭合图形，以便观测成果检核和提高成果可靠度。作业方案如图 6-4 所示。

该定位模式的基线定位精度可达 $5mm + 1ppm \cdot D$，D 为基线长度（km）（下同）。适用于建立全球性或国家级的大地控制网、地壳运动监测网、岛屿与大陆联测、精密工程控制网等。

2) 快速静态定位模式

快速静态定位模式使用两台接收机。在测区中部选择一个基准站上，安置一台接收机连续跟踪所有可以观测到的卫星；另一台接收机依次到各个控制点流动设站，每点观测数分钟，作业方案如图6-5所示。在流动站的观测时段，至少应有5颗卫星可供观测。基准站与流动站之间的距离不应超过20km。流动站接收机在转移测站期间，不需要保持对所测卫星的锁定与跟踪观测，并可关闭电源，降低电能消耗。

该定位模式的流动站与基准站之间的基线定位精度可达 $5mm + 1ppm \cdot D$，定位精度高，作业速度快。但两台接收机工作时不能构成闭合图形，可靠性较差。应用范围包括控制网建立与加密、工程测量、地籍测量、流动站之间的距离相距不远（百米左右）的定位测量。

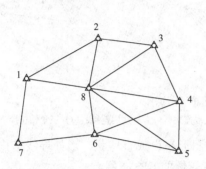
图6-4 经典静态定位模式

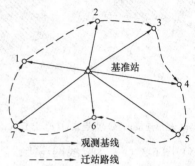
图6-5 快速静态定位模式

**(2) 动态定位模式**

动态定位模式包括准动态定位模式和动态定位模式两种。

1) 准动态定位模式

准动态定位模式使用两台接收机，作业方案如图6-6所示。在测区中部选择一个基准站上，安置一台接收机连续跟踪所有可以观测到的卫星；另一台流动接收机先在1号站观测数分钟，然后，在保持对所测卫星连续跟踪而不失锁的情况下，分别依次在2、3……，各流动站点观测数秒钟。在观测时段上，至少应有5颗卫星可供观测。基准站与流动站之间的距离不应超过20km。流动站接收机在观测或转移测站过程中不能失锁，否则在失锁的流动站延长观测时间1~2min。

该定位模式的基线中误差约为1~2cm。适用于开阔地区的加密控制测量、碎部测量、道路或管线的中线勘测与施工等。

2) 动态定位模式

动态定位模式使用两台接收机，作业方案如图6-7所示。在工作区中部建立一个基准站上，安置一台接收机连续跟踪所有可以观测到的卫星；另一台接收机安置在流动载体上，先在出发点静态观测数分钟，然后，在保持对所测卫星连续跟踪而不失锁的情况下连续运动，并按规定时间间隔自动采样观测，获取运动载体的实时位置。须同步观测5颗卫星，且至少连续跟踪4颗卫星。基准站与流动站之间的距离不应超过20km。

该定位模式的流动载体相对于基准站的点位定位精度可达1~2cm。适用于精密测定运动目标的轨迹、道路或管线的中线勘测、施工和现状测定，航道测定等。

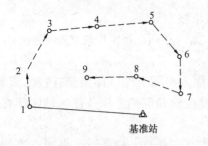
图 6-6 准动态定位模式

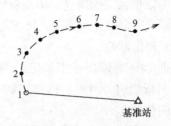
图 6-7 动态定位模式

**(3) 实时动态定位模式**

上述经典静态定位、快速静态定位、准动态定位和动态定位等定位作业模式都属于相对定位，数据处理与测站位置的计算、确定，都必须利用基准站的观测数据。如果不能及时将基准站数据实时传输到基线另一端的测站（流动站），其数据处理和点位信息只能在事后进行与获得。这不仅不能满足一些需要实时获取定位坐标的需求，也无法在观测现场及时发现错误和检核观测成果是否符合精度要求。近年广泛应用的实时动态观测技术克服了这些不足。

实时动态（Real Time Kinematic，简称 RTK）定位测量技术，是以载波相位观测量为基础的差分 GPS 测量技术。该技术的指导思想是：在基准站上安置一台接收机，对所有可见卫星进行连续跟踪观测，并通过 GPS 本身的无线电通讯设备将观测数据实时发送给用户（流动）测站。用户站上的接收机在观测卫星的同时，通过无线电通讯设备接收基准站发送来的观测数据，并按相对定位方法实时计算、输出用户站的空间位置及其精度等信息。

目前，根据不同用途，实时动态测量模式主要有实时快速静态定位、实时准动态定位和实时动态定位等几种作业模式。在基准站与用户站距离不超过 20km 的范围内，这些模式得到了很好的应用效果。

## 6.2 GPS 测量技术设计

GPS 测量的技术设计包括技术资料准备、控制网及其精度设计、观测方案设计和设计任务书编制。

### 6.2.1 技术资料准备

技术资料包括 GPS 测量所依据的项目与技术文件、测区现状、已知数据与资料等。

**(1) 项目文件与技术标准**

项目文件指 GPS 测量项目的任务书（或者已经签定的测量合同），一般包含有项目的用途与作用。在任务书中，通常指令性规定了测区的范围、GPS 测量应该达到的精度、控制点的密度、完成任务的时间和经济指标等。GPS 测量项目的技术设计，必须保证满足任务书的实际要求。

技术标准主要指所确定执行的规范、规则、细则等技术标准。一般执行国家标准，下达任务方有明确要求时，可以执行指定的行业标准。对某些项目特殊情况，也可以根据工程用途，协商具体补充的若干技术规定。

项目文件和技术标准是 GPS 测量的技术依据，必须在技术设计之前获得。

**(2) 测区踏勘**

根据 GPS 测量任务书确定的测区范围，深入实际工作区详细调查技术资料、对 GPS 测量影响的因素、待定控制点点位布设位置和现场工作条件，具体调查内容与目的包括：

1）已有测量控制点及其分布情况：GPS 点、三角点、导线点、水准点等的等级、数量、分布和标志的保存现状，采用的坐标系统和高程系统等；用于确定坐标系统、高程系统和起算数据、检核成果质量。

2）植被、水系分布情况：江河、湖泊、水渠、森林、草原、农作物等，用于布点时减少信号屏蔽、避免信号反射导致的多路径效应等。

3）测区地形状况：观察地物分布、地貌状况，用于确定待定控制点点位布设。

4）居民区分布和交通情况：测区城镇、乡村居民点的分布，食宿与供电；公路、铁路、乡村道路的分布、通行车辆与人员状况等，用于确定观测方案和后勤保障。

5）当地风俗民情：民族的分布、习俗、习惯、地方方言和社会治安状况等。

**(3) 资料收集**

根据 GPS 测量的特点和测区的具体情况，应该收集的资料包括：

1）各种比例尺地形图、影像图、大地水准面起伏图和交通图。

2）控制点的成果，包括坐标、高程数据以及点之记等。

3）测区地质、气象、通讯、交通等资料。

4）城市、乡村行政区划资料。

### 6.2.2 控制网及其精度设计

建立国家、区域、城市或工程项目的 GPS 控制网，是一项重要的基础性工作，控制网的技术设计，是 GPS 测量的第一个环节，是保证 GPS 测量成果质量可靠，保障 GPS 控制网能够满足项目经济建设需要的关键性工作。

GPS 控制网的技术设计包括：参考系统与基准设计、控制网精度与控制点密度设计、控制网的等级与图形设计等内容。

**(1) 参考系统与基准设计**

1）参考系统选择

卫星星历（卫星空间位置）和 GPS 观测所获得的基线向量，一般以 WGS-84 空间直角坐标系统为参考基准，GPS 测量项目的空间位置基准可能是国家大地坐标系（1954 年北京坐标系或 1980 年国家大地坐标系）、地方坐标系、高斯平面坐标系、独立平面坐标系等，GPS 技术设计中，应该选择确定满足使用者方便的参考系统。

2）基准确定

所谓基准，指的是 GPS 控制网的位置基准、方位基准和尺度基准。换言之，就是要确定至少一个点的坐标，一条直线的方向和一条直线的长度。

当测区有旧的测量控制点时，既要考虑旧有资料，尽量保持与原有坐标系统的基准一致，又要使新建高精度 GPS 控制测量成果不受旧成果的影响降低精度。

进行基准设计时，可以考虑选择测区或者周边距离不远地区某高精度的已知坐标点作为位置基准（坐标起算点），并选择多个已知点进行联测，确保起算点坐标的正确性。选择一条已知方位角，或者可根据两端已知坐标反算出方位角的直线作为方位基准。选择一条已知长度、或者可根据两端已知坐标反算长度、或者直接用光电测距仪测定的长度作为尺度基准。

**(2) 控制网精度与控制点密度设计**

1）控制网精度

控制网的精度是衡量坐标参数值受到各种误差影响程度的重要指标。可以在 GPS 测量的技术设计阶段，根据控制网布设的几何图形、GPS 测量规范规程规定的技术参数等，按照偶然误差传播定律和相应的数学模型进行估算，分析网中各点坐标预期能够达到的精度。

控制网的精度包括点位精度、角度精度和距离精度三个基本指标，其中距离精度包括平均距离精度和最弱边的精度。所依据的分析模型一般是解算坐标的方差矩阵（协方差阵），也可以用误差椭圆描述点的精度状况，用标准差描述距离、角度或方位误差。

2）控制点密度

GPS 控制点的密度，根据技术标准、等级和用途不同，有不同的要求。根据项目任务书确定的技术标准，确定点的密度。衡量控制点密度的指标主要有三个：平均距离、最大距离和最小距离。表 6-1 国标《规范》和表 6-2 建设行标《规程》都规定了平均距离。在实际 GPS 测量项目中，还需要根据地物的密集程度、地貌的起伏、植被的覆盖等因素，结合具体用途，对控制点的规定进行增加与减少的设计。

**(3) 控制网等级与图形设计**

1）控制网等级

GPS 控制网的等级根据测区的范围、工程项目的性质与要求，兼顾目前使用与长远发展，遵循由高级到低级的布网原则进行设计，选择最适合的首级控制网，再逐级加密发展。

2）图形设计

控制网图形设计以满足用户用途与要求为前提，重点考虑图形的强度和检核 GPS 测量数据的质量，兼顾接收机的功能、数量和经费、时间、人力以及交通等因素。其图形的基本布设形式参见图 6-3。设计的 GPS 网一般应由独立观测边构成三角形、多边形、导线形式的闭合图形，构成检核条件，提高控制网的抗粗差能力，并提高成果的精度；网中应有 3 个以上的点与地面已知坐标点重合，便于可靠地确定 GPS 网与原有地面控制网之间的转换参数。为了常规测量方法利用 GPS 控制点，每个 GPS 点应与某一个点相互通视。如果需要利用 GPS 确定地面点的高程，需有 GPS 控制点与水准点重合或进行联测，并有部分没有联测的点采用水准测量等方法测定高程，建立大地水准面模型，供其他 GPS 点确定高程。

### 6.2.3 观测方案设计

GPS 测量的观测方案，指的是外业观测的实施计划与安排。包括观测时段选择、作业区域划分、编排作业调度表等内容。

**(1) 观测时段选择**

测站点上可观测卫星的数量和卫星与测站构成的空间几何图形，对 GPS 的定位精度具有重要影响。在满足卫星高度角 ≥15° 的条件下，不同观测时段，测站上空可观测卫星数量，卫星与测站所构成的几何图形及其对定位产生影响的空间位置精度因子 PDOP 是变化的。根据测站概略坐标、观测日期和时间，可通过卫星星历文件，编制卫星可见性预报图表。根据该预报图表，一般选择卫星数量大于 4 颗，PDOP<6 的时段为理想观测时段。

**(2) 作业区域划分**

对于规模、范围较大，GPS 控制点较多的测区，当接收机数量有限、交通与通讯不便时，可将测区划分成若干区分别进行观测。为了保障整个区域的整体性和提高观测成果的精度，相邻分区之间应该设置不少于 3 个公共观测点。

**(3) 编排作业调度表**

为了提高观测的工作效率，应根据控制网图形、卫星可见性预报图表、测区地形、交通状况、仪器数量等因素，编制作业调度表。作业调度表的内容包括观测时段、观测时间、测站编号、控制点名称、接收机编号等，见表 6-3。

GPS 作业调度表　　　　　　　　表 6-3

| 时段编号 | 观测时间 | 测站号/名<br>接收机号 | 测站号/名<br>接收机号 | 测站号/名<br>接收机号 | 测站号/名<br>接收机号 | 测站号/名<br>接收机号 | 测站号/名<br>接收机号 |
|---|---|---|---|---|---|---|---|
| 1 |  |  |  |  |  |  |  |
| 2 |  |  |  |  |  |  |  |
| 3 |  |  |  |  |  |  |  |

#### 6.2.4　设计任务书编制

根据上述技术设计，编制设计任务书。设计任务书内容包括：任务来源、测区概况、控制网布设方案、选点与埋石、观测方案、外业施测、数据处理以及完成任务的具体措施等。

## 6.3　GPS 测量实施

在 GPS 技术设计完成后，即可开始外业测量。根据阶段不同，外业实施过程大致分为选点与标志埋设、外业观测、数据处理与成果检核、技术总结与资料上交四个阶段。

#### 6.3.1　选点与标志埋设

根据设计阶段的现场踏勘、资料收集和控制网图形设计，GPS 测量控制点的位置已经初步确定。外业期间应该根据测区的地形等情况确定控制点具体位置，并埋设标志。

**(1) 选点**

GPS 控制点之间不要求必须相互通视，控制网的图形比较灵活，这是 GPS 控制测量的特点。为了有效、顺利完成测量任务、保障测量成果的可靠性和达到技术设计要求的精度，在 GPS 测量选点中需要遵循以下原则：

1）为了避免电磁场对 GPS 卫星信号的干扰，点位应远离电视台、微波站等大功率无线电发射源，其距离不小于 200m；远离高压输电线路，其距离不小于 50m。

2）为了避免物体反射引起的多路径效应影响，点位附近不应该有大面积的水面，也不亦选在半山坡和反射强烈的建筑体附近。

3）为了避免 GPS 信号被屏蔽、遮挡或者吸收，点位周围高度角大于 15°的上空不应有成片的建筑物或其他障碍物。

4）为了便于观测和点位的保存，点位应选在地表层基础稳定、交通便利的地方。

5）为了其他测量手段利用 GPS 控制点确定观测方向，每个点至少应与一个 GPS 点或其他控制点相互通视。

6）所选定的控制网点应有利于同步观测边、点联结；如果所选点需要进行水准联测时，应考虑水准测量线路的施测。

**(2) 埋石**

在选定的 GPS 控制点位置埋设具有中心标志的永久性标石，用以精确标志点位。点的标石应埋设稳定，标志坚固、不易损坏，以利于长久保存和使用。在基岩露头位置，可以直接在基岩上嵌入金属标志。

标石、标志埋设完成后，应按照国标《规范》要求填写、绘制"GPS 点之记"，并提交以下资料：

1）GPS 点之记；

2）GPS 控制网点位分布图；

3）土地占用批准文件和测量标志委托保管书；

4）选点与埋石工作的技术总结。

GPS 控制点的名称一般取单位名称、村名、山名等地名，利用旧点时不亦更改原来的名称，点的编号应有利于计算机输入、查询和管理。

### 6.3.2 外业观测

外业观测，是 GPS 测量中的重要环节。观测之前，通常需要对 GPS 接收机进行检验、检测，电源充电等准备工作，确保设备在现场正常工作。

外业观测应该按照国标《规范》或行业标准的技术要求进行。具体外业工作包括天线安置、开机观测和观测记录等基本内容和步骤。

**(1) 外业观测技术指标**

城市与工程项目建设的外业观测基本技术指标，一般按表 6-4 的建设行业《规程》的规定执行。

GPS 测量各等级的点位几何图形强度因子 PDOP 值应小于 6。

GPS 测量作业基本技术要求    表 6-4

| 项目 | 观测方法 等级 | 二等 | 三等 | 四等 | 一级 | 二级 |
|---|---|---|---|---|---|---|
| 卫星高度角（°） | 静态 快速静态 | ≥15 | ≥15 | ≥15 | ≥15 | ≥15 |
| 有效观测卫星数 | 静态 | ≥4 | ≥4 | ≥4 | ≥4 | ≥4 |
|  | 快速静态 |  | ≥5 | ≥5 | ≥5 | ≥5 |
| 平均重复设站数 | 静态 | ≥2 | ≥2 | ≥1.6 | ≥1.6 | ≥1.6 |
|  | 快速静态 |  | ≥2 | ≥1.6 | ≥1.6 | ≥1.6 |
| 时段长度（min） | 静态 | ≥90 | ≥60 | ≥45 | ≥45 | ≥45 |
|  | 快速静态 |  | ≥20 | ≥15 | ≥15 | ≥15 |
| 数据采样间隔（s） | 静态 快速静态 | 10~60 | 10~60 | 10~60 | 10~60 | 10~60 |

**(2) 天线安置**

1) 在常规点位上观测时，将天线直接安置在三脚架上，天线高度需离地面 1m 以上；利用接收机天线上的光学对中器进行对中，对中误差不应大于 3mm；用天线或基座上的圆水准器进行整平；为了减弱天线相位中心的偏差，调整天线方向使定向标志指向正北方向，根据不同等级的精度要求不同，定向偏差一般不应超过 ±3°~5°。

2) 在具有觇标等遮挡物的特殊点位上观测时，如果将天线安置在觇标观测台上观测，需先将遮挡 GPS 卫星信号的觇标顶部拆除后再安置天线进行观测；如果觇标顶部不能拆除时，则应在地面选择不受觇标遮挡一点安置天线进行偏心观测，避免信号被遮挡中断影响观测质量。采用偏心方法安置天线时，应用解析法测定归心元素。

3) 天线安置好后，在天线圆盘间隔 120°的三个方向上分别量取天线高度，三次量取结果之差不应超过 3mm，取三次结果的平均值记入手簿，精确到 0.001m；核查点名并将点名记入手簿。

4) 为避免大风刮倒天线，应将天线与地面固定物体在三个方向上用绳固定；遇雷雨天气安置天线时，须将底盘接地，避免雷击天线。

**(3) 观测**

观测的目的是捕获、跟踪 GPS 卫星；获取 GPS 发射的信号，包括测距码、载波和导航电文等定位信息；测定观测站有关数据。

1) 开机观测 天线安置完成后，接通天线与接收机电源的连接电缆，并确认各项连接无误；开机、预热、静置，具体要求详见接收机随机文档；开启接收机，接收机自检，按照提示输入对应数据。各项测试正常后，开始观测。跟踪卫星与观测的过程，由接收机自动进行，观测员只需按照接收机操作手册规定的方法作简单输入和查询。

2) 对接收机可进行的操作 接收机开始记录数据后，观测员可以进行的操作包括：使用功能键和选择菜单，查看测站信息、被接收卫星的数量、各卫星星号、健康状况信息、各通道信噪比、相位测量残差、实时定位的结果及其变化、存储介质记录和电源情况等，发现异常情况时，应作好记录和处理。

3) 对接收机不可进行的操作　一时段观测过程中不允许进行的操作包括：关闭接收机后又重新启动；进行自测试；改变卫星高度的限制值；改变数据采样间隔；改变天线平面位置或高度；按动关闭文件或删除文件等功能键。

4) 记录实时观测信息　每个时段观测开始和结束前各记录一次观测卫星号、实时定位经纬度和大地高、PDOP 值等。

5) 测定气象元素　每个时段观测开始和结束前记录一次天气状况。高等级 GPS 测量需要记录气象元素时，每时段气象观测应不少于 2 次，1 次在时段开始、1 次在时段结束，气象观测的干湿表等应安置在与天线大致同高位置。

6) 量取天线高度　除架好仪器之初量取天线高外，每个时段观测前、后还需量取天线高 1 次，2 次量高之差不大于 3mm 时，取其平均值并记录。

7) 观测中应该注意的事项

(a) 观测员应细心操作，观测期间要防止接收设备震动，防止人员、物体碰动天线或靠近天线，以免遮挡信号；

(b) 观测期间，不能在天线附近 50m 内使用电台，10m 内使用对讲机，防止 GPS 信号受到干扰；

(c) 车辆应该停靠在离天线 20m 以上的地方，避免车身反射信号到天线；

(d) 天气太冷时，接收机须适当保暖，天气炎热时，应采取遮阳措施，雷雨时应注意天线接地或停止观测。

8) 认真检查所规定的作业项目是否全部按照规定的技术要求完成，观测记录数据与资料是否完整。完成测站上的全部任务并符合要求时，关机迁站。

**(4) 记录**

在外业中观测的所有数据，需要以一定的方式记录并妥善保存。根据记录方式不同主要有观测记录和记录手簿。

1) 观测记录

观测记录由 GPS 接收机自动完成，所有数据直接记录在存储介质（硬盘、存储卡等）上，记录的内容包括：

(a) 载波相位观测值、C/A 码伪距、P（Y）码伪距等；

(b) 对应于观测值的 GPS 时间；

(c) GPS 卫星星历参数、卫星钟差参数等；

(d) 测站控制基本信息和接收机初始信息、工作状态信息等。

2) 记录手簿

测量手簿由观测员在测站上根据要求填写，不同等级有不同的要求和内容，国标《规范》与建设行标《规程》之间也存在一定差异。具体观测手簿，参见有关技术文件。

由接收机自动观测、存储的电子文件，必须及时备份，贴上测站、观测日期等内容的标签和文件编号。所有观测数据不得进行任何剔除、删改或重组等。

### 6.3.3　数据处理与成果检核

数据处理与成果检核，包括数据预处理、基线向量解算、观测成果外业检核、外业返工、控制网平差计算等内容。其中数据预处理、基线向量解算、控制网平差计算等属于室内数据处理,将在 6.4 节中详细介绍。这里只简要介绍数据处理各项目的内容和详细介绍观测成果外业检核、外业返工。

**(1) 数据预处理与基线向量解算**

1) 数据预处理内容:数据传输与分流、卫星轨道方程标准化、卫星钟差标准化、周跳探测与修复、大气(电离层与对流层)改正、数据标准化。

2) 基线解算内容:基线解算起算点选择、基线解算、精度评定。

**(2) 外业观测成果检核**

经过对外业观测资料的复查、数据预处理,并根据解算的基线向量,可以检核外业观测成果是否符合规范、规程以及一些实施细则的技术要求。具体检核内容包括:

1) 数据剔除率检查 数据分流时剔除的无效观测值个数与应观测值的个数之比值,称为数据剔除率。同一时段观测值的数据剔除率应该满足技术规定($<10\%$)。

2) 重复观测边的检核 同一基线独立观测多个时段所得到的多个边长,称为重复观测边。重复观测边长度互差应小于相应等级规定精度的 $2\sqrt{2}$ 倍。

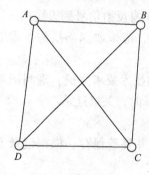

图 6-8 同步闭合环

3) 同步观测环检核 多台接收机观测所得同步环的坐标闭合差理论上等于零,但由于观测数据质量、计算模型、软件不完善性等因素,使得同步环坐标闭合差不等于零。

3 个测站只有一个同步环,4 个及 4 个以上测站将产生大量同步环,如 4 个测站可能产生 7 个同步环,如图 6-8 中,AB-BC-CA,AC-CD-DA,AB-BD-DA,BC-CA-AB,AB-BC-CD-DA,AB-BD-DC-CA,AD-DB-BC-CA。

同步闭合环各分量闭合差 $w_x$,$w_y$,$w_z$ 和环闭合差 $w$ 应符合下式规定限差:

$$\left. \begin{array}{l} w_x \leqslant \dfrac{\sqrt{n}}{5}\sigma, \quad w_y \leqslant \dfrac{\sqrt{n}}{5}\sigma, \quad w_z \leqslant \dfrac{\sqrt{n}}{5}\sigma \\ w = \sqrt{w_x^2 + w_y^2 + w_z^2} \leqslant \dfrac{\sqrt{3n}}{5} \end{array} \right\} \quad (6\text{-}8)$$

式中 $n$——测站数;

$\sigma$——相应等级规定中误差。

4) 异步观测环检核 无论采用单基线或多基线模式解算基线,都应该在整个 GPS 网中选取一组完全独立的基线构成独立环,各独立环的坐标分量闭合差和全长闭合差应满足下式要求:

$$\left. \begin{array}{l} w_x \leqslant 2\sqrt{n}\sigma, w_y \leqslant 2\sqrt{n}\sigma, w_z \leqslant 2\sqrt{n}\sigma \\ w \leqslant 2\sqrt{3n}\sigma \end{array} \right\} \quad (6\text{-}9)$$

以上成果检核超过规定限差时,应仔细检查分析,需要重测时,应现场返工。

**(3) 外业返工**

对经认真复核并确认已超过限差要求的基线，应进行外业返工。

1) 未按施测方案要求，外业缺测、漏测，观测数据不能满足表6-4规定时，有关成果应进行补测。

2) 一个控制点不能与两条合格独立基线相连接时，需在该点上补测或重测至有两条或两条以上的基线合格。

3) 允许舍弃在复测边长的较差、同步环闭合差、独立环或附合路线闭合差检验中超限的基线，而不必进行该基线或与该基线有关的同步图形的重测，但必须保证舍弃基线后的独立环所含基线数，不得少于技术要求规定的最少边数，否则，应重测该基线有关的同步图形。

4) 由于点位不满足GPS测量要求而造成一站或多站重测仍然不能满足各种限差要求时，可以布设新点重测或舍弃该点。

**(4) 控制网平差计算**

控制网平差采用有关软件进行。在各项外业成果满足限差要求后，以一个点GPS测定的坐标作为起算点，以三维基线向量、相应方差协方差阵作为观测信息，在WGS-84坐标系下作无约束平差，无约束平差中基线向量改正数绝对值应满足下式要求：

$$dv_{\Delta x} \leq 2\sigma, dv_{\Delta y} \leq 2\sigma, dv_{\Delta z} \leq 2\sigma \tag{6-10}$$

式中 $\sigma$——相应等级基线的精度。

在无约束平差确定的有效观测值基础上，在国家坐标系或独立坐标系下进行三维约束平差或二维约束平差，约束点的已知坐标、距离或方位角，可作为强制约束的固定值，也可作为加权观测值。约束平差后的基线向量改正数，与剔除粗差后的无约束平差后的基线向量改正数之差应符合下式要求：

$$dv_{\Delta x} \leq 2\sigma, dv_{\Delta y} \leq 2\sigma, dv_{\Delta z} \leq 2\sigma \tag{6-11}$$

式中 $\sigma$——相应等级基线的精度。

当不能满足（6-11）式要求时，可认为作为约束的已知坐标、距离或方位角与GPS网不兼容，应采取软件提供的或人为的方法剔除某些误差大的约束值，直到符合上式要求。

### 6.3.4 技术总结与资料上交

**(1) 技术总结**

技术总结内容包括：

1) 测区范围、位置，自然、地理条件与特点，交通、通讯、电源等情况；

2) 任务来源、项目名称、施测目的和基本技术要求，施测单位、起止时间、作业人员；

3) 接收设备类型、数量、检验情况；

4) 点位环境评价、埋石、重合点情况；

5) 观测方法要点、补测、重测情况和外业作业发生与存在问题的说明，观测数据质量与野外数据检核情况；

6) 数据处理方案、使用的软件、所采用的星历、起算数据、坐标系统以及无约束平差和约束平差情况；

7) 误差检验与平差结果的精度估计情况；
8) 其他需要说明的问题；
9) 综合附表与附图等。

**(2) 上交资料**

上交资料包括：

1) 测量任务书与技术设计书；
2) 选点资料、点之记、环视图、测量标志委托看管书；
3) 接收设备、气象设备和其他仪器检验、检测资料；
4) 外业观测、记录手簿和其他记录资料；
5) 数据处理中生成的文件、资料和成果表，GPS 网点图；
6) 技术总结和成果验收报告。

## 6.4 GPS 测量数据处理

GPS 测量数据处理主要包括数据预处理、基线解算、GPS 网平差计算等主要任务与步骤。一般利用现有软件进行处理。对于低等级 GPS 网，可采用 GPS 接收机的随机软件，对于高等级 GPS 网，可以选用国际著名的通用软件，如 GAMIT/CLOBK、BERNESE、GIPSY 和 GFZ 等，也可使用专用或自己开发并经鉴定合格的软件。

### 6.4.1 数据预处理

数据预处理内容包括：数据传输与分流、卫星轨道方程标准化、卫星钟差标准化、周跳探测与修复、大气（电离层与对流层）改正、观测值文件标准化。其中，周跳探测与修复、大气改正已在前面有关章节作过详细介绍，此处不再重复。

**(1) 数据传输与分流**

1) 数据传输　将外业观测时接收机观测、存储的数据，通过专用通讯电缆和随机软件，从接收机的内存模块或存储卡上，传输到计算机或其他介质上。

2) 数据分流　在数据传输中，将观测数据分类整理，剔除无效观测值，并将观测数据分流成载波相位和伪距观测观测值、星历参数、电离层参数与 UTC 参数、测站信息四个数据文件。载波相位和伪距观测值文件是容量最大的文件，记录有卫星星号、卫星高度角和方位角、C/A 码伪距、$L_1$、$L_2$ 载波相位观测值、观测值对应历元的时间、整周记数、信噪比等。星历参数文件中包含被测卫星的轨道参数，用于计算卫星瞬时位置。电离层参数与 UTC 参数文件中包含有用于对观测值进行电离层改正的参数和将 GPS 时间修正为 UTC 时间的参数。测站信息文件中包含测站的名称、编号与概略坐标，接收机号、天线号、天线高，观测起止时间，记录的数据量，初步定位成果等。

**(2) 卫星轨道方程标准化**

GPS 卫星广播星历每小时更新一次，由广播星历计算的卫星位置是不规则变化轨道上的离散点。直接使用这些离散点推算任意观测历元对应的卫星位置，将使计算工作非常复杂。为了简化计算，通常根据已知多组不同时刻的卫星星历对应的卫星位置 $P_i(t)$ 表达成时间 $t$ 的多项式形式：

$$P_i(t) = a_{i0} + a_{i1}t + a_{i2}t^2 + \cdots + a_{in}t^n \tag{6-12}$$

利用拟合法求解出多项式系数（$a_{i0}$，$a_{i1}$，$a_{i2}$，$\cdots$，$a_{in}$）后存储到标准化星历文件中。求解卫星任一观测历元 $t$ 对应的卫星位置时，只须将多项式系数和观测历元 $t$ 代入多项式（6-12）即可。多项式的阶数 $n$，一般取 8~10 就可保证米级轨道的拟合精度。

拟合计算时，须将时间 $t$ 规格化，规格化时间 $T$ 的表达式为：

$$T_i = [2t_i - (t_1 - t_m)]/(t_m - t_1) \tag{6-13}$$

式中　$T_i$——$t_i$ 对应的规格化的时间；

$t_1$ 和 $t_m$——分别为观测时段开始和结束的时间，对应于 $t_1$ 和 $t_m$ 的 $T_1$ 和 $T_m$ 分别为 $-1$ 和 $+1$。

**(3) 卫星钟差标准化**

广播星历提供的卫星钟差是具有一定时间间隔（如 1 小时）的离散数据，它们并不是观测历元对应的钟差。需要建立随时间连续变化的函数求解任一观测时刻的卫星钟差。卫星钟差函数可以用下面多项式形式：

$$\Delta t_s = a_0 + a_1(t - t_0) + a_2(t - t_0)^2 \tag{6-14}$$

将广播星历提供的多个已知卫星钟差值代入上式，按照最小二乘原理求出该多项式系数（$a_0$，$a_1$，$a_2$），此后，任一观测历元 $t$ 的钟差便可由（6-14）求出。

**(4) 观测值文件标准化**

不同的接收机提供的观测值文件，其数据格式可能不完全相同，如，对观测时刻的记录，可能采用接收机参考历元，也可能采用经过改正归算至 GPS 标准时间。在进行基线解算前，应将观测值文件标准化。具体包括：

1) 记录格式标准化　各接收机输出文件的数据，其记录类型、记录长度、存储方式采用同一记录格式。

2) 记录项目标准化　每一种记录的数据项相同，空缺时用 0 或空格等特定数据填充。

3) 采样密度标准化　不同接收机可能使用不同的采样间隔，如有的接收机采样间隔为 20s，有的可能为 15s。应将采样间隔统一成为一个标准长度。标准长度应该大于等于采样间隔的最大值。

4) 数据单位标准化　数据文件中，同一数据项的单位或量纲应该统一。

### 6.4.2　基线向量解算

在第五章的 GPS 定位方法中，以载波相位观测量为基础，利用站际单差、站际星际双差、站际历元间双差和站际星际历元间三差虚拟观测模型，根据一个已知点的空间位置坐标，可以解求出另一点的空间坐标，实行两点间的相对定位。

GPS 定位测量中，空间任意两点间具有方向和长度的线段，称为基线向量或简称为基线。基线可以用长度与方向表示，也可以用三维空间直角坐标系的两点间坐标差（坐标增量）表示。在 GPS 测量控制网中，一般先解算求出构成控制网的所有基线向量，再以控制网中一点或多点已知坐标为起算数据，求出控制网中各点的空间坐标。

基线向量解算所采用的观测模型，根据控制网等级、用途等，可以采用相对定位中使用的利用站际单差、站际星际双差、站际历元间双差和站际星际历元间三差中的任何一种，也可以采用其他模型。考虑到对误差的消除效果、定位精度和实际应用，此处只详细介绍常用的站际星际双差模型的基线向量解算。

**(1) 基线向量误差方程**

站际星际双差是在两个测站上的 GPS 接收机 $T_1$、$T_2$，对卫星 $S^1$ 的单差 $\Delta\varphi_{12}^1(t_k)$ 和对卫星 $S^2$ 的单差 $\Delta\varphi_{12}^2(t_k)$ 再次求差。由（5-38）第一式得：

$$\Delta\varphi_{12}^{12}(t_k) = \Delta\varphi_{12}^2(t_k) - \Delta\varphi_{12}^1(t_k) = [\varphi_2^2(t_k) - \varphi_1^2(t_k)] - [\varphi_2^1(t_k) - \varphi_1^1(t_k)] \tag{6-15}$$

顾及卫星 $S^1$、$S^2$ 对应的载波频率 $f^1$、$f^2$，载波相位观测方程（5-19）式可以写成

$$\varphi_i^j(t_k) = \frac{f^j}{c}d_i^j(t_k) + f^j\delta t_i(t_k) - f^j\delta t^j(t_k) + \frac{f^j}{c}(\delta I_i^j(t_k) + \delta T_i^j(t_k)) - N_i^j(t_0) \tag{6-16}$$

将（6-16）式代入（6-15）式，兼顾 $f^1 \approx f^2 \approx f$ 时 $(f^2 - f^1)[\delta t_2(t_k) - \delta t_1(t_k)] \approx 0$，经整理后得：

$$\Delta\varphi_{12}^{12}(t_k) = \frac{f^2}{c}[d_2^2(t_k) - d_1^2(t_k)] - \frac{f^1}{c}[d_2^1(t_k) - d_1^1(t_k)] + \delta IT_{12}^{12}(t_k) - N_{12}^{12}(t_0) \tag{6-17}$$

式中

$$\delta IT_{12}^{12}(t_k) = \frac{f^2}{c}\{[\delta I_2^2(t_k) + \delta T_2^2(t_k)] - [\delta I_1^2(t_k) + \delta T_1^2(t_k)]\}$$

$$- \frac{f^1}{c}\{[\delta I_2^1(t_k) + \delta T_2^1(t_k)] - [\delta I_1^1(t_k) + \delta T_1^1(t_k)]\}$$

$$N_{12}^{12}(t_0) = [N_2^2(t_0) - N_1^2(t_0)] - [N_2^1(t_0) - N_1^1(t_0)]$$

$\delta IT_{12}^{12}(t_k)$ 为电离层折射误差和对流层折射误差经双差抵消后的残余误差，其表达式中的各项可以通过模型计算求出；$N_{12}^{12}(t_0)$ 中各项为整周未知数初值，是常量未知数。

在相对定位中，若已知 $T_1$ 点的空间位置，可以根据（6-17）式求出 $T_2$ 点位置，进而可求出 $T_1$、$T_2$ 之间的基线向量（坐标差）。下面用向量运算方法，直接求出两点基线向量解。

为简明起见，对于观测历元 $t_k$ 对应的测站至卫星的几何距离，用 $d_1^1$、$d_1^2$、$d_2^1$ 和 $d_2^2$ 分别代替（6-17）式中的 $d_1^1(t_k)$、$d_1^2(t_k)$、$d_2^1(t_k)$ 和 $d_2^2(t_k)$。

令 $\Delta d_{12}^1 = d_2^1 - d_1^1$，$\Delta d_{12}^2 = d_2^2 - d_1^2$

于是，（6-17）式可以写成：

$$\Delta\varphi_{12}^{12}(t_k) = \frac{f^2}{c}\Delta d_{12}^2 - \frac{f^1}{c}\Delta d_{12}^1 + \delta IT_{12}^{12}(t_k) - N_{12}^{12}(t_0) \tag{6-18}$$

如图 6-9，设 $\boldsymbol{b}$（黑体字表示向量，下同）为待求基线向量，$\boldsymbol{d}_1^{jo}$、$\boldsymbol{d}_2^{jo}$（$j = 1, 2$）分别为向量 $\boldsymbol{d}_1^j$、$\boldsymbol{d}_2^j$ 的单位向量，其他向量如图中所示。则

$$b_1^j = d_1^j(\boldsymbol{d}_1^{jo} - \boldsymbol{d}_2^{jo}) \qquad (6\text{-}19)$$

$$\boldsymbol{b}_1^j - \boldsymbol{b} = \Delta d_{12}^j = \Delta d_{12}^j \boldsymbol{d}_2^{jo} \qquad (6\text{-}20)$$

将（6-19）式代入（6-20）式有

$$d_1^j \boldsymbol{d}_1^{jo} - d_1^j \boldsymbol{d}_2^{jo} - \boldsymbol{b} = \Delta d_{12}^j \boldsymbol{d}_2^{jo} \qquad (6\text{-}21)$$

由 $\boldsymbol{d}_1^{jo}$ 点乘（6-21）式两边各项得

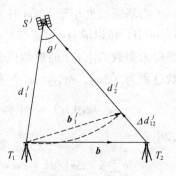

图 6-9　基线向量与站星距离关系

$$d_1^j \boldsymbol{d}_1^{jo} \cdot \boldsymbol{d}_1^{jo} - d_1^j \boldsymbol{d}_1^{jo} \cdot \boldsymbol{d}_2^{jo} - \boldsymbol{d}_1^{jo} \cdot \boldsymbol{b}$$
$$= \Delta d_{12}^j \boldsymbol{d}_1^{jo} \cdot \boldsymbol{d}_2^{jo}$$

顾及 $\boldsymbol{d}_1^{jo} \cdot \boldsymbol{d}_1^{jo} = 1$，$\boldsymbol{d}_1^{jo} \cdot \boldsymbol{d}_2^{jo} = \cos\theta^j$，代入上式并整理后得

$$d_1^j(1 - \cos\theta^j) - \boldsymbol{d}_1^{jo} \cdot \boldsymbol{b} = \Delta d_{12}^j \cos\theta^j \qquad (6\text{-}22)$$

同理，由 $\boldsymbol{d}_2^{jo}$ 点乘（6-21）式两边各项，并整理后得

$$d_1^j(\cos\theta^j - 1) - \boldsymbol{d}_2^{jo} \cdot \boldsymbol{b} = \Delta d_{12}^j \qquad (6\text{-}23)$$

（6-22）式与（6-23）式相加得

$$-(\boldsymbol{d}_1^{jo} + \boldsymbol{d}_2^{jo}) \cdot \boldsymbol{b} = \Delta d_{12}^j(1 + \cos\theta^j) = \Delta d_{12}^j 2\sec^2(\theta^j/2)$$

整理上式得：

$$\Delta d_{12}^j = -\frac{(\boldsymbol{d}_1^{jo} + \boldsymbol{d}_2^{jo}) \cdot \boldsymbol{b}}{2\sec^2(\theta^j/2)} \qquad (6\text{-}24)$$

将（6-24）式中的 $j$ 分别取 1 和 2，代入（6-18）式，并将第一、二项位置互换后，得站际星际观测方程

$$\Delta\varphi_{12}^{12}(t_k) = \frac{f^1}{c}\frac{(\boldsymbol{d}_1^{1o} + \boldsymbol{d}_2^{1o}) \cdot \boldsymbol{b}}{2\sec^2(\theta^1/2)} - \frac{f^2}{c}\frac{(\boldsymbol{d}_1^{2o} + \boldsymbol{d}_2^{2o}) \cdot \boldsymbol{b}}{2\sec^2(\theta^2/2)} + \delta IT_{12}^{12}(t_k) - N_{12}^{12}(t_0)$$

$$(6\text{-}25)$$

写成误差方程为

$$v_{12}^{12}(t_k) = \frac{f^1}{c}\frac{(\boldsymbol{d}_1^{1o} + \boldsymbol{d}_2^{1o}) \cdot \boldsymbol{b}}{2\sec^2(\theta^1/2)} - \frac{f^2}{c}\frac{(\boldsymbol{d}_1^{2o} + \boldsymbol{d}_2^{2o}) \cdot \boldsymbol{b}}{2\sec^2(\theta^2/2)} + \delta IT_{12}^{12}(t_k) - N_{12}^{12}(t_0) - \Delta\varphi_{12}^{12}(t_k)$$

$$(6\text{-}26)$$

顾及 $\boldsymbol{b} = (\Delta x_{12}, \Delta y_{12}, \Delta z_{12})$；$\boldsymbol{d}_i^{jo} = (\Delta x_i^j, \Delta y_i^j, \Delta z_i^j)/d_i^j$，（$i = 1, 2$；$j = 1, 2$），则（6-26）式表示的站际星际观测值误差方程可以写成为：

$$v_{12}^{12}(t_k) = a_{12}^{12}\Delta x_{12} + b_{12}^{12}\Delta y_{12} + c_{12}^{12}\Delta z_{12} + \delta IT_{12}^{12}(t_k) - N_{12}^{12}(t_0) - \Delta\varphi_{12}^{12}(t_k)$$

$$(6\text{-}27)$$

式中

$$\left.\begin{array}{l} a_{12}^{12} = \dfrac{f^1}{c} \cdot \dfrac{\Delta x_1^1/d_1^1 + \Delta x_2^1/d_2^1}{2\sec^2(\theta^1/2)} - \dfrac{f^2}{c} \cdot \dfrac{\Delta x_1^2/d_1^2 + \Delta x_2^2/d_2^2}{2\sec^2(\theta^2/2)} \\[2mm] b_{12}^{12} = \dfrac{f^1}{c} \cdot \dfrac{\Delta y_1^1/d_1^1 + \Delta y_2^1/d_2^1}{2\sec^2(\theta^1/2)} - \dfrac{f^2}{c} \cdot \dfrac{\Delta y_1^2/d_1^2 + \Delta y_2^2/d_2^2}{2\sec^2(\theta^2/2)} \\[2mm] c_{12}^{12} = \dfrac{f^1}{c} \cdot \dfrac{\Delta z_1^1/d_1^1 + \Delta z_2^1/d_2^1}{2\sec^2(\theta^1/2)} - \dfrac{f^2}{c} \cdot \dfrac{\Delta z_1^2/d_1^2 + \Delta z_2^2/d_2^2}{2\sec^2(\theta^2/2)} \end{array}\right\} \qquad (6\text{-}28)$$

当基线长度小于 40km 时，$\sec^2(\theta^j/2) - 1 < 1\text{ppm}\cdot D$，$f^1/c$ 与 $f^2/c$ 之差小于 $1\text{ppm}\cdot D$，可以取 $\sec^2(\theta^j/2) \approx 1$，$f^1 \approx f^2 \approx f$。设基线向量 $(\Delta x_{12}, \Delta y_{12}, \Delta z_{12})$ 和整周未知数 $N_{12}^{12}(t_0)$ 的近似值分别为 $(\Delta x_{12}^0, \Delta y_{12}^0, \Delta z_{12}^0)$ 和 $(N_{12}^{12})^0$，它们的改正数分别为 $(\delta x_{12}, \delta y_{12}, \delta z_{12})$ 和 $\delta N_{12}^{12}$。则（6-27）式误差方程可以写成：

$$v_{12}^{12}(t_k) = a_{12}^{12}\delta x_{12} + b_{12}^{12}\delta y_{12} + c_{12}^{12}\delta z_{12} - \delta N_{12}^{12}(t_0) - w_{12}^{12} \tag{6-29}$$

式中

$$\left. \begin{array}{l} a_{12}^{12} = (\Delta x_1^1/d_1^1 + \Delta x_2^1/d_2^1 - \Delta x_1^2/d_1^2 - \Delta x_2^2/d_2^2)\cdot f/2c \\ b_{12}^{12} = (\Delta y_1^1/d_1^1 + \Delta y_2^1/d_2^1 - \Delta y_1^2/d_1^2 - \Delta y_2^2/d_2^2)\cdot f/2c \\ c_{12}^{12} = (\Delta z_1^1/d_1^1 + \Delta z_2^1/d_2^1 - \Delta z_1^2/d_1^2 - \Delta z_2^2/d_2^2)\cdot f/2c \\ w_{12}^{12} = a_{12}^{12}\Delta x_{12}^0 + b_{12}^{12}\Delta y_{12}^0 + c_{12}^{12}\Delta z_{12}^0 + \delta IT_{12}^{12}(t_k) - (N_{12}^{12})^0 - \Delta \varphi_{12}^{12}(t_k) \end{array} \right\}$$

(6-30)

**(2) 基线向量解算**

设在两个测站上的 GPS 接收机 $T_1$、$T_2$，对 $M$ 颗卫星 $S^j$ 的 ($j = 1, 2, \cdots, M$) 连续观测了 $N$ 个历元，则有 $n = N(M-1)$ 个误差方程。

将所有误差方程用矩阵形式表示为：

$$V = AX + L \tag{6-31}$$

式中

$$V = (v_1, v_2, \cdots, v_n)^T$$

$$X = (\delta x_{12}, \delta y_{12}, \delta z_{12}, \delta N_1, \delta N_2, \cdots, \delta N_{M-1})^T$$

$$L = (w_1, w_2, \cdots, w_n)^T$$

$$A = \begin{bmatrix} a_{1,1,1} & a_{1,1,2} & a_{1,1,3} & 1 & 0 & \cdots & 0 \\ a_{1,2,1} & a_{1,2,2} & a_{1,2,3} & 1 & & \cdots & \\ \cdots & \cdots & \cdots & \cdots & \cdots & \cdots & \\ a_{1,N,1} & a_{1,N,2} & a_{1,N,3} & 1 & & \cdots & \\ \cdots & \cdots & \cdots & \cdots & \cdots & \cdots & \\ a_{M-1,1,1} & a_{M-1,1,2} & a_{M-1,1,3} & & & \cdots & 1 \\ a_{M-1,2,1} & a_{M-1,2,2} & a_{M-1,2,3} & & & \cdots & 1 \\ \cdots & \cdots & \cdots & \cdots & \cdots & \cdots & \\ a_{M-1,N,1} & a_{M-1,N,2} & a_{M-1,N,3} & & & \cdots & 1 \end{bmatrix}$$

矩阵 $A$ 中的元素 $a_{k,l,m}$，$k = 1, 2, \cdots, M-1$，代表对第 $k$ 对卫星求差；$l = 1, 2, \cdots, N$，代表第 $l$ 个观测历元；$m = 1, 2, 3$，分别对应于 $\delta x_{12}$，$\delta y_{12}$，$\delta z_{12}$。

根据各站际星际双差观测值等权且彼此独立，则权阵 $P$ 为单位权阵，组成法方程为：

$$NX + B = 0 \tag{6-32}$$

式中 $N = A^TA$，$B = A^TL$。解算（6-32）式，可求出 $X$：

$$X = -N^{-1}B = -(A^TA)^{-1}(A^TL) \tag{6-33}$$

由此可以求得向量平差值为：

$$\begin{cases} \Delta x_{12} = \Delta x_{12}^0 + \delta x_{12} \\ \Delta y_{12} = \Delta y_{12}^0 + \delta y_{12} \\ \Delta z_{12} = \Delta z_{12}^0 + \delta z_{12} \end{cases} \tag{6-34}$$

基线长度为

$$b = \sqrt{\Delta x_{12}^2 + \Delta y_{12}^2 + \Delta z_{12}^2} \tag{6-35}$$

双差整周未知数平差值为

$$N_k = N_{k0} + \delta N_k \quad k = 1,2,\cdots,M-1 \tag{6-36}$$

若已知 1 点坐标，则可由下式求出 2 点坐标：

$$\begin{cases} x_2 = x_1 + \Delta x_{12} \\ y_2 = y_1 + \Delta y_{12} \\ z_2 = z_1 + \Delta z_{12} \end{cases} \tag{6-37}$$

**（3）基线向量精度评定**

1) 单位权中误差估值

单位权中误差估值 $m_0$ 由下式计算

$$m_0 = \sqrt{\frac{V^TPV}{n-M-2}} = \sqrt{\frac{V^TV}{n-M-2}} \tag{6-38}$$

式中 $n$——误差方程个数；

$M$——$t_k$ 历元被测卫星颗数；

$P$——单位权阵（主对角线元素为 1，其余元素为 0）；

$V$——改正数向量，由（6-29）和式（6-31）式计算求出。

2) 平差值的精度估算

未知数向量 $X$ 中各元素的中误差估值按下式计算

$$m_{x_i} = m_0 \sqrt{\frac{1}{P_{x_i}}} = m_0 \sqrt{Q_{x_i x_i}} \quad (i = 1,2,\cdots,M+2) \tag{6-39}$$

式中 $P_{x_i}$——未知数向量 $X$ 中第 $i$ 个元素的权，权倒数 $1/P_{x_i}$ 的值等于法方程系数阵逆阵 $N^{-1}$ 的对角线对应元素。

3) 基线长度 $b$ 的精度估算

根据基线长度公式（6-35），顾及（6-34）式，可得基线 $b$ 的线性化方程为

$$b = b_0 + \frac{\Delta x_{ij}^0}{b_0}\delta x_{ij} + \frac{\Delta y_{ij}^0}{b_0}\delta y_{ij} + \frac{\Delta z_{ij}^0}{b_0}\delta z_{ij} \tag{6-40}$$

式中

$$b_0 = \sqrt{(\Delta x_{ij}^0)^2 + (\Delta y_{ij}^0)^2 + (\Delta z_{ij}^0)^2}$$

由（6-40）式得基线长度的权函数式为

$$\delta b = f^{\mathrm{T}} \Delta X \tag{6-41}$$

式中

$$\left.\begin{array}{l} f = \left( \dfrac{\Delta x_{ij}^0}{b_0} \quad \dfrac{\Delta y_{ij}^0}{b_0} \quad \dfrac{\Delta z_{ij}^0}{b_0} \right)^{\mathrm{T}} \\ \Delta X = (\delta x_{ij} \quad \delta y_{ij} \quad \delta z_{ij})^{\mathrm{T}} \end{array}\right\}$$

由协因数传播律可得 $\delta b$ 的协因数阵为

$$Q_{\delta b} = f^{\mathrm{T}} Q_{\Delta X} f \tag{6-42}$$

基线向量未知数 ($\delta x_{ij}$，$\delta y_{ij}$，$\delta z_{ij}$) 的协因数阵可以在 $N^{-1}$ 中直接取出：

$$Q = \begin{pmatrix} Q_{\delta x_{ij}} & Q_{\delta x_{ij}\delta y_{ij}} & Q_{\delta x_{ij}\delta z_{ij}} \\ Q_{\delta y_{ij}\delta x_{ij}} & Q_{\delta y_{ij}} & Q_{\delta y_{ij}\delta z_{ij}} \\ Q_{\delta z_{ij}\delta x_{ij}} & Q_{\delta z_{ij}\delta y_{ij}} & Q_{\delta z_{ij}} \end{pmatrix}$$

基线 $b$ 的中误差估值为

$$m_b = m_0 \sqrt{Q_{\delta b}} \tag{6-43}$$

基线长度相对中误差估值为

$$f_b = \frac{m_b}{b} \cdot 10^6 \quad (\mathrm{ppm}) \tag{6-44}$$

### 6.4.3 GPS 控制网平差计算简介

对图 6-3 所示 GPS 控制网布设图形中的各基线向量，经上述基线向量解算后，还应进行 GPS 控制网的整体平差计算。

GPS 控制网的平差计算，包括三维平差和二维平差。由于大多数工程与实际应用的坐标系统采用二维平面直角坐标系和正常高程系统，一般采用二维平差方法。

关于 GPS 控制网的详细平差计算方法，参见参考文献 8，10 等。

# 7 遥感基础

地面物体具有反射和发射电磁波的特性。遥感技术通过飞机、人造卫星等遥感平台上搭载的传感器获取地面物体的电磁波信息，来识别目标物，揭示物体的几何与物理性质、相互关系及其变化规律。由此可见，电磁波是遥感技术的物理基础。

## 7.1 电磁波与电磁波谱

### 7.1.1 电磁波概念

按照麦克斯韦电磁场理论，如果在空间某区域有变化电场 $E$（或变化磁场 $H$），在邻近区域将产生变化磁场 $H$（或变化电场 $E$），在较远相邻区域又产生变化电场 $E$（或变化磁场 $H$），这种变化的电场与磁场交替产生，以一定速度 $v$ 由近及远在空间传播形成电磁能量的波，称为电磁波。γ射线、X射线、紫外线、可见光、红外线、微波、无线电波等，都是电磁波。这些电磁波的本质相同，只是由于它们的波长（或频率）不同而具有不同特性。

### 7.1.2 电磁波基本特性

**(1) 电磁波是一种横波**

如图 7-1，电磁波的电场强度矢量 $E$ 与磁场强度矢量 $H$ 相互垂直，且都垂直于电磁波的传播方向 $x$，由此可见，电磁波是一种横波。

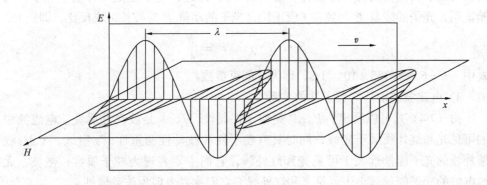

图 7-1 电磁波

根据电磁场理论，可以写出如下方程组：

$$\frac{\mu}{c}\frac{\partial H}{\partial t} = -\frac{\partial E}{\partial x}; \quad \frac{\varepsilon}{c}\frac{\partial E}{\partial t} = -\frac{\partial H}{\partial x} \tag{7-1}$$

式中 $\varepsilon$——介质的相对介电常数；

$\mu$——相对磁导率；

$c$——光速，$t$、$x$ 分别为时、空变量，在真空中，$\varepsilon = \mu = 1$。

**(2) 电磁波的波粒二象性**

电磁波既表现出连续的波动性，又表现出不连续的粒子性，即电磁波的波粒二象性。波动性与粒子性既相互排斥、相互对立，又相互联系，且在一定的条件下相互转化。

1) 电磁波的波动性

电磁波（单色）的波动性，可用一个时空的周期性函数来描述，其解析表达式如下：

$$\psi = A \cdot \sin[(\omega t - kx) + \varphi_0] \tag{7-2}$$

式中　$\psi$——波函数；

　　　$A$——振幅；

　　　$\omega$——角频率（$\omega = 2\pi/T = 2\pi f$，$T$ 为周期，$f$ 为频率）；

　　　$k$——圆波数（$k = 2\pi/\lambda$，$\lambda$ 为波长）；

　　　$x$——空间变量；

　　　$\varphi_0$——初始相位。

周期 $T$、频率 $f$、速度 $c$ 以及介质的相对介电常数 $\varepsilon$、相对磁导率 $\mu$ 之间有如下关系：

$$c = \frac{\lambda}{T} = \lambda f; \quad f = \frac{c}{\sqrt{\varepsilon\mu}} \tag{7-3}$$

2) 电磁波的粒子性

粒子性的基本特点是能量分布的量子化。一个原子不能连续吸收或发射能量，只能不连续地一份一份地吸收或发射能量。光波属于电磁波，光能有一个最小单位，叫做光子（或光量子）。光子学说认为，光是一种以速度 $c$ 运动的光子流，光子具有粒子的基本属性（能量、动量和质量），因此，光子也是一种基本粒子。实验证明，光子的能量 $E$ 与频率 $f$ 成正比，光子的动量 $P$ 与波长 $\lambda$ 成反比，即：

$$E = h \cdot f; \quad P = \frac{h}{\lambda} \tag{7-4}$$

式中　$h = 6.6260755 \times 10^{-34}$ J·s，称为普朗克常数。

3) 电磁波波动性与粒子性的关系

由（7-4）式可以看出，$E$、$P$ 是粒子性属性，$f$、$\lambda$ 是波动性属性。电磁波中的可见光和红外线属于光波，同时具有粒子性和波动性两重性；γ射线、X射线、紫外线的光子能量远大于可见光和红外线，它们主要表现为粒子属性；微波、无线电波的光子能量远小于可见光和红外线，它们主要表现为波动属性。

**(3) 电磁波的波动性特性与现象**

遥感技术主要利用电磁波的波动特性。波动性具有许多特性与现象，这里只简要介绍遥感技术中所涉及的电磁波的叠加性和光波的干涉、衍射、偏振等现象。

1) 电磁波的叠加性　在空间传播的任一电磁波，都会引起空间点的振动，多个波长相同或不相同的电磁波在传播时对空间点所引起的振动，是各列波在该点产生振动的合成，这就是电磁波的叠加性，如图 7-2。这一特性表明，任何复杂的电磁波，都可以分解成若干个单一波长的电磁波，反之，若干简单电磁波，可以合成一个复杂电磁波。

地面不同物体产生不同波长的电磁波，遥感技术所获取的电磁波信息，是多种物体的电磁波的合成，可依据叠加理论，将合成波分解成不同波长电磁波，用于识别不同的物体。

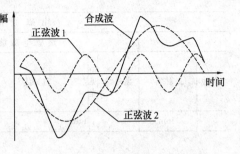

图 7-2　电磁波的叠加

2) 电磁波的干涉　若干频率、振动方向相同，相位相同或相位差恒定的电磁波在空间叠加时，由图 7-2 可以看出，合成波的振幅是各个波的振幅的矢量和，因此，在空间会出现某些地方的振动始终加强，另一些地方的振动则始终减弱或完全抵销。这种现象称为电磁波的干涉。单色波一般都是干涉波，微波遥感的雷达利用干涉原理成像，影像上出现颗粒状或斑点状特征，便于微波遥感的判读。

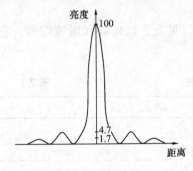

图 7-3　电磁波的衍射

3) 电磁波的衍射　电磁波传播路径通过有限大小的障碍物时偏离原直线传播方向的现象，称为电磁波的衍射。通过物理学中夫琅和费单缝衍射实验可以看到，当入射光垂直于单缝平面穿过单缝到达平行于单缝平面的屏幕后，屏幕上显示的不只是出现与单缝宽度相应的亮纹，还在两侧对称交替排列着一些强度逐渐减弱的亮纹和强度逐渐加强的暗纹，其亮度如图 7-3 所示。当单缝改成小孔时，屏幕上将显示一个亮斑，亮斑周围呈现亮度逐渐减弱的明暗相间的环行条纹。

电磁波的衍射现象，对设计遥感仪器，提高遥感几何分辨率具有重要意义，数字影像处理，也需考虑光的衍射现象。

4) 电磁波的偏振　电磁波是横波，用相互垂直的电场强度矢量 $E$ 与磁场强度矢量 $H$ 表示。光波是电磁波的特例，如果光矢量 $E$ 在一个固定平面内只沿一个方向振动，这种振动，称为偏振。分子、原子在某一瞬间发出的光本来是偏振光，但自然光（如太阳光）是由无数分子、原子所发射光波的合成波，不能保持某一方向占有优势，因此，自然光属于非偏振光。介于偏振光与非偏振光之间的光波，称为部分偏振。许多反射光、散射光、透视光都属于偏振光。遥感中的偏振摄影和雷达成像利用了电磁波的偏振特性。

### 7.1.3　电磁波谱

不同波源产生的电磁波，其波长不同。按照电磁波在真空中传播的波长、频率等，递增或递减依次排列所得的图谱，习惯上称为电磁波谱。图 7-4 为按波长划分的电磁波谱。

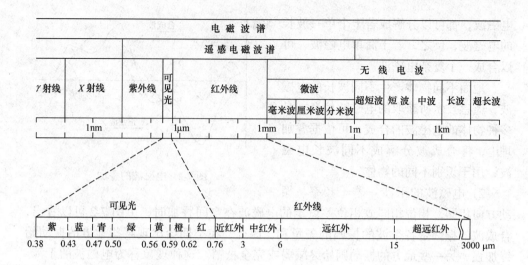

图 7-4 电磁波谱

### 7.1.4 遥感电磁波谱范围

遥感技术目前用到的电磁波主要是紫外线、可见光、红外线和微波四种，它们的波长范围如表 7-1 所示。

遥感电磁波谱波长范围　　　　表 7-1

| 名　称 | | 波　长　范　围 | |
|---|---|---|---|
| 紫外线 | | 0.01~0.38 | μm |
| 可见光 | 紫 | 0.38~0.43 | μm |
| | 蓝 | 0.43~0.47 | μm |
| | 青 | 0.47~0.50 | μm |
| | 绿 | 0.50~0.56 | μm |
| | 黄 | 0.56~0.60 | μm |
| | 橙 | 0.60~0.63 | μm |
| | 红 | 0.63~0.76 | μm |
| 红外线 | 近红外 | 0.76~3 | μm |
| | 中红外 | 3~6 | μm |
| | 远红外 | 6~15 | μm |
| | 超远红外 | 15~3000 | μm |
| 微波 | 毫米 | 1~10 | mm |
| | 厘米 | 1~10 | cm |
| | 分米 | 1~10 | dm |

## 7.2　物体电磁波发射辐射

任何物体都是辐射源，既能吸收其他物体对它的辐射，也能向外发射辐射。

基尔霍夫定律指出,吸收热辐射好的物体,其热发射能力也强;吸收热辐射弱的物体,其热发射能力也弱。遥感探测实际是对物体辐射能的探测,辐射能主要来自太阳的发射辐射、地物反射辐射与发射辐射、人工发射辐射。

### 7.2.1 黑体辐射

为了准确理解太阳、地物和人工辐射的规律与性质,需要引入一个理想的标准热辐射体—绝对黑体。

**(1) 绝对黑体**

如果一个物体对于任何波长的电磁波辐射全部吸收,那么这个物体为绝对黑体。

实验证明,一个不透明物体对入射到它上面的电磁波,只出现吸收现象和反射现象,且该物体的光谱吸收率 $\alpha(\lambda, T)$ 和光谱反射率 $\rho(\lambda, T)$ 之和恒等于 1。对于一般物体而言,$\alpha(\lambda, T)$ 和 $\rho(\lambda, T)$ 的值,与波长 $\lambda$ 和温度 $T$ 有关,但绝对黑体的光谱吸收率 $\alpha(\lambda, T) \equiv 1$,光谱反射率 $\rho(\lambda, T) \equiv 0$,与波长和温度无关。

黑色的烟煤,其吸收率接近 99%,可被认为是最接近黑体的自然物体。恒星和太阳的辐射,也可被看作是接近黑体辐射的辐射源。

**(2) 黑体辐射规律**

绝对黑体的辐射通量规律,可以用以下普朗克定律公式描述:

$$M_\lambda(\lambda, T) = \frac{2\pi h c^2}{\lambda^5} \cdot \frac{1}{e^{\frac{ch}{\lambda kT}} - 1} \tag{7-5}$$

式中 $M_\lambda$——分谱辐射通量密度($W \cdot cm^{-2} \cdot \mu m^{-1}$);

$h$——普朗克常数($6.262 \times 10^{-34} J \cdot s^2$);

$k$——波耳兹曼常数($1.38 \times 10^{-23} J/K$);

$\lambda$——波长(cm);

$c$——光速($3 \times 10^{10} cm/s$);

$T$——黑体的绝对温度(K)。

由(7-5)式可以看出,辐射通量密度 $M_\lambda(\lambda, T)$ 与波长 $\lambda$、绝对温度 $T$ 有关。图 7-5 是温度 $T$ 取不同值时,其 $M_\lambda(\lambda, T)$ 与 $\lambda$ 之间的关系图。

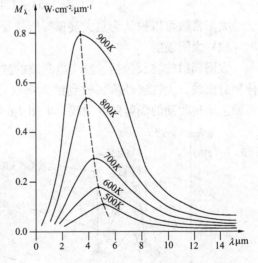

图 7-5 不同温度情况下黑体波谱辐射曲线

**(3) 黑体辐射基本特性**

根据(7-5)式和图 7-5 可以看出,黑体辐射具有如下基本特性。

1)当温度 $T$ 取某一确定值时,整个电磁波谱范围内对应于 $T$ 的黑体总辐射量 $M$,等于(7-5)式表示的辐射通量密度 $M_\lambda(\lambda, T)$ 对波长的积分。即:

$$M = \int_0^\infty M(\lambda, T) d\lambda = \frac{2\pi^5 k^4}{15 h^3 c^2} T^4 = \sigma T^4 \tag{7-6}$$

式中，$\sigma$ 被称为斯蒂芬—波耳兹曼常数，$\sigma = 5.6705 \times 10^{-12} \text{W} \cdot \text{cm}^{-2} \cdot \text{K}^{-12}$。

由（7-6）式可以看出，黑体总辐射量 $M$ 与温度 $T$ 的四次方成正比，其几何含义是图 7-5 中对应于温度 $T$ 的辐射通量密度曲线与横轴所包围区域的面积。由此可知，温度越高，黑体辐射能量越大，被遥感传感器收集、记录的能量也越大。

2) 随着温度升高，辐射通量密度 $M_\lambda(\lambda, T)$ 峰值对应的波长向短波方向移动。这一移位规律，是设计、确定遥感传感器识别特定物体响应波段的理论基础。

3) 不同温度对应的辐射通量密度曲线互不相交。这一规律表明，不同温度的黑体（物体），在任何波长处的辐射通量密度不同，辐射能量不同，便于通过遥感图象或信息识别、区分不同的物体。

### 7.2.2 太阳发射辐射

地球上所获得的辐射能主要来自于太阳的发射辐射。太阳表面温度高达 6000K，每秒辐射的热量多达 $3.48 \times 10^{26}$ J，发射到地球的热能约为 $1.73 \times 10^{17}$ J。遥感传感器所获得的地物辐射能主要来自于地物对太阳辐射的反射和地物自身的热辐射。

**(1) 太阳常数**

不受大气影响，在距离太阳一个天文单位（$1.4959787066 \times 10^{11}$ m，约一亿五千万公里，地球至太阳的平均距离）内，垂直于太阳光辐射的方向上，单位面积、单位时间黑体所接收的太阳能量，称为太阳常数，用 $I_\odot$ 表示。美国选手 6、7 号航天器 1969 年测得该值为：

$$I_\odot = 1353 \pm 3.4\% \quad \text{W/m}^2$$

太阳常数可以被认为是大气顶端所接受的太阳能量。

**(2) 太阳辐射**

太阳辐射的波长包括了整个电磁波的波谱范围，图 7-6 描述了 5800K 温度时黑体辐射曲线、大气层外所接收到的太阳辐射照度曲线和太阳辐射穿越大气层后在海面上所接收到的辐射照度曲线。由图 7-6 可以看出：

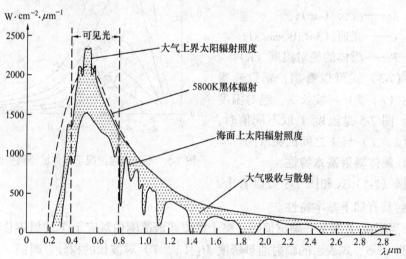

图 7-6 太阳辐射照度分布曲线

1) 太阳辐射波谱是连续的，太阳辐射照度曲线与5800K温度时黑体辐射曲线图形基本一致。由此可见太阳辐射具有黑体辐射的基本特征。

2) 从近紫外到中红外（0.2~4.0μm）波段区间，集中了99%的太阳辐射能，太阳强度变化最小。对于遥感探测，主要利用可见光和红外等稳定辐射，可见光部分集中了约38%的太阳辐射能量。γ射线、X射线、远紫外线、远红外线、微波和无线电波等，只集中了不到1%的太阳辐射能，但太阳强度变化很大。

3) 海面处的太阳辐射照度曲线与大气层外的太阳辐射照度曲线之间，有很大差异，这是电磁波穿越大气层时被大气吸收和散射所造成的，将在7.4节详细介绍。

### 7.2.3 地物发射辐射

任何物体的温度高于绝对温度零度（-273.16℃）时，就会出现分子热运动，向空间辐射出能量。地表平均温度约为288K，地面上物体都可以看成是辐射源。

**(1) 地物发射率**

普朗克定律描述的黑体热辐射变化仅依赖于波长与温度。实际地物的热辐射一般不是理想的标准绝对黑体，它们的热辐射量比相同条件下的黑体辐射和吸收量低，其辐射量不仅与波长和温度有关，还与构成物体的材料、表面状况等因素有关。为了描述一般物体的发射辐射，通常引入发射率（亦称热辐射效率）概念，用 $\varepsilon_{(\lambda,T)}$ 表示。

$$\varepsilon_{(\lambda,T)} = M'_{(\lambda,T)} / M_{(\lambda,T)} \tag{7-7}$$

式中 $M'_{(\lambda,T)}$ ——物体（非黑体）发射辐射度；

$M_{(\lambda,T)}$ ——黑体发射辐射度。

$\varepsilon_{(\lambda,T)}$ 是同一温度下的非黑体发射辐射度 $M'_{(\lambda,T)}$ 与黑体发射辐射度 $M_{(\lambda,T)}$ 之比，其值满足 $0 \leq \varepsilon_{(\lambda,T)} \leq 1$。

**(2) 地物发射特性**

物体发射率 $\varepsilon$ 根据波长 $\lambda$ 和温度 $T$ 不同有四种可能取值：

绝对黑体　　　　　　　$\varepsilon = 1$；
灰体　　　　　　　　　$\varepsilon = \varepsilon_{(T)}$；
选择性辐射体　　　　　$\varepsilon = \varepsilon_{(\lambda,T)}$；
绝对白体（理想反射体）$\varepsilon = 0$。

其中，绝对黑体（前已介绍）和绝对白体是人为定义的理想物体，它们的发射率与波长 $\lambda$ 和温度 $T$ 无关。绝对黑体的发射率与吸收率为100%，反射率为0；绝对白体的吸收率和发射率为0，反射率为100%。

实际地物为灰体或选择性辐射体。发射率与波长无关的地物称为灰体；发射率随波长不同而变化的物体，称为选择性物体。绝对黑体、选择性辐射体和灰体的光谱辐射通量密度与波长的关系曲线如图7-7（a），对应的光谱发射率与波长的关系如图7-7（b）。

自然界中的物体，一般可视为灰体，根据（7-6）和（7-7）式可得：

$$M' = \varepsilon M = \varepsilon \sigma T^4 \tag{7-8}$$

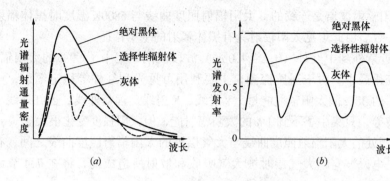

图 7-7 地物波谱发射特性曲线

上式说明，一般物体（灰体）的发射辐射由发射率和温度两个参数确定，并具备如下基本特性：

1) 只要其温度不是处于绝对零度，总会产生热辐射；
2) 物体的温度越高，发射辐射则越大，即同一物体，不同的温度，发射率不同；
3) 温度一定时，每种物体具有自己固定的发射率，即不同的物体，具有不同的发射率。

**(3) 几种常见地物发射率**

表 7-2 列出了几种不同物体在常温下的发射率；表 7-3 列出了两种物体在不同温度下的发射率。

几种不同物体在常温下的发射率　　　　　　　　　　　　表 7-2

| 地物名称 | 温度（℃） | 发射率（ε） | 地物名称 | 温度（℃） | 发射率（ε） |
| --- | --- | --- | --- | --- | --- |
| 干土壤 | 20 | 0.92 | 铁 | 40 | 0.21 |
| 水 | 20 | 0.96 | 钢 | 100 | 0.07 |
| 石英石 | 20 | 0.63 | 厚 0.0508mm 油膜 | 20 | 0.46 |
| 大理石 | 20 | 0.94 | 厚 0.0254mm 油膜 | 20 | 0.27 |
| 铝 | 100 | 0.05 | 沙 | 20 | 0.90 |
| 铜 | 100 | 0.03 | 混凝土 | 20 | 0.92 |

两种物体在不同温度下的发射率　　　　　　　　　　　　表 7-3

| 地物名称 | −20℃ | 0℃ | 20℃ | 40℃ |
| --- | --- | --- | --- | --- |
| 石英岩 | 0.694 | 0.682 | 0.621 | 0.664 |
| 花岗岩 | 0.787 | 0.783 | 0.780 | 0.777 |

注：上述两表数据引自参考文献 [17]。

## 7.3 地物电磁波反射辐射

遥感传感器记录的地物信息，主要由地物本身发射的热辐射电磁波信息（前已介绍）和地物反射太阳照射或人工发射的电磁波信息构成。

## 7.3 地物电磁波反射辐射

入射到地物表面的电磁波，与地物之间产生三种现象：反射、吸收和透射。如果分别用反射辐射通量、吸收辐射通量、透射辐射通量与入射辐射通量的比值表示反射率、吸收率和透射率，根据物理学的能量转换与能量守恒定律，则反射率、吸收率和透射率之和等于1。遥感技术中，主要研究地物的反射辐射。

### 7.3.1 地物的反射形式

**(1) 光滑面与粗糙面**

物理学反射定律指出，反射角等于入射角。即，入射线在物体表面产生反射时，相对于入射点曲面法线的反射角等于入射角。根据此定律可知，对于一束方向相同的平行入射线束，如果它们入射到法线方向相互平行的同一光滑平面上的不同点位时，其反射线束方向相同；如果反射面是一个法线方向不同的由1、2、3、…等若干面元所构成的粗糙面，如图7-8，则平行入射线束的各反射线方向将因入射点的法线方向不同而不同。

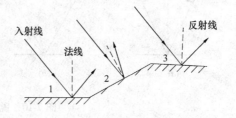

图7-8 粗糙面反射

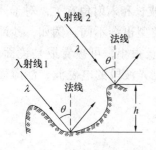

图7-9 反射面粗糙度判别

实际地表面与地物面（简称为反射面）一般不是光滑平面，通常可分为光滑面和粗糙面两大类，其光滑与粗糙程度可以按照瑞利准则来判别，即：两条平行入射线在地物表面上反射后的相位差小于 $2\pi$ 弧度时，该地物面被认为是光滑的，反之为粗糙的。此判断准则经证明，可以用图7-9所示地物表面凸凹程度的等价几何关系式表示为

$$h \leqslant \lambda/8\cos\theta \tag{7-9}$$

式中 $h$——入射点之间的相对高差；

$\lambda$、$\theta$——入射线波长和入射角。

由上式可以看出，地表面的光滑与粗糙程度与电磁波波长 $\lambda$ 和入射角 $\theta$ 有关，换言之，地表面的光滑与粗糙是相对于电磁波波长和入射角而言的。光滑与粗糙程度也可以按照 Peake、Oliver 规则分为光滑、中等粗糙与粗糙三大类。

**(2) 地物的反射形式**

由于反射面的光滑与粗糙程度不同，电磁波的基本反射形式有两类：镜面反射和漫反射，如图7-10。

1) 镜面反射 反射面为光滑面，物体的反射满足反射定律。图7-10（a）为理想的镜面反射，它的反射面为理想镜面。图7-10（b）为实际镜面反射，可以看成为近镜面反射。实际镜面反射的反射面是平坦的，类似于镜面的表面。自然界中真正的镜面很少，静止的水面可以看成是近似的镜面。镜面反射的特点是反射能量集中在与入射角相等的反射角方向上。对于不通明的物体，反射能量等于入射能量减去被物体吸收的能量。

2) 漫反射 反射面为粗糙面，输入辐射能量同等地向四面八方反射。图7-10（d）为理想漫反射，当入射辐射照度一定时，则在任意角度观测反射面，其反射辐射的亮度是一个常数。自然界中真正的漫反射面也很少，实际漫反射是如图 7-10（c）的近漫反射面。

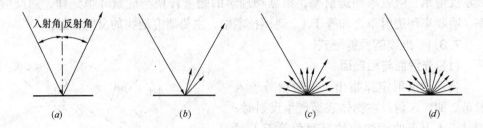

图 7-10　镜面反射与漫反射
（a）理想镜面反射；（b）近镜面反射；（c）近漫反射；（d）理想漫反射

实际物体的反射，一般处于理想镜面反射和理想漫反射两种模型之间。物体的反射是镜面反射还是漫反射，与物体的反射面光滑与粗糙程度密切相关。根据(7-9)式可知，实际反射面的光滑与粗糙程度与电磁波波长和入射角有关，对于同样的反射面，由于入射辐射能的波长不同，其反射的类型也会不同。例如，沙滩面上沙砾之间的高差 $h$ 相对于波长较长的无线电波波长很小，可被看成是镜面，对无线电波的反射是近镜面反射；对于波长很短的可见光波段的电磁波，沙滩面则属于粗糙面，对可见光的反射可看成为近漫反射。

### 7.3.2　地物的反射特性

**（1）波谱反射率**

前已叙及，入射到地物表面的电磁波与地物之间将产生反射、吸收和透射三种现象。如果用 $E_\rho$ 表示总反射辐射能量，$E$ 表示总入射辐射能量，则总反射辐射能量与总入射辐射能量之比，称为反射率，用 $\rho$ 表示。

$$\rho = \frac{E_\rho}{E} \tag{7-10}$$

反射率是整个电磁波波长范围的地物的平均反射率。不同的地物，由于作为反射面的物体表面的形状、光滑与粗糙程度、以及物体对电磁波的反射、吸收和透射程度等不同，其反射率不同。

实际上，同一物体，对不同波长的入射辐射电磁波，其反射率亦不相同。例如，绿色植物的叶子由上表皮、叶绿素颗粒构成的栅栏组织和多孔薄壁细胞组织

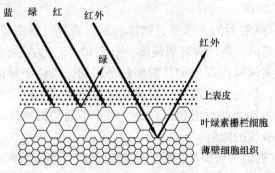

图 7-11　植物叶子结构及其反射

等依层次组成，如图 7-11。入射到叶子上的蓝、红、绿、红外波段的太阳辐射电磁波透过叶子上表皮层后，蓝、红光波辐射能被叶绿素吸收并进行光合作用；绿光波段辐射能大部分也被吸收，但有少部分被反射，所以人们能够看到叶子呈现绿色；近红外波段辐射能穿过叶绿素层，在多孔薄壁细胞组织被反射，因此，红外波段构成强反射。

为了描述物体对不同波长电磁波的不同反射特性，一般定义波谱反射率。用 $E_{\rho\lambda}$ 表示 $\lambda$ 波段反射辐射能量，$E_\lambda$ 表示 $\lambda$ 波段入射辐射能量，则 $\lambda$ 波段反射辐射能量与 $\lambda$ 波段入射辐射能量之比，称为波谱反射率，用 $\rho_\lambda$ 表示。

$$\rho_\lambda = \frac{E_{\rho\lambda}}{E_\lambda} \tag{7-11}$$

由于地物的反射波谱主要在紫外光、可见光和近红外光波段范围，因此波谱反射率通常称为光谱反射率。

**(2) 地物反射波谱特性**

以波长为横坐标，地物波谱反射率为纵坐标建立直角坐标系，描述随波长变化的地物反射率波谱曲线，称为地物反射波谱特性曲线。

地物反射率随波长而变化的规律与特性，具体表现在以下几个主要方面：

1) 地物的反射率，在不同波段具有不同的值。图 7-12 至图 7-14 中的各种要素的波谱反射率曲线图均为曲线，说明在不同波段的地物反射率不同。

根据地物反射率波谱特性曲线形状，地物大致可以分为两类：灰体（非选择性反射体）和选择性反射体。灰体反射率基本不随波长变化而变化，或变化很小，其反射波谱特性曲线形状比较平缓，如图 7-12 中的湿黏土等；选择性反射体的反射率随波长变化较大，如图 7-12 中的红沙石、阔叶树、沙漠地等，它们在某些波段的反射率很低，而另一些波段的反射率又很高。

2) 不同地物，具有不同的波谱反射率曲线。由图 7-12 可以看出，阔叶树、红沙石、沙漠地、针叶树、湿黏土、水等地物要素，它们分别具有不同的反射率波谱曲线形状，且位置也互不相同。

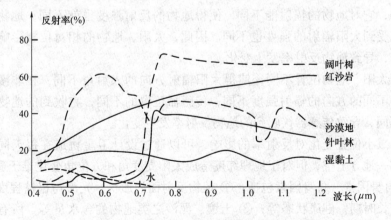

图 7-12　几种不同地物的反射率波谱曲线

3) 同一地物，在不同的条件下，具有不同的波谱反射率曲线。例如，春小麦在乳熟期、花期、灌浆期和黄叶期等不同生长时期，其反射率波谱曲线形状不同，如图7-13。类似地，植物在健康期、病害初期、病害中期和病害晚期，其反射率波谱曲线形状也会不同。

4) 同一地物，在某波段波谱反射率不一定是单值，一般为一个区间。如图7-14，枫树林在各个波段，其值都不是惟一的，而是在某个范围内。

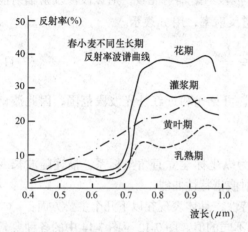 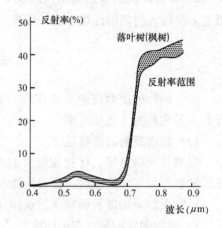

图7-13 同一作物不同生长期反射率波谱曲线　　图7-14 同一作物反射率波谱范围

**(3) 影响地物反射率波谱的因素**

影响地物反射率波谱变化的因素很多，概括起来包括：位置因素、自身因素和环境因素。以下简要介绍这些影响因素的具体内容，便于读者解译、分析遥感信息时参考。

1) 位置因素　影响地物反射率的位置因素包括太阳（辐射源）、地物（反射体）和传感器（接收体）三者之间的相对位置，它们对与地物反射率有关的地物反射强度和传感器接收到的地物反射强度两个方面产生影响。

太阳位置指太阳相对于地物的方位角和高度角，早晨、中午、晚上太阳的高度角不同，它对地物的辐射能不同，使得地物的反射强度也就不同；地物所处纬度不同，受到太阳辐射的强度也不同。因此，太阳、地物的相对位置影响地物反射的强度，导致地物反射率发生变化。

由于太阳、地物位置不同，使得太阳辐射方向的入射角不同，在非漫反射的情况下，不同的方向的辐射强度不同；传感器位置的不同，它收到的地物反射强度也就不同，导致传感器接收到的地物反射率发生变化。

为了减小位置变化对反射率的影响，可以通过设计卫星轨道在每天同一地方时通过同一地方上空，但对于地理纬度造成太阳高度角和方位角变化难于避免。

2) 自身因素　自身因素包括：① 地物反射面的形状、光滑与粗糙程度等；② 植物的生长时期，健康状态等；③ 土壤、泥沙之类地物的含水量等。所有这些自身因素，都对地物反射率产生影响。

3) 环境因素　环境因素主要指气候、温度、大气等对地物反射率产生影响。

### 7.3.3 地物反射波谱特性测定

地物反射波谱曲线，一般需要使用光谱测量仪器，在不同波段对地物的反射率，进行实际观测确定。

**(1) 测定目的**

地表面和地物反射率高的波段，主要在可见光和近红外波段，测定各种地物反射波谱曲线的目的主要有以下几个方面：

1) 最佳遥感波谱段选择的依据，以便设计相应的遥感传感探测器。

2) 建立地面、航空和航天遥感数据之间的关系。最好与航空、航天遥感同步进行测量，以便准确确定卫星遥感数据与地面观测数据之间的对应关系。并进行遥感数据的大气校正。

3) 是用户判读、识别、分析遥感数据的基础，也是计算机自动识别、分类的基础。

**(2) 测定方法**

地物反射率波谱测量分为实验室测量和野外测量两种，野外测量包括野外地面测量和航空测量。使用仪器主要是分光光度计，分波段依次测定对应的反射率，记录并绘制地物反射率波谱曲线。

1) 实验室测量　有严格的样品采集、处理过程和要求。采集的样品要有代表性，植被类变化体要进行冷冻与保鲜，土壤类非变化体要按要求制备成粉或块等。实验室测量在理想条件下进行的，能够反应地物理想状态下的反射率，精度较高，但与野外实际千变万化的环境存在差别，其测量值主要用于参考。

2) 野外测量　在野外自然环境直接测定地物反射率波谱，分为垂直测量和非垂直测量。

垂直测量采用测量仪器垂直向下观测，以便获取数据与多数卫星探测数据方向一致。这种测量没有考虑入射角引起的辐射值变化因素，其测量值的应用范围受到一定限制。

非垂直测量考虑了来自太阳直射光和天空的散射光因素，变换测量角度，从不同方向测量地物反射率，是一种更精确的野外测量方法。

## 7.4 大气对电磁波传播的影响

太阳发射电磁波到达地球表面的地物，需要穿越地球大气层；地物反射太阳发射的电磁波和地物自身发射的电磁波到达遥感卫星上的传感器，也需要穿越大气层。电磁波穿越大气层，会受到大气层的折射、散射、反射、吸收、透射等影响。其中，大气折射只改变电磁波的传播方向，并不改变能量大小，遥感中一般不考虑折射的影响；散射、反射、吸收直接导致太阳发射辐射的电磁波信号到达地面物体和物体反射的电磁波到达遥感卫星传感器的能量衰减。已在第2.5节"大气构造"中对大气分层及其各层成份描述的基础上，详细介绍了大气对电磁波传播所产生的影响。

### 7.4.1 大气散射与反射

**(1) 大气散射**

电磁波在辐射传播中与大气分子和悬浮微粒（如尘埃、云滴、冰滴、雪花等）相遇时，一部分入射波能量改变原方向分散射向四面八方，而原方向辐射能量被削弱的现象，称为大气对辐射的散射，简称大气散射。大气散射的物理规律，与大气分子或微粒的直径 $a$、辐射波的波长 $\lambda$ 密切相关。主要散射现象有瑞利散射、米氏散射和无选择性散射。

1) 瑞利散射　直径 $a$ 远小于波长 $\lambda$（$a < \lambda/10$）时引起的散射，称为瑞利散射。大气分子（氮、二氧化碳、臭氧和氧分子）的直径在 $10^{-4}\mu m$ 量级，可见光的波长（$0.38\sim0.76\mu m$）为 $10^{-1}\mu m$ 量级，由此可见，大气分子对可见光的散射为瑞利散射。瑞利散射强度 $I$ 与波长 $\lambda$ 的四次方成反比，即，

$$I \propto \lambda^{-4} \tag{7-12}$$

由式（7-12）可以看出，波长越短，散射越强。可见光中紫光波长最短，散射最强，到达地面很少；蓝光散射次强，但到达地面较多，因此，晴朗的天空人们感觉呈现蓝色。

2) 米氏散射　直径 $a$ 与波长 $\lambda$ 相当（$a \approx \lambda$）时引起的散射，称为米氏散射。悬浮微粒的直径为 $0.1\sim10\mu m$，因此，微粒对可见光、红外（$0.76\sim1.5\mu m$）的散射为米氏散射。米氏散射强度 $I$ 与波长 $\lambda$ 的平方成反比，即，

$$I \propto \lambda^{-2} \tag{7-13}$$

3) 无选择性散射　直径 $a$ 远大于波长 $\lambda$（$a > \lambda$）时引起的散射，称为无选择性散射。这种散射的强度与波长无关，即，任何波长的无选择性散射强度相同。大雨滴（$1\sim4mm$）对可见光的散射就属于无选择性散射。

综上所述，散射强度与波长有关，也与大气中的介质有关。① 对于大气分子、原子，它们的大小远小于可见光、红外、微波波长，这些波段都产生瑞利散射，且波长越长，散射越小；② 对于大气中的蒸汽和尘埃，可见光为米氏散射，红外、微波波段为瑞利散射；③ 对于大气中的雨滴，可见光波段为选择性散射，散射强度与波长无关，红外波段为米氏散射，微波波段为瑞利散射。根据上述概述，在雨天，大气中存在大气分子与原子、水气与尘埃、雨滴所有成分，可见光存在瑞利散射、米氏散射和无选择性散射，最不利于可见光遥感探测；红外存在瑞利散射和米氏散射；只有微波仅存在瑞利散射，又因瑞利散射强度与波长的四次方成反比，而微波波长较长，雨天对微波的传播也没有太大影响，可进行微波遥感，因此，有人称微波具有穿云透雾能力。在晴朗天气，大气中只有大气分子，原子，可见光、红外、微波都只有瑞利散射，是最合适的遥感探测天气。对于大气中存在水气、尘埃时，可见光的遥感影像质量会受到一定影响。

**(2) 大气反射**

大气对电磁波的反射现象主要发生在云层顶部，其反射量与云量有关。波段不同，其影响有所不同，对于地面物体的遥感探测，最好选择无云天气。

### 7.4.2　大气吸收

辐射到大气中的电磁波，部分被大气反射和散射后，其余部分将被大气吸收或透射。大气中的分子、原子成分与数量不同，它们对不同波长的电磁波，具有不同的吸收率和透射率。图 7-15（$a$）表示能源波谱特性，太阳能和地球体发射的

能量是遥感中最常用的两种能量；如果设反射、散射后的电磁波能量为 1，即吸收率与透射率之和为 100%，图 7-15（b）表示整个大气层的不同波长的透射与吸收状况，其中曲线为透射率曲线，也可以理解为曲线之下空白区域为透射率，曲线之上的部分为吸收率。图 7-15（c）是常用遥感系统对应波谱范围。

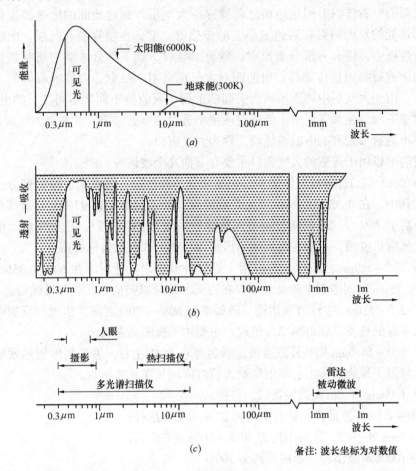

图 7-15 大气透射与吸收
（a）能源波谱特性；（b）大气透射与吸收波谱特性；（c）常用遥感系统对应波谱范围

大气中有多种分子，对大气产生吸收的主要分子是氧气、臭氧、氮气、二氧化碳、水等，它们对不同的波段，其吸收率不同。

水（$H_2O$）的吸收在 0.94、1.13、1.38、1.86、3.24μm 和 2.5～3.0μm、5～7μm 以及 24μm 以上的波段。水吸收太阳约 20% 的辐射能。

臭氧（$O_3$）在紫外区的吸收带，波长为 0.22～0.30μm 区间很强，0.32～0.36μm 区间较弱；在可见光中的 0.6μm 处也有一个小的吸收带；在红外区的 4.7、9.6μm 和 14μm 处也有吸收。臭氧层吸收太阳辐射能的 2%，是导致平流层上部温度较高的原因。

二氧化碳（$CO_2$）在大于 2μm 的红外区有吸收，较强吸收带的中心位于 2.7、4.3μm 和 15μm 处。

氧（$O_2$）的主要吸收带在紫外区，波长范围为 0.125～0.2439μm，其中波长

$0.1961\sim0.2439\mu m$ 区域吸收较弱；在可见光区域还有两个吸收带，中心在波长 $0.6\mu m$ 和 $0.76\mu m$ 处有窄带吸收。

氮（$N_2$）、尘埃等大气微粒也有吸收作用，但不起主导作用。

### 7.4.3 大气窗口

太阳的电磁波辐射到达地面之前要穿越大气层，到达地面的电磁波反射辐射和地物热能的发射辐射在到达卫星上的传感器之前，也要穿越大气层。电磁波在穿越的过程中，将有一部分被反射、散射、吸收，剩下部分才能透射穿过大气层到达地面或最终到达传感器。由前面对大气的散射、反射、大气吸收等的介绍可以看出，由于大气层中物质不同而引起的散射、吸收等不同，不同波长的电磁波，其透射率不同。在大气层中不能透射或很小透射的电磁波波段，称为大气屏障；在大气层中透射率较高的电磁波波段，称为大气窗口。

目前可以用于遥感的大气窗口主要有下面几个波谱段：

1) $0.13\sim1.15\mu m$ 短波波谱段。包括部分紫外波段、可见光波段和部分近红外波段。其中，在 $0.38\sim0.76\mu m$ 可见光波谱段，其透射率高达 95%，其余部分的透射率也高于 75%。这一波谱段主要反映地物对太阳光的反射，是遥感技术的最主要的大气窗口波段，通常在白天使用摄影或扫描方式获取目标的信息。

2) $1.4\sim1.9\mu m$、$2.0\sim2.5\mu m$ 两个近红外波谱段。透射率在 60%～95%之间，$1.55\sim1.75\mu m$ 区间透射率较高。可以在白天、晚间以扫描方式获取目标信息。

3) $3.5\sim5.0\mu m$ 中红外波谱段。透射率在 60%～70%之间，由地物反射太阳光和地物本身的热发射辐射两部分组成，主要用于探测高温目标。

4) $8.0\sim14.0\mu m$ 热红外波谱段。透射率在 80%左右，主要是地物热发射辐射波谱，常温下地物波谱出射辐射度最大值对应波长在 $9.7\mu m$ 处。

5) $1.0mm\sim1.0m$ 微波波谱段。包括：

$1.0\sim1.8mm$ 波谱段，透射率约为 35%～40%左右；

$2\sim5mm$ 波谱段，透射率约为 50%～70%左右；

$8\sim1000mm$ 波谱段，透射率约为 100%。

微波波谱窗口具有全天候和高透射特点，特别是在波长超过 8mm 后，达到完全透射。

### 7.4.4 大气对遥感影像的影响

遥感传感器探测、记录到的能量，来自于太阳能和地物热能两种能量。如图 7-16，遥感平台上的传感器记录的总能量包括：

1) 太阳的电磁波发射辐射，透射穿越大气后到达地物，经地物反射后再次透射穿越大气到达传感器的能量。太阳直接照射地物的能量，经两次穿越大气时部分被大气吸收，部分被地物吸收。

2) 地物的热发射辐射透射穿越大气到达传感器的能量。

3) 太阳的电磁波发射辐射在大气中散射后到达地物，经地物反射到传感器的能量。

4) 太阳的电磁波发射辐射经大气反射直接进入传感器的能量。

5) 太阳的电磁波发射辐射经大气散射直接进入传感器的能量。

6) 太阳的电磁波发射辐射经大气散射到其它地物,再经反射后到达传感器的能量。

上述能量中,(1)、(2)、(3) 三种能量经被探测的地物到达传感器,能反映地物的信息,是遥感需要探测的能量;(4)、(5) 两种属于太阳的大气反射和散射引起的天空光,它们不传递被探测地物的信息,是遥感所不需要的能量。这类能量的大小,与波长、天气、大气尘埃、水珠等因素有关,尽量选择晴朗天气进行遥感探测,可以减少其影响;第(6)种是由于漫反射引起其他地物的信息反射到被探测地物的位置,引起被测地物信息产生噪声,是需要削弱或消除的能量。

以上定性分析了构成遥感传感器探测到的总能量的各种分量。这些分量在总能量中所占比例,与传感器所能探测的波长、太阳和地物辐射的能量、天气等很多因素有关,需要针对具体条件才能作出定量分析。

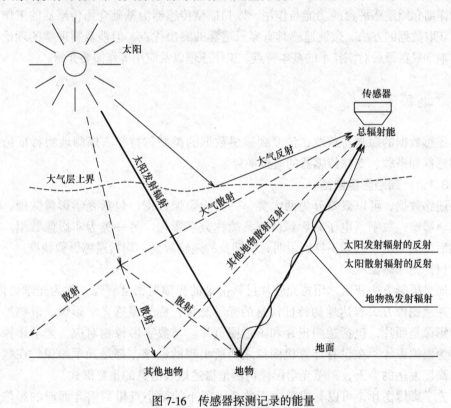

图 7-16 传感器探测记录的能量

# 8 遥感数据获取

遥感数据指的是安置在遥感平台上的传感器对地面物体发射辐射、反射辐射电磁波能量进行探测所获取的地物特征信息。遥感数据的获取依赖于遥感平台与传感器。

为了便于理解遥感探测系统的工作原理，本章先简要介绍遥感数据。鉴于遥感平台和传感器的多样性与复杂性，将采用概述性与重点相结合方式，以陆地资源卫星为例详细介绍遥感平台的功能与作用，以扫描型传感器为基础介绍传感器的工作原理、获取数据的方法。微波遥感具有穿云透雾的突出优点，但涉及物理学的理论较多，本章只在最后对该技术的基本特点、工作原理以及应用等作简要介绍。

## 8.1 遥感数据

遥感数据的探测与获取，涉及到遥感数据的类型与特征、探测地物特征信息的传感器和搭载、支撑传感器的遥感平台。

### 8.1.1 遥感影像数据

遥感数据，可以概略分为两大类，一类为影像数据，包括光学影像数据，简称光学影像；数字（电子）影像数据，简称数字影像。另一类为非影像数据。在本书后面的介绍中，如不特别说明，所涉及的遥感数据，均指遥感影像数据。

**(1) 光学影像**

通过摄影方法获取，用感光胶片材料记录的光辐射密度影像，称为光学影像。通过遥感图像方式表达地物特征信息的光学影像，称为遥感光学影像。最熟悉的光学影像是照片，包括透明正片和不透明负片。与数字影像相对应，光学影像也被称为模拟影像。在没有计算机图像之前所出现的影像，都是光学影像。在数字技术高度发达的今天，遥感光学影像仍然是描述地表信息的重要形式。

光学影像图片，可以看成是由无数个无限小的微小点排列组合而成的影像集合。如果在二维平面图片上用 $x$ 轴和 $y$ 轴建立一个直角坐标系，则每个微小点都对应有唯一的 $(x, y)$ 坐标，且 $(x, y)$ 的取值是连续的。如果用一个函数 $f(x, y)$ 表示对应于坐标 $(x, y)$ 处影像的明暗程度，则 $f(x, y)$ 也是一个连续变化的函数，其值代表成像瞬间物体反射光的强度或灰度。$f(x, y)$ 的连续变化特性，是光学影像的基本特性。

**(2) 数字影像**

能以数字方式在计算机中存储、运算、输出的影像，称为数字影像。通过遥感方式获取的表示地物特征信息的数字影像，称为遥感数字影像。

数字影像所描述的区域，是由有限个具有相同大小，被称为像元的规则图形，按照既不重叠、也无缝隙的原则依次排列组合而成的离散区域。其中，每个像元的图形，可以是矩形、正方形、三角形、六边形等，遥感中一般使用正方形。

在离散遥感影像二维平面区域中，用 $x$ 轴和 $y$ 轴建立一个直角坐标系，则每个像元的位置可以用行列序号 $(i, j)$ 或离散型坐标 $(x_i, y_i)$ 表示，$i = 1, 2, \cdots, m$；$j = 1, 2, \cdots, n$。其中，行列序号与坐标之间有如下关系：

$$\left.\begin{array}{l} x_i = x_0 + i \cdot \Delta x \\ y_i = y_0 + j \cdot \Delta y \end{array}\right\} \tag{8-1}$$

式中，$\Delta x$，$\Delta y$ 分别表示纵横坐标间隔，亦可看成是像元的大小，遥感中通常取 $\Delta x = \Delta y$。

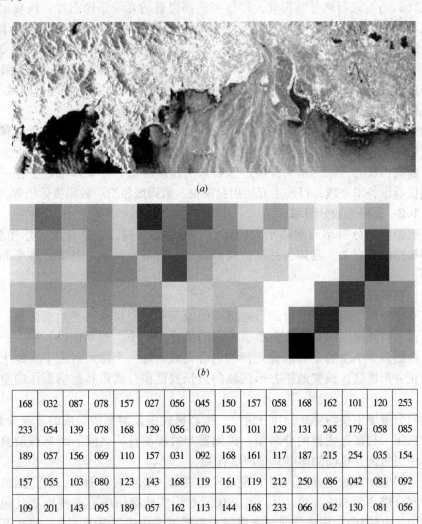

| 168 | 032 | 087 | 078 | 157 | 027 | 056 | 045 | 150 | 157 | 058 | 168 | 162 | 101 | 120 | 253 |
| --- | --- | --- | --- | --- | --- | --- | --- | --- | --- | --- | --- | --- | --- | --- | --- |
| 233 | 054 | 139 | 078 | 168 | 129 | 056 | 070 | 150 | 101 | 129 | 131 | 245 | 179 | 058 | 085 |
| 189 | 057 | 156 | 069 | 110 | 157 | 031 | 092 | 168 | 161 | 117 | 187 | 215 | 254 | 035 | 154 |
| 157 | 055 | 103 | 080 | 123 | 143 | 168 | 119 | 161 | 119 | 212 | 250 | 086 | 042 | 081 | 092 |
| 109 | 201 | 143 | 095 | 189 | 057 | 162 | 113 | 144 | 168 | 233 | 066 | 042 | 130 | 081 | 056 |
| 143 | 154 | 071 | 160 | 200 | 126 | 137 | 103 | 110 | 189 | 089 | 000 | 097 | 155 | 103 | 070 |

(c)

图 8-1　遥感数字图像
(a) 遥感影像图；(b) 放大后的图形；(c) 像元灰度值

像元位置$(i,j)$或$(x_i,y_i)$及其函数$f(i,j)$或$f(x_i,y_i)$都是离散型的,这是数字影像的特征。遥感影像区域中每个像元的值,只能取一个数值,用$f(i,j)$或$f(x_i,y_i)$表示,它们表达像元的地理特征信息。图 8-1 中,(a)是一幅遥感影像图;(b)是(a)中某一小区域放大后的图形;(c)中每个方格里的数值是(b)中对应像元的地表特征值(灰度值)。

### (3) 光学影像转换成数字影像

光学影像的明暗度是连续变化的,能够准确表达地物的实际特征,但不便于计算机存储、处理。将光学影像转换成数字影像的过程,称为光学影像数字化。

光学影像数字化包含两个方面的内容:其一,对二维光学图片平面上连续型的位置$(x,y)$进行离散数字化,即,将一幅完整的光学影像图片,按规定间隔分割成离散的像元阵列。像元的大小代表离散数字化的精度或准确度,光学影像图片上的间隔,一般用 dpi(dot per inch:每英寸内的点数)来衡量。例如,300dip 表示每平方英寸区域有$300\times300=90000$个像元。其二,对随位置不同而连续变化的光密度函数$f(x,y)$进行离散数字化,即对连续变化的影像灰度进行离散采样,每像元仅取一值。常用灰度量有 2 级、64 级、128 级和 256 级等。

光学影像经过数字化后得到数字影像,实际上是原光学影像的近似影像。数字化后的影像与原影像的近似程度主要与像元大小有关。像元越小,接近原影像的程度越高;反之,像元越大,接近原影像的程度越低。光学影像数字化一般使用专用仪器设备来完成,目前主要使用扫描仪、数码照相机、数码摄像机等。

### 8.1.2 遥感影像分辨率

遥感影像的分辨率与遥感平台的运行、传感器结构、记录介质(感光胶片)分辨率敏感度等有关,具体包括:空间分辨率、波谱分辨率、温度分辨率和时间分辨率。

### (1) 空间分辨率

遥感影像的空间分辨率指的是遥感影像像元所对应实地水平地面区域,即从遥感影像上所能辨别的实地最小水平单元的尺寸或大小。图 8-1(b)中,一幅遥感影像由很多个小块的正方形像元排列组合而成,每一个像元对应于实地上的一个小的正方形区域,该实地正方形区域的边长或面积,就是其遥感影像的空间分辨率。

空间分辨率主要与感光胶片分辨率、摄影机镜头分辨率所构成的系统分辨率、摄影机焦距、扫描探测器的分辨率、探测器与被探测目标之间的距离或航高(航空摄影中飞机离开地面的高度)等因素有关。

在空间分辨率的范围内,每个像元只能表示一种要素。例如,当扫描型传感器的空间分辨率为$30m\times30m$时,若某像元对应实地区域中有多种地物(包含房屋、树木、电线杆),则该像元只能根据光辐射量或热辐射量的大小,表示其中的一种要素。另一方面,当地物大于一个像元对应的区域时,则由多个像元表示一种地物。如高分辨率的 IKONOS 卫星影像的分辨率为$1m\times1m$,当地物的尺寸为$3m\times6m$,则可能用 18 个属性(灰度值)相同的像元表示该地物。

### (2) 波谱分辨率

波谱分辨率指的是传感器在接收地物反射辐射时所能分辨的电磁波最小波长

间隔。波长间隔越小,波谱分辨率越高;波长间隔越大,波谱分辨率越低。

遥感的波段指的是遥感传感器观测时能探测、记录地物辐射的电磁波波长的区间或范围。例如,安装在美国 Landsat 卫星上的 Mass 传感器有四个波段,它们的波长范围分别是 $0.5\sim0.6\mu m$、$0.6\sim0.7\mu m$、$0.7\sim0.8\mu m$、$0.8\sim1.1\mu m$。在 $0.5\sim0.8\mu m$ 区间,其波谱分辨率为 $0.1\mu m$,在 $0.8\sim1.1\mu m$ 区间,波谱分辨率为 $0.3\mu m$。

早期的多光谱扫描仪(如 MASS 等),只有少数几个波段,波段宽度在 $0.1\sim0.3\mu m$ 之间。现在的成像光谱仪,波段数可达几十甚至几百个,波段宽度可以小到 $5\sim10nm$。不同地物,其波谱的波峰与波谷不同。一般来讲,传感器的波段数越多,波段宽度越小,则区分与识别地物的能力越强。另一方面,对于一些特定目标,也并非光谱分辨率越高就越好,而是应该根据目标的光谱特性具体分析后,针对性地选择合适的分辨率与波段。

**(3) 温度分辨率**

温度分辨率指的是传感器在接收地物热辐射时所能分辨的最小温差。温度分辨率主要用于热红外遥感。不同的地物,其热辐射不同。温度分辨率越高,识别与区分地物的能力越强。目前的温度分辨率可以达到 0.5K,预计不久的将来可以达到 0.1K。

**(4) 时间分辨率**

时间分辨率指的是对同一地物进行重复采样的时间间隔,亦称为重访周期。通常意义的时间分辨率主要指航天卫星遥感的重访周期,重访周期取决于所使用卫星的应用目的和运行轨道。地球同步和太阳同步气象卫星的时间分辨率分别为 1 次/0.5 小时和 1 次/0.5 天;Landsat 陆地资源卫星的重访周期分别为 1 次/16 天。

时间分辨率的选择与用途相关,气象卫星遥感需要反应短周期的变化,要求的时间分辨率高;而陆地资源调查等,并不需要有很高的时间分辨率。

## 8.2 遥感传感器

收集目标电磁波信息的设备,称为传感器。遥感传感器是遥感中探测地物电磁波信息的核心设备。

### 8.2.1 传感器类型

由于地物种类、性质不同,其电磁波的波长和发射、反射特性各异,因而接收电磁波辐射信息的传感器种类很多。依据不同形式,传感器类型有多种分类方法。

按照影像数据存储形式,遥感传感器分为摄影成像、光电成像两种基本类型。摄影成像类型传感器使用感光胶片作为介质,记录所探测的数据。这类传感器主要有框幅摄影机、缝隙摄影机、全景摄影机和多光谱摄影机等。它们一般被安装在可以返回地面的遥感平台上,如安装在低空飞机、航天飞机或返回式卫星等(遥感平台上)。光电成像类型传感器所探测到的信息,以电信号方式记录和传输,其遥感平台不需要返回地面。这类传感器有 TV 摄像机、扫描仪和 CCD 电荷耦合元件等。多用于周期性对地观测的卫星遥感平台上,在陆地资源与环境探测的遥感中，主要使用光电类型传感器。

在可用于遥感的电磁波中，由第7.4节中介绍的大气对电磁波传播的影响可知，微波在传播过程中，几乎不受大气中云雾雨雪等天气现象的影响，能在各种天气情况下探测到地物信息。因此，雷达成像类型的传感器，越来越多地受到重视。用于微波遥感的传感器主要有真实孔径侧视雷达、合成孔径侧视雷达和全景雷达等。

根据工作方式可以分为主动式传感器和被动式传感器。主动式传感器向目标发射强大的电磁波，并被目标反射，传感器接收目标的反射回波来探测目标的信息。上面介绍的各种雷达都属于主动式传感器。被动式传感器接收地物反射的太阳辐射或地物本身发射的热辐射，如各种摄影机、摄像机、辐射计等。

以非成像方式存储地物的物理、化学参数，称为非成像传感器，这类传感器在许多领域也得到应用。

目前最常用的成像类型遥感传感器如图8-2。

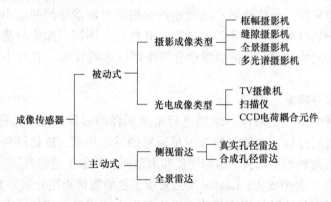

图8-2 常见成像传感器

### 8.2.2 传感器组成

遥感的传感器虽然种类很多，但它们的基本结构相同，一般由收集系统、探测系统、处理系统和输出系统四大部分组成，如图8-3。本节主要介绍目前广泛应用于陆地资源探测的扫描类型传感器，简要介绍遥感早期的摄影成像类型传感器和日趋成熟的雷达成像类型传感器。

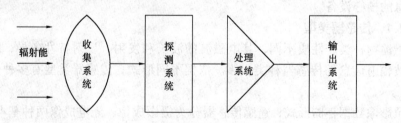

图8-3 传感器组成

**(1) 收集系统**

收集系统的元件有透镜组或反射镜组、天线等。对于多波段遥感，收集系统还包含滤色片、分光镜等分波束元件。由于透镜吸收辐射能，遥感传感器已很少使用透镜组，目前主要使用反射镜组。

收集系统的作用是收集地物辐射能量。地物辐射的电磁波在空间四处扩散，收集系统通过透镜组或反射镜组将收集的信息聚焦后传送到探测系统。

**（2）探测系统**

根据成像类型不同，探测系统的材料或元件不同。对于摄影成像类型传感器，使用感光胶片；对于光电成像传感器，使用光（电）敏探测元件、热敏探测元件等。

不同地物具有不同的电磁波辐射（反射太阳电磁波辐射、热发射辐射）波长与强度，探测材料（感光胶片）或元件（光电敏探测元件、热敏探测元件）在不同的光、电、热辐射波长与强度作用下，将产生不同的化学反应或物理变化。探测系统的作用就是探测、记录地物的这些不同辐射特征与化学物理变化。

感光胶片通过化学作用探测近紫外至近红外波段内的电磁波辐射；光电敏感元件将电磁波信号转换成电信号，探测紫外至红外波段内的电磁波辐射；热敏元件探测、记录地物的热辐射量，目前主要用于热红外波段。

**（3）处理系统**

摄影成像类型的处理系统实际上与普通照相的处理相同，其过程是将记录在感光胶片（负片）上的潜影，经过显影、定影处理过程，获得地物影像。

光电成像类型处理系统的作用是将探测系统探测到的微弱光电信号，进行放大、增强等处理，并进行存储。

**（4）输出系统**

由摄影成像类型获取的遥感影像，已经直接以摄影胶片、扫描航带胶片或合成孔雷达波带胶片方式记录保存。对于光电成像类型的遥感影像信号，需要通过扫描晒像仪、阴极射线管、磁带记录仪、彩色喷墨绘图仪等，经计算机荧屏上显示、相机翻拍、打印等，变成可视遥感影像。

## 8.3 遥感成像

遥感成像根据传感器不同，有很多种方式。与图 8-2 中传感器相对应，最主要的成像方式包括：框幅摄影成像、缝隙摄影成像、全景摄影成像、多光谱摄影成像、TV 成像、光电扫描成像、CCD 电荷耦合元件成像、真实孔径雷达成像、合成孔径雷达成像、全景雷达成像等。这些成像方式中，一部分属于摄影成像类型、一部分属于光电成像类型，概括起来分为分幅成像、扫描成像、多光谱与高光谱成像、雷达成像四种情况。雷达成像在本章最后介绍。

### 8.3.1 分幅成像

分幅成像的传感器安置在飞机或卫星等航空、航天遥感平台上，所获取的影像属于单中心投影，分幅成像分为：分幅摄影成像，亦称框幅摄影成像，如图 8-4；分幅光电成像，亦称 CCD 面阵列成像，如图 8-5。

**（1）框幅摄影成像**

框幅摄影成像属于摄影成像类型，其传感器主要由物镜、快门、暗盒和感光胶片等组成。物镜是传感器核心元件，影像记录在感光胶片上。

由图 8-4 可以看出，框幅摄影成像原理与普通照相机的成像原理相同。在空间遥感平台上的框幅摄影机快门开启后，地面视场 ABCD 范围内地物的辐射信息，在曝光瞬间一次性通过物镜中心，成像在位于物镜焦平面的感光胶片上，得到一幅对应于地面 ABCD 范围的 abcd 范围内地物影像负片的潜影，经显影、定影等摄影处理后，得到与地面 ABCD 位置一致的 $a'b'c'd'$ 影像正片。

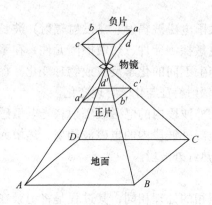
图 8-4　分幅摄影成像

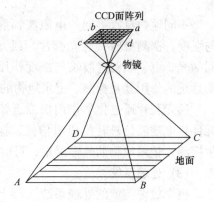
图 8-5　分幅光电成像

分幅摄影影像的像幅，一般为 230mm×230mm 和 180mm×180mm 两种，也有 60mm×60mm 小像幅和 230×460mm 大像幅像片。这类遥感的地面空间分辨率与物镜的焦距、遥感平台航高（飞机、卫星的飞行航线与轨道高度）有关。

航空遥感一般采用框幅摄影成像方式。通过航空摄影的航向与航带框幅相片的重叠（一般要求重叠度为 60%～80%），可以构成立体像对，进行地形图测绘和制作影像地图。

**(2) CCD 面阵列成像**

CCD（Charge Coupled Device：电荷耦合元件）是一种用电荷量表示信号大小，用耦合方式传输信号的探测元件，每个 CCD 元件对应于一个像元素。将若干个 CCD 元件排成一行的传感器，称为 CCD 线阵列传感器，如法国 SPOT 卫星使用的 HRV 就是一种 CCD 线阵列传感器。将若干个 CCD 元件按行列对齐排成一个矩形区域的传感器，称为 CCD 面阵列传感器。

CCD 面阵列传感器的成像原理与框幅摄影成像原理相似，在某一瞬间可以获得一幅完整的影像。与框幅摄影所不同是影像信息由 CCD 面阵列元件探测、输出到存储介质上存储，而不是记录在感光胶片上。

目前，CCD 线阵列可达 12000 个像元素，长 96mm；CCD 面阵列可达 5120×5120 个像元素，像幅为 61.4mm×61.4mm。每个像元素的地面空间分辨率可达 2～3m、1m 甚至 0.61m。

### 8.3.2　扫描成像

扫描成像分为摄影扫描成像和光电扫描成像两类。每种类型依据镜头旋转或固定，分别分为旋转扫描（亦称摆帚扫描）和推帚扫描。

**(1) 摄影扫描成像**

在摄影扫描类型中，旋转镜头的摄影扫描成像，称为全景摄影成像或摆帚摄影成像；镜头固定不动的摄影扫描成像，称为推帚摄影成像。

1) 全景摄影成像

图 8-6 为全景摄影成像原理图。在全景摄影成像的传感器中，物镜的焦面上设置有一条很窄的平行于飞行方向的夹缝。随着物镜绕平行于飞行方向的旋转轴摆动，夹缝在物镜焦面内作垂直于飞行方向的移动。通过夹缝连续的移动对地面进行扫描，得到一幅扫描的全景影像图。

由于利用了窄缝限制瞬时摄影视场，因此，像片每一窄缝范围内的影像都非常清晰，使得像幅边缘的影像分辨率明显得到提高。全景摄影成像时，感光胶片呈弧面状放置。在扫描成像过程中，感光胶片固定不动，当物镜连续旋转扫描完成一幅全景影像后，胶片旋进一幅。由于全景扫描成像过程中像距始终保持不变，而物距随扫描角（物镜扫描面与铅垂面之间的夹角）增大而增大，使得整幅影像出现越往边缘，比例尺逐渐变小的变形现象。

2) 推帚摄影成像

推帚摄影亦称缝隙摄影、航带摄影或推扫摄影，图 8-7 为推帚摄影成像原理图。在推帚摄影成像的传感器中，物镜的焦面上设置有一条很窄的垂直于飞行方向的夹缝。当飞机或卫星（遥感平台）向前飞行时，夹缝中的影像也同步连续变化。当摄影机焦面上的感光胶片与飞行速度作对应卷动时，便可以获取航线带上的摄影像片。

推帚摄影与全景摄影相比，相同的是两者都是拍摄透过夹缝的影像，可以获得清晰的像片。不同的是，全景摄影过程中，镜头转动，夹缝随镜头转动沿垂直于飞行方向扫描，胶片在摄影扫描期间不动；推帚摄影过程中，镜头不动，夹缝随飞机、卫星运动沿平行于飞行方向扫描，胶片在摄影扫描期间作与飞行速度对应的卷动。

推帚摄影成像过程中，卷片速度 $w_p$ 必须与地物在焦面上影像的移动速度 $w_i$ 相等。$w_i$ 除了与平台飞行速度、镜头焦距有关外，还与变化的航高（平台飞行高度）有关，无法保证 $w_p = w_i$。因此，推帚摄影成像已很少使用，但推帚摄影成像的思想，是目前正在使用的线阵 CCD 成像的基础。

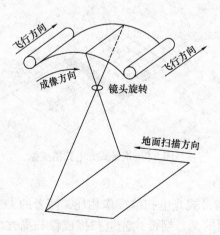
图 8-6 全景摄影成像

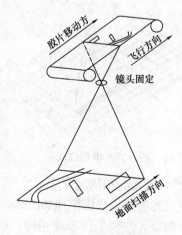
图 8-7 推帚摄影成像

### (2) 光电扫描成像

光电扫描成像工作原理与摄影扫描成像工作原理基本相同，包括，旋转镜头的光电扫描成像，简称旋转式光电扫描成像或摆帚式光电扫描成像；镜头固定不动的光电扫描成像，简称为推帚式光电扫描成像。摄影扫描成像与光电扫描成像的本质区别在于探测器不同，前者使用感光胶片探测、记录地物电磁波辐射信息，获取的是模拟影像数据；后者使用 CCD 线阵列元件探测，存储地物电磁波信息，获取的是数字影像数据。

1）摆帚式光电扫描成像

摆帚式光电扫描成像工作原理如图 8-8。传感器中的反射镜从视场角的一侧开始，绕平行于平台飞行方向的轴线旋转，对地面视场范围的宽度为 $m$ 个像元的区域连续扫描，并将地物电磁波辐射信息反射到传感器中的 CCD 线阵列元件上。扫描方向，与遥感平台的飞行方向垂直。每扫描一行（一个像元宽度的间距），CCD 线阵列元件便探测、存储一次该行地面 $m$ 个像元的电磁波辐射信息。直至反射镜旋转到视场角的终止侧，一共扫描 $n$ 行，总共探测、存储 $n \times m$ 个像元数据。

在扫描过程中，CCD 线阵列的 $m$ 个探测元件位置固定不变，每扫描一行，各个 CCD 线阵列探测元件将获取的地物辐射信息立即通过电子线路转存到存储器中，然后被下一行的数据自动更新，依次重复。

当反射镜旋转至视场角终止侧时，遥感平台已沿航线前行了 $m/2$ 个像元对应的距离。此后，反射镜自动回转，当遥感平台继续向前运行 $m/2$ 个像元对应的距离，反射镜回到视场开始侧。传感器的反射镜从起始侧开始旋转，至终止侧后返回到原起始位置期间，卫星前行的距离正好等于 $m$ 个像元对应的长度，可以保证相邻扫描区域，既不重叠，也无缝隙。

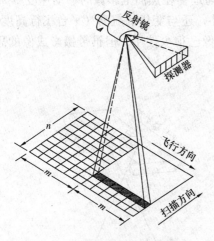

图 8-8 摆帚式光电扫描成像

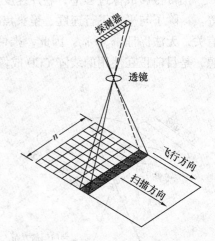

图 8-9 推帚式光电扫描成像

2）推帚式光电扫描成像

推帚式光电扫描成像原理如图 8-9。与摆帚式光电扫描成像相比，两者的 CCD 线阵列探测器元件和工作原理相同。所不同的是，摆帚式光电扫描成像扫描方向与遥感平台的飞行方向垂直，通过反射镜的旋转和平台的飞行运动对地面进行扫描。推帚式光电扫描成像扫描方向与遥感平台的飞行方向相同，透镜固定不动，仅依靠遥感平台的飞行运动，实现连续对地面进行扫描。

### 8.3.3 多光谱与高光谱成像

前面介绍的各种摄影和扫描成像方式，都没有涉及光谱波段。在遥感技术中，为了提高对地物的识别与区分能力，无论是摄影成像，还是扫描成像，通常采用多波段光谱技术。

**(1) 多光谱成像**

将扫描镜收集到的地物辐射信息，按照波谱（波长）进行分离，分别进行探测、成像的过程，称为多光谱成像。这种传感器与单波段传感器的成像原理基本相同，其本质区别在于增加了一个分光器。分光器以不同波长的电磁波通过同一介质的折射率不同为物理基础，用于分离出不同电磁波。

如图 8-10 所示。地面辐射信息经扫描镜收集后，通过主反射镜反射聚焦到次反射镜后再次反射，穿过夹缝到达分光器。由于入射到分光器的电磁波具有不同的波长，如 $\lambda_1 \sim \lambda_n$ 波段，它们穿越分光器时具有不同的折射率，因而分光器的出射电磁波具有不同的方向。这些不同方向的出射光到达不同的探测元件，$\lambda_1 \sim \lambda_2$ 波长范围（波段-1）内电磁波到达探测元件 1，$\lambda_2 \sim \lambda_3$ 波长范围（波段-2）内的电磁波到达探测元件 2，…，从而实现多波段成像目的。

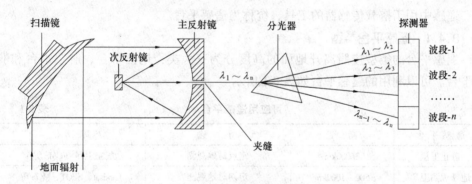

图 8-10 多光谱成像原理

**(2) 高光谱成像**

高光谱成像指的是具有很高光谱分辨率的成像方式。高光谱成像中使用传感器与多光谱成像的传感器，在结构上基本相同，其区别只是色散（分光器）元件具有很高的分离光谱能力，可以分离出很多波段，各波段宽度很窄。这种传感器能够获取地物几乎连续的光谱图像，具有光谱仪的性质，因而称之为成像光谱仪。

成像光谱仪成像形式，根据探测元件的分布结构，有两种基本形式：线阵高光谱成像和面阵高光谱成像。

线阵高光谱成像示意图如图 8-11 所示，由点扫描镜在垂直于航线方向摆动和平台在航线上移动相结合，完成对地面的空间扫描。由色散元件将点扫描镜收集的点状像元中的光谱辐射信息分离成 $k$ 个不同的波段，分别成像于线阵列探测器的 $k$ 个不同元件上。

面阵高光谱成像示意图如图 8-12 所示，由 $m$ 个线阵列扫描镜在航线上运动，或垂直于航线方向摆动与平台在航线上移动相结合，完成对地面的空间扫描。由色散元件将 $m$ 个线阵列扫描镜收集的线阵列状 $m$ 个像元中的光谱辐射信息分别分离成 $k$ 个不同的波段，并成像于面阵列探测器的 $m \times k$ 个不同元件上。

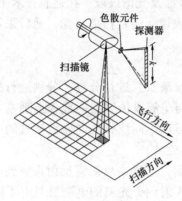
图 8-11　线阵高光谱成像

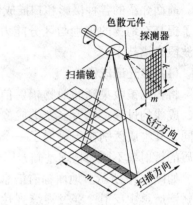
图 8-12　面阵高光谱成像

## 8.4 遥感平台

遥感中用于搭载传感器的工具，统称为遥感平台。

### 8.4.1 遥感平台类型

遥感平台的类型按照离开地面的高度分为三大类：地面平台、航空平台和航天平台。可以利用的遥感平台如表 8-1 所示。

可应用遥感平台　　　　　表 8-1

| 遥感平台 | 高度 | 用途 | 其他 |
|---|---|---|---|
| 静止卫星 | 36000km | 定点对地观测 | 气象卫星（GMS 等） |
| 地球观测卫星 | 500~1000km | 定期对地观测 | Landsat、SPOT、MOS 等 |
| 小卫星 | 400km 左右 | 各种调查 | |
| 航天飞机 | 240~350km | 不定期对地观测、空间实验 | |
| 无线探空仪 | 100m~100km | 各种调查、气象观测 | |
| 高高度喷气机 | 10~12km | 侦察、大范围调查 | |
| 中低高度喷气机 | 500m~8km | 各种调查航空摄影测量 | |
| 飞艇 | 500m~3km | 空中侦察、各种调查 | |
| 直升机 | 100~2km | 各种调查、摄影测量 | |
| 无线遥控飞机 | 500m 以下 | 各种调查、摄影测量 | 飞机、直升机 |
| 牵引飞机 | 50~500m | 各种调查、摄影测量 | 牵引滑翔机 |
| 系留气球 | 800m 以下 | 各种调查 | |
| 索道 | 10~40m | 遗址调查 | |
| 吊车 | 5~50m | 近距离摄影测量 | |
| 地面测量车 | 0~30m | 地面实况调查 | 车载升降台 |

1）地面平台包括三角架、遥感塔、遥感车、建筑物顶部等，主要用于在近距离测量地物波谱和摄取供试验研究用的地物细节影像；

2）航空平台包括在大气层内飞行的各类飞机、飞艇、气球等，其中飞机是最主要、最常用的遥感平台；

3）太空平台包括大气层外的飞行器，如各类卫星、航天飞机等。

在不同高度的遥感平台上，可以获得不同面积、不同分辨率的遥感图像数据，在遥感应用中，这三类平台可以互为补充、相互配合使用。

### 8.4.2 遥感卫星系列

随着卫星技术与传感器技术的不断发展，卫星遥感在陆地与海洋的资源调查、环境监测、气象探测与预报等方面发挥越来越重要的作用，本书主要介绍卫星遥感平台。根据用途与服务内容不同，遥感卫星可分为陆地资源卫星系列、气象卫星系列和海洋卫星系列等。

**（1）陆地资源卫星系列**

陆地资源调查与环境监测是遥感的重要应用之一，其主要应用内容包括：陆地水资源调查、土地资源调查、植被资源调查、地质调查、城市遥感调查、海洋资源调查、地形测绘、考古调查、环境监测、城市土地使用监测、规划与管理等。

应用于陆地资源与环境的卫星，通常称为陆地卫星。陆地卫星有多种系列，主要光电传感器类型的卫星系列有 Landsat 系列、SPOT 系列、CBERS 系列等；高分辨率卫星系列有 IKONOS、Quick Bird；微波雷达传感器类的主要有 Radarsat 系列、JERS 系列、ERS 系列等。这些主要的陆地资源卫星基本情况如表 8-2。其他卫星系列包括印度的 IRS 系列、美国军方的 EOS 高光谱系列、美国的 SIR 合成孔雷达系列等，此处不一一介绍。

主要陆地资源卫星系列 表 8-2

| 类别 | 卫星名称 | 发射者 | 传感器 | 发射时间 |
|---|---|---|---|---|
| 光电扫描 | Landsat-5、7 | 美国 | MSS，TM，ETM+ | 1985.3.1，1999.4.15 |
| | SPOT-2、4、5 | 法国 | HRV（可见光扫描仪）等 | 1998.03~2002.05 |
| | CBERS | 中国-巴西 | CCD 相机、IR-MSS、EFI | 1997.10.14 |
| 高分辨率 | IKONOS-1/2 | 美国 | 多光谱+全色 | 1999.9.24，2002 |
| | Quick Bird | 美国 | 多光谱+全色 | 2001.10.18 |
| 微波雷达 | Radarsat | 加拿大 | SAR（合成孔径雷达）等 | 1995.11~ |
| | JERS | 日本 | SAR | 1992 |
| | ERS-1、2 | 欧空局 | SAR 等七种 | 1991.7.17，1995.4.21 |

**（2）气象卫星系列**

气象遥感卫星上的传感器接收和测量地球及其大气的可见光、红外与微波辐射，并将它们转换成电信号传送到地面。地面接收站再把电信号复原绘出各种云层、地表和洋面图片，进一步处理后就可以发现天气变化的趋势。由气象卫星获取的资料，主要用于天气分析、气象预报、气候与气候变迁研究，也用于对大气环境的监测与研究。

气象卫星主要分为地球同步静止气象卫星（简称静止气象卫星）和太阳同步极轨气象卫星（简称极轨气象卫星）两大类。覆盖全球的全球气象卫星系统是世界气象监测网计划最重要的组成部分，包括5颗静止气象卫星（GMS、GOES-8、GOES-9、METEOSAT、INSAT）和2个极轨气象卫星系列（NOAA、METEOP）。中国发射的"FY-1"和"FY-2"两个系列的气象卫星，主要用于中国区域的气象监测。现在实际在轨主要气象卫星系列如表8-3。到目前为止，美国、苏联、日本、欧洲空间局、中国、印度等共发射了100多颗气象卫星。

主要气象卫星系列　　　　　　　　　　　　　　　　　表8-3

| 类别 | 卫星名称 | 发射者 | 发射时间 | 空间位置 | |
|---|---|---|---|---|---|
| 静止气象卫星 | GMS | 日本 | 1995 | 140°E | 赤道上空 |
| | GOES-8/9 | 美国 | 1994/1995 | 75°、135°W | |
| | METEOSAT | 欧空局 | 1995 | 0° | |
| | INSAT | 印度 | 1996/1997 | 75°E | |
| | FY-2 | 中国 | 1997 | 105°E | |
| 极轨气象卫星 | NOAA | 美国 | 1994/1996 | 高度：850km；倾角：99.1° | |
| | FY-2 | 中国 | 1988~2001 | 高度：900km；倾角：99° | |

气象卫星主要特点包括：重复周期较短，静止气象卫星可以0.5小时重复一次，极轨气象卫星可以0.5~1天重复一次；成像面积大，利于获取大面积同步监测信息；实时性强，成本低。

**(3) 海洋卫星系列**

海洋卫星是指具有探测海洋水色、海洋环境和海洋地形等功能的专用卫星，也包括兼有上述功能的其他卫星。利用海洋卫星上的水色、水温扫描仪等传感器对海洋水色与环境要素进行探测，可以为海洋生物资源开发利用、海洋污染监测与防治、海岸带资源开发和海洋科学研究等提供科学依据和基础数据。通过卫星上装载的雷达高度计等传感器，可以对海洋地形进行探测，为地球物理、海洋大中尺度动力过程等学科研究，以及海洋灾害预报、海底油气资源勘探开发等，提供具有科学价值和经济技术价值的资料。

自美国1978年发射世界上第一颗海洋卫星以来，前苏联、日本、法国、加拿大、印度以及我国等相继发射了一系列海洋卫星。这些卫星搭载有光学传感器、主动式和被动式微波传感器等，可提供全天时、全天候海况的实时资料，如海表温度、海面风场、有效波高、流场、海面地形、海冰等多项海洋要素，改进了海况数值预报模式，提高了中、长期海况预报准确率。表8-4列出了部分海洋卫星系列。

主要海洋卫星系列　　　　　　　　　　　　　　　　　表8-4

| 类别 | 卫星名称 | 发射者 | 传感器 | 发射与停止时间 |
|---|---|---|---|---|
| 太阳同步 | Seasat 1 | 美国 | 辐射计、合成孔径雷达等 | 1978.06~1978.10 |
| | Nimbus-7（雨云7号） | 美国 | CZCS（水色扫描仪） | 1978.10~1986.08 |
| | SeaStar | 美国 | SeaWiFS（水色传感器） | 1997.09~2002.09 |
| | EOS-AM，EOS-PM | 美国 | MODIS（成像光谱仪） | 1999.12，2002.05~ |

续表

| 类别 | 卫星名称 | 发射者 | 传感器 | 发射与停止时间 |
| --- | --- | --- | --- | --- |
| 太阳同步 | Radarsat | 加拿大 | SAR（合成孔径雷达）等 | 1995.11 ~ |
| | HY-1A | 中国 | COCTS（水色和水温扫描仪） | 2002.05 ~ |
| | IRS-P3 | 印度 | MOS（模块化电眼扫描仪） | 1996.03 ~ 2001.3 |
| | ADEOS-2 | 日本 | SeaWiFS（水色传感器）等 | 2002.10 ~ 2003.12 |
| | ERS-1，ERS-2 | 欧空局 | SAR（合成孔径雷达）等 | 1991 ~ 1996，1995 ~ |

### 8.4.3 卫星位置与姿态参数

通过卫星获取的遥感影像与实际地物对应的空间几何关系，与卫星在空间的位置、卫星的姿态有关。卫星在运动过程中，受到地球、月球、太阳引力等诸多因素的影响，其位置与姿态等，与设计参数之间存在差异。因而，由遥感卫星探测的影像数据，需要根据卫星位置与姿态参数进行处理与校正。遥感卫星位置与姿态参数包括：卫星轨道参数、遥感技术参数和卫星姿态参数三部分。

**(1) 卫星轨道参数**

确定卫星在空间的位置，由以下 6 个轨道参数确定，它们的几何含义以及卫星空间位置的计算，详见第 4.3 节。

1) 升交点赤经，即升交点与春分点之间的地心夹角，用 $\Omega$ 表示；
2) 卫星轨道面倾角，即卫星轨道平面与地球赤道平面之间的夹角，用 $i$ 表示；
3) 卫星轨道椭圆长半径，用 $a$ 表示；
4) 卫星轨道椭圆偏心率，用 $e$ 表示；
5) 近地点角距，即卫星轨道平面内轨道近地点与升交点之间的地心夹角，用 $\omega$ 表示；
6) 真近点角，即卫星轨道平面内，卫星与近地点之间的地心夹角，用 $f$ 表示。

**(2) 遥感技术参数**

遥感技术参数指的是确定遥感影像数据的重合与缝隙、分辨率、运行周期、重访周期等参数。

1) 卫星高度，即卫星离地面的高度，用 $H$ 表示，确定成像比例尺和影像的分辨率；
2) 卫星速度，用 $v$ 表示，根据卫星速度确定传感器的扫描或摄影曝光速度，用于确定航带上的影像既不重叠，也无缝隙问题；
3) 扫描带宽度，卫星沿轨道运行时所能观测到的地面横向宽度，用 $L$ 表示，用于确定相邻行带影像既不重叠，也无缝隙问题；
4) 重复周期，用 $d$ 表示，用于确定影像的更新周期；
5) 其他技术参数：卫星运行周期、每天绕地球圈数等，此处不一一列出。

**(3) 卫星姿态参数**

设卫星质心为三维空间直角坐标系原点，沿轨道切线前进方向为 $U$ 轴，垂直于轨道的水平方向为 $V$ 轴，垂直于 $UV$ 平面指向天顶的方向为 $W$ 轴。卫星姿态包括绕三个轴的旋转角，称为卫星姿态参数，为表述清晰起见，用图 8-13 所示飞机外形结构代表卫星外形结构。

1) 滚动角,绕 $U$ 轴的旋转角,用 $\omega$ 表示,如图 8-13($a$);
2) 俯仰角,绕 $V$ 轴的旋转角,用 $\varphi$ 表示,如图 8-13($b$);
3) 航偏角,绕 $W$ 轴的旋转角,用 $\kappa$ 表示,如图 8-13($c$)。

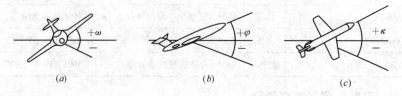

图 8-13 卫星姿态

## 8.5 主要陆地遥感卫星系列

由上述遥感卫星系列的介绍可以看出,针对陆地、气象和海洋等不同用途,有不同的卫星系列;相同的用途,也有多种不同的卫星系列。对于陆地资源调查与利用、环境监测、国土资源管理等,主要使用陆地卫星影像数据。以下介绍常用的、在传感器类型和成像方式各方面具有代表意义的 Landsat 系列、SPOT 系列、高空间分辨率的 IKONOS 和 Quick Bird 三类系列卫星的成像原理和数据类型。

### 8.5.1 Landsat 系列

**(1) Landsat 卫星**

Landsat 系列由美国航空航天局于 1972 年 7 月 23 日发射第一颗,命名为 TIROS-1,实际为气象卫星,后更名为 Landsat-1,至今一共发射 7 颗卫星,编号依次为 Landsat-1~Landsat-7,已连续观测地球三十多年。Landsat 系列卫星的发射情况如表 8-5。

Landsat 系列卫星的发射情况　　　　表 8-5

| 卫星名称 | Landsat-1 | Landsat-2 | Landsat-3 | Landsat-4 | Landsat-5 | Landsat-6 | Landsat-7 |
|---|---|---|---|---|---|---|---|
| 发射时间 | 1972.7.23 | 1975.1.22 | 1978.3.5 | 1982.7.16 | 1985.3.1 | 1993.10.5 | 1999.4.15 |
| 终止时间 | 1978.1.6 | 1982.2.25 | 1983.3.31 | 1987.7 | 运行 | 发射丢失 | 运行 |
| 传感器 | RBV, MSS | RBV, MSS | RBV, MSS | MSS, TM | TM | ETM | ETM+ |

由上表可以看出,从 Landsat-1 到 Landsat-7,Landsat 系列卫星使用的传感器共有五种类型,它们是反光束摄像机(RBV)、多光谱扫描仪(MSS:Multispectral Scanner)、专题成像仪(TM:Thematic Mapper)、增强专题成像仪(ETM:Enhanced TM)和增强专题成像仪+(ETM+)。

Landsat 系列卫星目前只有两颗能够提够遥感影像服务,其中,Landsat-7 外形及各主要部件名称如图 8-14。

**(2) Landsat 卫星成像方式**

Landsat 系列卫星主要用于陆地资源调查,采用摆帚式扫描和多光谱与高光谱

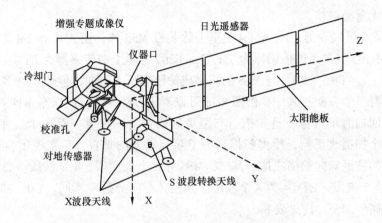

图 8-14 Landsat-7 卫星外形图

方式成像。下面以 Landsat-1 至 Landsat-4 上装载的 MSS（多光谱扫描仪）传感器为例，简要说明 Landsat 系列卫星成像原理与扫描过程。

MSS 由 6 个列式排列的探测元件组成，每个探测元件在某一瞬间能够探测的实地面积为 79m×79m 的区域，这一区域在影像数据中为一个像元，它也是 MSS 的地面空间分辨率。由 6 个列式排列的探测元件的组合，在某一瞬间便能探测到实地面积为 474m×79m 的区域。

MSS 有四个波段，这些波段是由对每个探测元件收集的影像信息，经图 8-10 所示分光器后被分离出来的。图 8-15 为成像光学纤维板，板上有 6×4=24 个光学纤维单元。它们与 6 个探测器的四个波段相对应，当 6 个探测器对地面列状区域进行探测时，在扫描的某一瞬间，可同时获取地面 6 个像元区域的 24 个影像信息数据。

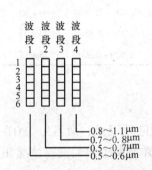

图 8-15 成像光学纤维板

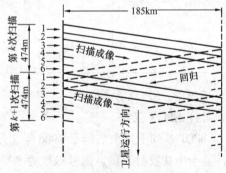

图 8-16 MSS 扫描轨迹

Landsat 系列卫星采用图 8-8 所示摆帚式扫描和卫星运行实行对地面带状区域进行无缝和无重叠的覆盖扫描，其扫描的地面轨迹如图 8-16。传感器旋转扫描镜从扫描初始状态开始，自西向东对地面进行扫描，探测采集地面辐射信息。完成第 $k$ 次对视场范围（对应地面 185km 宽的区域）的地面扫描后，传感器扫描镜回扫回到扫描初始位置，再接着继续第 $k+1$ 次扫描。回扫期间，传感器不对地面探测。扫描镜完成第 $k$ 次扫描，并回扫回到初始扫描位置时，卫星前行的距离等于 6 个探测器的扫描线对应的地面宽度 474m。这样，可以保证第 $k$ 次与第 $k+1$ 次扫描的影像无缝无重叠拼接。

由表 8-5 可以看出，Landsat-4 卫星上除装载 MSS 外，还装载有 TM（专题成像仪），Landsat-5 卫星上的传感器为 TM，Landsat-7 卫星上的传感器为 ETM+（增强专题成像仪+）。TM、ETM+ 与 MSS 的扫描成像原理基本相同，但作了许多改进。主要的不同有三个方面：其一，由图 8-16 可以看出，MSS 为自西向东单向扫描成像，从东到西回扫时不成像，且扫描行与卫星运动方向不垂直。而在 TM、ETM+ 中，增加了一个扫描改正器，使得扫描行与卫星运动方向垂直，且实现了自西向东和从东到西的往返双向扫描成像。其二，MSS 为 6 个探测器，4 个波段。TM 为 10 个探测器，7 个波段，ETM+ 为 8 个波段。其三，空间分辨率不同，TM、ETM+ 的空间分辨率高于 MSS，详见表 8-6。

**(3) Landsat 卫星主要传感器的技术指标**

目前所使用的 Landsat 卫星的影像数据主要由 MSS、TM、ETM+ 传感器探测采集，表 8-6 为这些传感器的主要技术指标。

**Landsat 卫星部分传感器主要技术指标** 表 8-6

| 传感器 | MSS | | TM | | ETM+ | |
|---|---|---|---|---|---|---|
| 卫星 | Landsat-1 ~ Landsat-4 | | Landsat-4、5 | | Landsat-7 | |
| 波段号 | 波段/μm | 分辨率/m | 波段/μm | 分辨率/m | 波段/μm | 分辨率/m |
| 1 | 0.5 ~ 0.6 | 79 × 79 | 0.45 ~ 0.52 | 30 × 30 | 0.450 ~ 0.515 | 30 × 30 |
| 2 | 0.6 ~ 0.7 | 79 × 79 | 0.52 ~ 0.60 | 30 × 30 | 0.525 ~ 0.605 | 30 × 30 |
| 3 | 0.7 ~ 0.8 | 79 × 79 | 0.63 ~ 0.69 | 30 × 30 | 0.630 ~ 0.690 | 30 × 30 |
| 4 | 0.8 ~ 1.1 | 79 × 79 | 0.76 ~ 0.90 | 30 × 30 | 0.775 ~ 0.900 | 30 × 30 |
| 5 | 10.4 ~ 12.6 | 240 × 240 | 1.55 ~ 1.75 | 30 × 30 | 1.550 ~ 1.750 | 30 × 30 |
| 6 | | | 10.40 ~ 12.50 | 120 × 120 | 10.400 ~ 12.500 | 60 × 60 |
| 7 | | | 2.08 ~ 2.35 | 30 × 30 | 2.090 ~ 2.350 | 30 × 30 |
| 8 | | | | | 0.520 ~ 0.90 | 15 × 15 |

### 8.5.2 SPOT 系列

**(1) SPOT 卫星**

SPOT 系列卫星由法国于 1986 年 2 月 22 日发射第一颗陆地卫星，命名为 SPOT-1，至今一共发射 5 颗，编号依次为 SPOT-1 ~ SPOT-5。SPOT 系列卫星的发射情况如表 8-7。

**SPOT 系列卫星的发射情况** 表 8-7

| 卫星名称 | SPOT-1 | SPOT-2 | SPOT-3 | SPOT-4 | SPOT-5 |
|---|---|---|---|---|---|
| 发射时间 | 1986.2.22 | 1990.1.22 | 1993.9.26 | 1998.3.23 | 2002.5.4 |
| 终止时间 | 运行 2002.5 停止服务 | 运行 | 1996.11.14 | 运行 | 运行 |
| 传感器 | HRV | HRV | HRV | HRVIR | HRG HRS |

表 8-7 中列出了 SPOT 系列卫星的传感器。SPOT-1～SPOT-3 卫星的传感器为 HRV：High Resolution Visible imaging system，高分辨率可见光成像系统；SPOT-4 卫星的传感器为 HRVIR：High Resolution Visible and infrared imaging system，高分辨率可见光与红外成像系统；SPOT-5 卫星的主要传感器有两种，分别是 HRG：High Resolution Geometric sensor，高分辨率几何装置；HRS：High Resolution Stereo instrument，高分辨率立体成像装置。

SPOT 系列遥感卫星主要用于地球资源遥感。图 8-17 为 SPOT-5 的外形结构，主要包括 2 个 HRG 和 2 个 HRS。

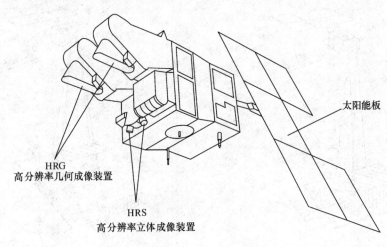

图 8-17　SPOT-5 外形结构

**(2) SPOT 卫星的成像方式**

表 8-7 所列 SPOT 卫星的主要传感器有 HRV、HRVIR、HRG 和 HRS 四种，均采用 CCD 线阵列推帚式扫描与多光谱成像。上述传感器有两种类型，其中 HRV、HRVIR、HRG 为一种类型，属于高分辨率可见光或带有红外的传感器，分别安装在 SPOT-1～SPOT-5 中，它们的成像原理相同，只是波段数与分辨率存在差别。这类传感器的扫描镜，可以根据需要在一定的视野范围内旋转扫描，即垂直扫描和倾斜扫描两种模式。垂直扫描模式用于星下视野几何影像扫描，倾斜扫描模式用于大面积扫描和异轨立体像对扫描；另一种是 HRS，属于高分辨率立体成像装置，只有 SPOT-5 卫星上安装了这种设备，专用于同轨立体像对扫描。下面以 SPOT-5 卫星的 HRG 和 HRS 传感器工作原理为例，分别介绍 HRG 的垂直扫描与倾斜扫描和 HRS 立体扫描三种扫描方式。

1) HRG 垂直扫描

HRG 扫描镜的扫描轴与铅垂线之间的夹角，可以根据需要在 27°范围内分档位设置。将两台 HRG 的扫描镜设置在正中间一档，它们的扫描轴分别与铅垂线之间有不同方向的约 2°夹角，利用此档位对地面进行扫描，称为垂直扫描。利用 HRG 对星下视野的地面进行高分辨率几何影像的垂直扫描原理如图 8-18。每台 HRG 垂直于卫星轨迹方向的瞬时视场宽 60km，两台之间有 3km 重叠，总视场宽度为 117km；HRG 平行于卫星轨迹方向的瞬时视场宽 10m（HRV 为 20m）。随着卫星沿轨迹运行，可以对星下117km宽的带状区域进行推扫式扫描成像。

2) HRG 倾斜扫描

当 HRG 的扫描镜设置在偏离正中间档位对地面进行的扫描，称为倾斜扫描，亦可称为侧向扫描，HRG 倾斜扫描原理如图 8-19。当扫描轴选择偏离铅垂线最大角度（最边缘）的档位时，每台 HRG 垂直于卫星轨迹方向的瞬时视场宽度可达 80km。如果依次选择所有可选的档位进行扫描时，可以观测到垂直于卫星轨迹方向 900km 左右的带状区域。

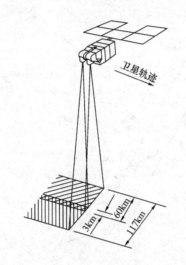

图 8-18 HRG 垂直扫描

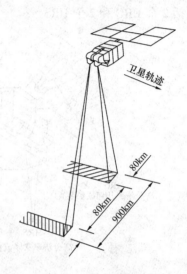

图 8-19 HRG 倾斜扫描

卫星的轨道与经过同一地区上空的周期是固定的，通过变换档位的侧向观测，一方面可以大大增加对指定区域的观测次数；另一方面，可以对同一地区从不同方向进行异轨（不同卫星轨迹）扫描观测，组成一个或多个立体相对，对扫描区域进行立体观察。立体观测这一特点，是 Landsat 等陆地遥感卫星所不具有的功能。

3) HRS 立体扫描

前面介绍的 HRG 等传感器对同一区域进行多次扫描，是通过不同卫星或同一卫星在不同轨道上扫描获取的，它们虽然可以得到立体像对，但由于时间不能同步或扫描位置不能完全吻合，很难保证地物辐射信息的一致性。2002 年 5 月 4 日发射的 SPOT-5 卫星上，除了两个 HRG 外，还增加了一对 HRS 专用立体扫描传感器。利用 HRS，可以实现同轨同卫星的同步立体像对扫描，确保地物辐射信息在两次扫描中的一致性。

HRS 立体扫描原理如图 8-20，为便于说明，对两个 HRS 分别命名为 HRS-1 和 HRS-2，在卫星上的位置如图中所示。它们的扫描轴与铅垂线夹角相同，方向相反。卫星在 T+0s 时刻的位置，HRS-1 对地面的扫描线（卫星前行方向带宽 10m,）到达 AB 位置，经过 90s 后，卫星到达 T+90s 位置，HRS-1 对地面的扫描线到达 CD 位置，与此同时，HRS-2 对地面的扫描线到达 AB 位置，再经过 90s 后，卫星到达 T+180s 位置，HRS-2 对地面的扫描线到达 CD 位置，从而完成对 AB 至 CD 之间区域的两次扫描，得到该区域的立体像对。

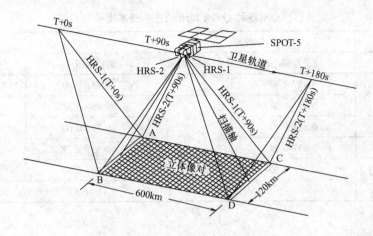

图 8-20 HRS 立体扫描

**(3) SPOT 卫星的主要技术参数**

目前 SPOT 卫星上的 HRV、HRVIR、HRG 和 HRS 四种传感器的主要技术参数如表 8-8。

SPOT 卫星的主要技术参数　　　　表 8-8

| 卫　星 | | SPOT-1～3 | SPOT-4 | SPOT-5 | |
|---|---|---|---|---|---|
| 传感器 | | HRV | HRVIR | HRG | HRS |
| 光谱波段 | 波谱范围/μm | 分辨率/m | 分辨率/m | 分辨率/m | 分辨率/m |
| B1：绿 | 0.50～0.59 | 20 | 20 | 10 | |
| B2：红 | 0.61～0.68 | 20 | 20 | 10 | |
| B3：近红外 | 0.78～0.89 | 20 | 20 | 10 | |
| B4：短波红外 | 1.58～1.75 | | 20 | 20 | |
| 单色 | 0.61～0.68 | | 10 | | |
| 全色 | 0.50～0.73 | 10 | | | |
| 全色 | 0.48～0.71 | | | 2.5 或 5 | |
| 全色 | 0.49～0.69 | | | | 5 或 10 |
| 影像视场范围　km | | 60+60 至 80 | 60+60 至 80 | 60+60 至 80 | 600×120 |

### 8.5.3 IKONOS 和 Quick Bird

IKONOS 和 Quick Bird（快鸟）均为高清晰度和高空间分辨率卫星，采用推扫方式扫描和多光谱方式获取几何成像，采用同轨方式获取立体像对。这两种卫星影像，可以部分代替航空遥感，目前广泛用于城市、港口、土地、森林、环境、灾害调查和军事目标的动态监测。

IKONOS 是由美国空间影像公司于 1999 年 9 月 24 日发射升空的世界上第一颗高分辨率商用卫星，提供空间分辨率最高可达 1m 的遥感卫星影像。Quick Bird 卫星由美国于 2001 年 10 月 18 日发射，提供空间分辨率可达 0.61m 的卫星影像。IKONOS 与 Quick Bird 的主要技术参数列入表 8-9。

IKONOS 和 Quick Bird 的主要技术指标  表 8-9

| 卫星 | | IKONOS | | Quick Bird | |
|---|---|---|---|---|---|
| 波段光谱 | | 波谱范围/μm | 分辨率/m | 波谱范围/μm | 分辨率/m |
| 全波段 | | 0.45~0.90 | 1 | 0.45~0.90 | 0.61 |
| 多光谱 | 蓝 | 0.45~0.52 | 4 | 0.45~0.52 | 2.44 |
| | 绿 | 0.52~0.60 | | 0.52~0.60 | |
| | 红 | 0.60~0.79 | | 0.63~0.79 | |
| | 近红外 | 0.76~0.90 | | 0.76~0.90 | |
| 重访周期/天 | | 2.9~1.5 | | 1~6（取决于纬度高低） | |

## 8.6 微波遥感简介

前述主要是讲陆地遥感方式，均以可见光和红外波段的电磁波反射与发射辐射信息为波源。这类遥感的突出优点是，信息来自于地物对太阳电磁波的反射或地物本身的热红外辐射，是客观环境与实际地物特性的真实写照，对所获取信息的处理与识别比较简单、直观。其突出缺点是探测可见光信息时，要受到天气与日照时间等因素与条件影响。

由第 7.4 节中介绍的大气对电磁波传播的影响已知，大气对微波的传播几乎没有影响，因此，利用微波探测地物辐射信息，可以克服受天气与日照时间影响的不足。

### 8.6.1 微波波段与微波遥感概念

**(1) 微波波段划分**

波长在 1mm~1m 范围的电磁波，称为微波，按波长量级分为毫米波、厘米波和分米波。在微波技术中，通常按厘米量级细分成表 8-10 中所列的更窄波段，并用特定字母命名。

微波厘米波段划分  表 8-10

| 波段名称 | 波长范围/cm | 波段名称 | 波长范围/cm |
|---|---|---|---|
| Ka | 0.75~1.13 | C | 3.75~7.5 |
| K | 1.13~1.67 | S | 7.5~15 |
| Ku | 1.67~2.42 | L | 15~30 |
| X | 2.42~3.75 | P | 30~100 |

由表 8-10 可以看出，微波并不是微小的意思，微波指的是特定波长范围的电磁波。最短的微波波长（1mm）也比最长的可见光波长（$0.76\mu m$）要长 1300 多倍，而最长的微波波长（1m）则比最小的可见光波长（$0.38\mu m$）要长 2500000 多倍。

**(2) 微波遥感概念**

微波遥感指的是根据微波波段的电磁波特性，利用微波传感器探测地物辐射信息的遥感技术。

微波遥感分为有源微波遥感和无源微波遥感两类。有源微波遥感通过飞行器上的雷达（Radar：Radio Direction And Range，无线电测距和定位）天线，向地面发射微波并接收后向散射信号，从而探测地物辐射特性和几何形态，亦称为主动遥感或雷达遥感。无源微波遥感通过传感器接收来自地物发射辐射的微波，从而达到探测目的，亦称为被动微波遥感。被动微波遥感的传感器为微波辐射计或微波散射计，它们都不成像，此处不予介绍。

主动式雷达遥感有侧视雷达遥感和全景雷达遥感之分，全景雷达遥感一般不用于地学领域，此处只介绍侧视雷达遥感，并以真实孔径侧视雷达为重点介绍雷达遥感的基本原理，简要介绍合成孔径雷达遥感技术。

### 8.6.2 微波遥感主要优点

**(1) 全天候工作**

利用可见光或红外波段的电磁波进行遥感探测，获取地面物体的物理特征与几何特征，是理想的遥感手段，在这些波段获取的遥感影像直观、易于判读与识别。但通过第 7 章关于大气对遥感影响的阐述可以看出，大气散射对利用可见光和红外进行遥感有很大影响。特别是雨天，大气中存在大气分子与原子、水气与尘埃、雨滴等成分，可见光存在瑞利散射、米氏散射和无选择性散射，几乎不可能进行遥感探测；红外存在瑞利散射和米氏散射，其遥感获取的影像受到这两种散射的影响很大；只有微波仅存在瑞利散射，又因瑞利散射强度与波长的四次方成反比，而微波波长相对较长，雨天对微波的传播影响很小，可以忽略，因此，微波波段是具有穿云透雾能力遥感波段。

**(2) 全天时工作**

前面介绍的几种常用遥感，主要利用可见光。而可见光波段的遥感辐射源来自于太阳，没有阳光照射的夜间，无法实现可见光遥感探测。对于微波遥感，则无论是被动方式（探测地物的微波发射辐射），还是主动方式（由雷达天线发射、接受微波信号），都与太阳的光照无关，所以，微波遥感可以昼夜探测，全天时进行工作。

**(3) 穿透力强**

一般来讲，电磁波对地表层的穿透力，除了与地表层物质的性质有关外，也与电磁波的波长有关，波长越长，探测物体内层越深。可见光波长短，主要探测物体表层辐射信息。对于微波，可以探测到被树林遮挡的地面地形、地物，甚至可以探测到一定深度的地下工程、矿藏等，如对干燥砂土可穿透几十米，对冰层可穿透近百米。

**(4) 具有某些独特探测能力**

由前面的叙述可知，物体的反射辐射强度信息，与物体表面的光滑与粗糙程度有关。有些物体的表面，相对于可见光波长而言为粗糙面，而对于微波波长，却是光滑面。

有些地物对于可见光探测可能没有明显的特征，而对于微波探测则特征明显。例如，水与冰的辐射率，对可见光波长分别是 0.96 和 0.92，没有明显的差异，不易被区别；而对于微波遥感，则分别为 0.4 和 0.99，其差别十分明显。

微波遥感还有一些其他优点，此处不一一列举。微波的这些优点，也正是可见光等的弱点。以可见光、红外为主要遥感探测手段，以微波作为一种补充，可以形成完整的遥感体系，完成不同环境、不同条件下的遥感探测。

### 8.6.3 侧视雷达成像原理

**(1) 侧视雷达系统**

侧视雷达系统如图 8-21 右侧上部，包括微波信号的"发射/接收器"，控制发射器和接收器工作的"发射/接收开关"，安置在飞行器一侧的用于发射、接收微波信号的"发射/接收天线"，产生与调制微波脉冲的"电子设备"和记录探测信息的"数据记录器材"，其中，发射/接收器、发射/接收开关和电子设备，合称为同步转换器。微波遥感的影像信息可以通过可视化方式显示或打印输出。

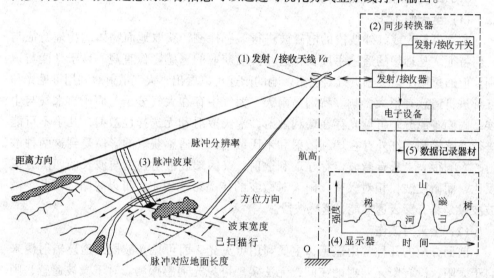

图 8-21 侧视雷达系统与微波成像

**(2) 微波成像原理与过程**

侧视雷达的微波成像原理与过程如图 8-21。发射/接收天线（1）随着以速度矢量 $V_a$ 飞行的航空器在航线上连续改变位置。先由同步转换器（2）控制发射/接收器变换到发射状态，通过天线向飞行器侧面方向发射一束很强的微波脉冲波束（3）。然后，同步转换器（2）控制发射/接收器变换到接收状态，脉冲波束（3）的一部分从一个信号波束宽度所覆盖的地面地物上散射返回到接收天线，通过同步转换器输送到显示器显示，同时输送到数据记录器材（5）（存储器或成像胶片）记录。当一个波束的发射与接收完成之后，天线在飞行器前行的下一个位置，重复上述过程，探测下一个波束宽度对应的区域。

天线发射的波束对应于地面一个波束宽度的带状区域。一个波束宽度与一个脉冲长度的辐射信号所覆盖的地面区域，称为像元。每个像元的反射信号强度与物理特性，与地面物体的性质、材料等相关，用明暗程度或灰度级别在影像数据中表示。对每个被探测像元的信息，依据微波波束到达地面各像元后返回到天线的时间先后顺序依次记录，换言之，记录顺序与地面像元至天线的距离相关。

需要特别说明的是，一个波束带中，按照各个像元至发射天线的倾斜距离排列的像元次序，与按照各个像元至机下点（飞行器铅垂线对应的地面点 O）的水平距离排列的像元次序不一定相同，这是由于地面起伏原因所引起。这种不一致会导致探测、记录影像像元之间的相对位置，与实地像元之间的相对位置不一致，需要通过影像数据处理方法来解决。

**(3) 距离分辨率与方位分辨率**

微波遥感图像的分辨率与其它遥感图像的分辨率一样，是影像像元所对应实地水平地面区域，即从遥感影像上所能辨别的实地最小水平单元的尺寸或大小。侧视雷达微波遥感能够分辨的地面像元的大小，由雷达的脉冲（时间）长度 $\tau$ 和天线的波束宽度角 $\beta$ 两个基本参数控制。由雷达脉冲长度参数控制的分辨率，称为距离分辨率；由天线波束宽度参数控制的分辨率度，称为方位分辨率。

1) 距离分辨率

如图 8-22，距离分辨率分为斜距分辨率 $r_d$ 和地距分辨率 $r_p$ 两种。

斜距分辨率的大小等于半个脉冲（$\tau/2$）的传播距离，用公式表示为：

$$r_d = \frac{1}{2} c\tau \quad (8-2)$$

式中，$c$ 为光电传播的速度。

天线发射的波束与飞行器的铅垂线之间的夹角，称为视角，用 $\theta$ 表示，斜距分辨率只与一个脉冲持续时间 $\tau$ 有关，而与视角的大小无关，即与地物至天线的距离无关。

地距分辨率 $r_p$ 代表了微波遥感在水平距离方向上所能分辨的长度。由图 8-22 可以得出地距分辨率与斜距分辨率有如下关系式。

$$r_p = \frac{r_d}{\sin\theta} = \frac{c\tau}{2\sin\theta} \quad (8-3)$$

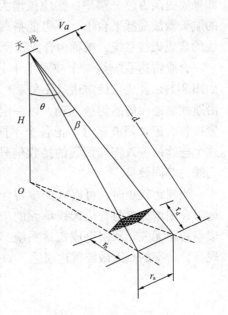

图 8-22 微波遥感分辨率

由 (8-3) 式可以看出，地距分辨率与视角大小有关。$\theta$ 越小，波束越靠近天线的铅垂线，则 $r_p$ 的值越大，分辨率越低。

2) 方位分辨率

在图 8-22 中，波束宽度角 $\beta$ 与天线孔径 $l$ 成反比，而与微波波长 $\lambda$ 成正比，即：

$$\beta = \lambda / l \quad (8-4)$$

方位分辨率 $r_a$ 指的是沿飞行器运行方向上，波束宽度角 $\beta$ 对应的地面平距。它与天线到达地面像元的斜距 $d$ 和波束宽度角有关，其表达式为：

$$r_a = \beta \cdot d \quad (8-5)$$

### 8.6.4 合成孔径雷达成像

前面介绍的侧视雷达系统，使用一个孔径为 $l$ 的真实孔径天线向地面发射微波波束，这种系统称为真实孔径雷达系统，对应的成像方式称为真实孔径雷达遥感成像。由（8-4）式可知，采用较短波长的微波，可以提高方位分辨率，但微波波长是有限的，不可能无限缩短。当微波波长一定时，真实孔径天线的孔径 $l$ 越大、则波束宽度角 $\beta$ 的值越小，由（8-5）式求出的方位分辨率 $r_a$ 的值就越小，方位分辨率越高；反之，$l$ 越小时，则 $\beta$ 的值越大，方位分辨率越低。

例如，若微波波长 $\lambda = 5cm$，如果要获得 10 毫弧的波束宽度（方位分辨率），则天线孔径的 $l$ 的长度应为 5m（$l = \lambda/\beta = 0.05/0.01 = 5m$），当视距 $d = 5km$ 时，对应的地面方位分辨率为 10m；在航天平台上，$d = 500km$ 时，地面方位分辨率为 1000m。如果要将波束宽度（方位分辨率）提高到 2 毫弧，则天线孔径的 $l$ 的长度应增加到 25m。

由此可见，对于真实孔径雷达成像，在微波波长 $\lambda$ 与视距 $d$ 一定的情况下，如果要提高方位分辨率，则应该增大天线长度。实际上，高分辨率，且视距很大的航天微波遥感平台上，不可能搭载孔径太长的天线，而是使用一种等效于长天线的合成天线系统，被称为合成孔径雷达系统。

合成雷达系统是一个技术上十分复杂的系统，这里只从原理上作简要解释。如图 8-23，合成孔径雷达系统实际上只使用了一个物理上很短的天线，利用传感器沿航线轨迹向前的匀速运动，以一定时间间隔发射一个脉冲信号，天线在不同位置接收、记录回波信号。把各个不同位置的天线，看成是一个组合的天线阵列。这个连续的等效阵列天线的接收信号，经过数学处理，可以达到一个很长的单一天线的等同效果。

当视距较短时，可以减少参与合成天线单元的个数进行数据处理；当视距较远时，则增加参与合成天线单元的个数进行数据处理。这样，方位分辨率可以看成与视距无关。利用合成雷达系统，可以获得几千米长的真实孔径等效天线，实现高分辨率的航天微波雷达遥感。

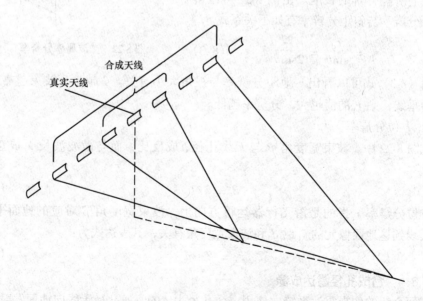

图 8-23　合成孔径雷达天线阵列概念

### 8.6.5 微波遥感卫星实例-RADARSAT

微波遥感卫星有很多颗，包括前苏联的 Almaz-1 系统、欧洲航天局的 ERS-1 与 ERS-2 系统、日本的 JERS-1 系统和加拿大的 Radarsat 系统。这里主要介绍最常用的 Radarsat-1。

Radarsat-1 于 1995 年 11 月 28 日发射，属于太阳同步卫星，轨道高度 798km，重复周期 24 天。Radarsat 的合成雷达系统（SAR）采用波长为 5.6cm 的 C 波段 HH 极化，其突出优点是系统具有可变的波束选择方式，Radarsat-1 可选择的波束模式如表 8-11 和图 8-24。表 8-11 中的分辨率是一个近似值，实际的距离与方位的分辨率不同，距离分辨率随视角的变化而不同。数据采集时，可以使用 2~4 个单波束观测。

**Radarsat-1 波束选择模式**　　　　表 8-11

| 波束模式 | 波束位置数量 | 刈幅/km | 视角/度 | 分辨率/m |
|---|---|---|---|---|
| 标准模式（S） | 7 | 100 | 20~49 | 25 |
| 宽幅模式（W） | 3 | 150~165 | 20~39 | 30 |
| 精细模式（F） | 5+ | 45 | 37~48 | 8 |
| 超高模式（EH） | 6 | 75 | 50~60 | 25 |
| 超低模式（EL） | 1 | 170 | 10~23 | 35 |
| 窄扫描 ScanSAR 模式（SN） | 2 | 305 | 20~46 | 50 |
| 宽扫描 ScanSAR 模式（SW） | 1 | 510 | 20~49 | 100 |

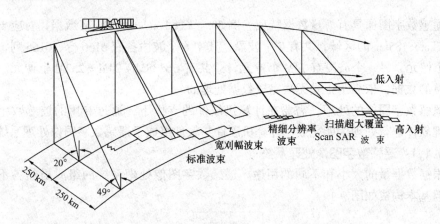

图 8-24　Radarsat 成像模式

# 9 遥感数字图像处理

根据遥感传感器和遥感平台的不同,所获取的遥感数据有两种类型:一种是以感光材料为记录、保存介质的图片数据,称为模拟图像数据,如飞机拍摄的照片等;另一种是由磁带、磁盘等介质保存的影像数据,称为数字图像数据,如航天遥感卫星通过光电扫描传感器获取的影像数据。这两种数据虽然类型与保存介质不同,但数据处理的内容基本相同,也都是实际中使用的数据形式。

目前,利用计算机对遥感数据进行存储与处理、应用已经十分广泛。本章将以计算机处理数字遥感图像为基础,介绍遥感图像处理的主要内容及其原理与方法。

遥感数字图像处理,是指对受传感器成像方式限制、探测元件结构不完善、大气环境等诸多因素影响导致遥感图像与实际地物影像之间的几何变形、辐射与物理特性差异的校正与处理。主要处理内容包括:图像辐射校正、图像几何校正、图像增强处理、多波段图像融合等。

## 9.1 遥感数字图像处理系统

遥感数字图像具有海量数据特征。例如,一景 Landsat-5 的 TM 数据,对应于实地 185km×185km 的区域,共有 7 个波段,其中 6 个波段各有 6166 行、6166 列,约 38M 个像元,另一个波段有 24M 个像元,总共有 $6 \times 38M + 24M = 252M$ 个像元。如此大量的数据,依靠手工是无法完成数据处理的。

遥感数字图像的处理,需要在计算机硬件的支撑下,通过专用的遥感数字图像处理软件进行处理才能完成。计算机硬件与软件组成了遥感数字图像处理系统。

### 9.1.1 遥感数字图像处理系统

根据数据量的大小和不同的用途,遥感数字图像处理系统的组成虽然各不相同,但基本构成如图 9-1 所示。

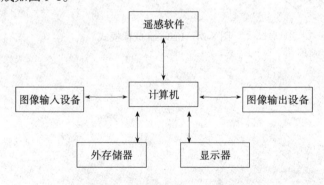

图 9-1 遥感数字图像处理系统

**(1) 硬件设备**

硬件设备主要包括计算机、外存储器、图像输入设备、图像输出设备和显示器等。

1）计算机　根据处理数据的规模和用途，可以选择微机、通用或专用小型机、工作站和大型计算机。一般情况下，常规微机可以满足要求。

2）外存储器　主要有磁带、磁盘、光盘和大容量外存储器等。

3）图形输入设备　主要有磁带机、磁盘机（包括光盘驱动器）、数字化仪、析像仪和胶片扫描仪（灰度或彩色，A4~A0幅面，一般分辨率和高分辨率）。

4）图形输出设备　磁带机、磁盘机（包括光盘驱动器）、打印机、绘图仪（彩色，A4~A0幅面）和数码相机。打印机、绘图仪实现数字图像向模拟图像的转换。

5）显示器　人机交互使用，也可以看成是输出设备。

**(2) 遥感软件**

遥感软件一般为处理遥感图像的专用软件。针对不同的用途，遥感软件有很多种。

目前，在处理陆地资源遥感卫星数据方面，常用的国外遥感软件包括：美国 ERDAS 公司的 ERDAS IMAGINE 系列软件，加拿大 PCI 公司的 PCI Geomatica 系列软件，其他国外软件包括 ENVI/IDL、ERmapper、Idrisi 等。

国内也有多家公司研发了一些比较成熟的专业遥感图像处理软件，具有代表意义的软件有：适普公司（武汉大学技术支撑）的 ImageXuite RS（遥感影像处理系统）、中国科学院遥感应用研究所的 IRSA 软件。国内其他具有遥感图像处理功能模块的软件有：中地公司（中国地质大学技术支撑）的 MapGIS、武汉吉奥公司（武汉大学技术支撑）的 Geostar 等。

### 9.1.2 遥感软件基本功能

专业遥感图像处理系统软件一般包括图像文件管理、图像处理、图像成果制作、图像分析与应用四类基本功能。

**(1) 图像文件管理**

图像文件管理包括各种不同来源（不同遥感卫星，其文件格式不同）的数据文件的相互转换，文件的输入、输出、存储以及其他文件管理。

**(2) 图像处理**

对遥感图像与实际地物影像之间的几何变形、辐射与物理特性差异进行校正与处理。主要包括图像辐射校正、图像几何校正、图像增强处理、多波段图像融合，也包括图像裁剪、编辑、拼接、匹配和镶嵌等。

**(3) 图像成果制作**

生成正射影像图、DEM，建立 GIS，制作各类专题图与地图，包括单个与多个栅格图，不同比例尺、不同用途的地图和地形图等。生成文本、图例、格网线、标尺点、图廓、符号等。

**(4) 图像分析与应用**

图像分析包括：地形分析、GIS 分析、三维飞行的视域分析、空间分析等；图像应用包括图像解译、监督分类、非监督分类、专家分类、分类后的类别合并、类别统计、面积统计、边沿跟踪等。

### 9.1.3 实例软件 ERDAS Imagine 功能体系

不同用途的遥感数据处理软件，其功能存在一些差异。例如，处理气象遥感数据和海洋遥感数据的系统，与处理陆地资源遥感图像数据的系统在很多方面不同。但处理陆地资源遥感图像数据的软件，其基本功能体系相似。ERDAS Imagine 是一个具有代表意义的遥感图像处理软件，它可以处理 Landsat 系列、SPOT 系列等多种陆地资源遥感的数据。

ERDAS Imagine 面向不同需求用户，以 IMAGINE Essentials、IMAGINE Advantage 和 IMAGINEProfessional 的形式提供低、中、高三档产品构架，并有丰富的扩展模块可供选择，其基本功能体系如图 9-2 所示。

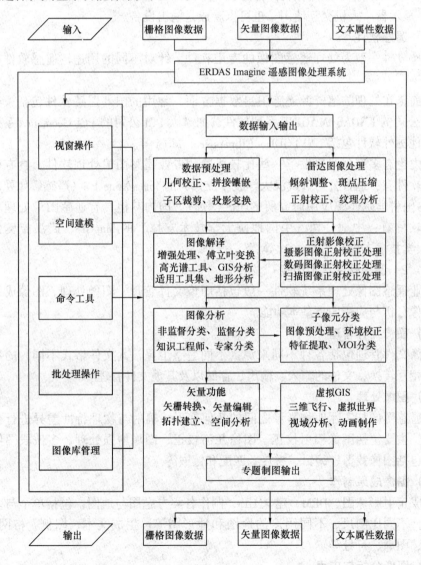

图 9-2 ERDAS Imagine 功能体系

## 9.2 图像辐射校正

遥感图像中，用于描述地物特性的是各个像元的灰度值。在理想情况下，遥感图像的像元灰度值只与太阳辐射量和地物辐射特性（反射率、发射率）有关，当太阳辐射量一定时，具有不同空间位置、不同辐射特性的地物，使得遥感图像的不同像元具有不同灰度值。遥感探测就是根据不同的灰度值，实现识别不同地物的目的。实际上，由于太阳高度角的变化、大气对辐射能传播的影响、地形坡度对太阳辐射能反射辐射的影响，以及传感器结构误差的影响，会使到达传感器的能量与传感器输出的能量发生变化，导致遥感图像灰度值的不一致与失真。因此，在使用遥感数据之前，首先应该对因为太阳高度角变化、大气传播影响、地形坡度变化和传感器误差等对图像辐射产生的影响进行校正。

### 9.2.1 太阳高度角校正

太阳与被探测地物之间的相对位置，可以用太阳高度角（地物到太阳的方向与地平面之间的夹角）$\theta$ 表示。对于同一区域，其不同季节的太阳高度角不同，如图 9-3。

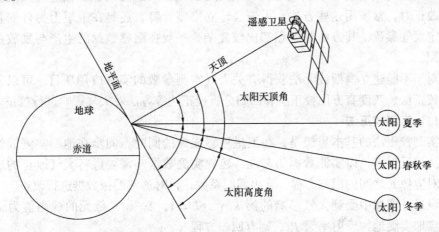

图 9-3 季节变化对太阳位置的影响

地面接收并反射到传感器的太阳辐射量，与太阳高度角有关。太阳高度角的变化，将使同一地面区域在不同季节接收，并反射到传感器的太阳辐射量不同，导致不同季节的遥感影像灰度值不一样。

在卫星遥感的可见光、近红外光谱波段，经常需要将来自不同季节的图像拼接、镶嵌成一幅新的图像，这就需要进行太阳高度角校正。太阳高度角校正就是将遥感图像的每个像元灰度值，标准化到太阳位于假设的天顶位置时的像元灰度值。换句话讲，就是将太阳倾斜照射所获取的图像校正到垂直照射时获取的图像。

设太阳高度角为 $\theta$ 时斜射得到的像元灰度值为 $g(x, y)$，垂直照射时得到的像元灰度值为 $f(x, y)$，则

$$f(x, y) = \frac{g(x, y)}{\sin\theta} \tag{9-1}$$

太阳高度角 $\theta$ 可根据成像时刻的时间、季节、和地理位置计算确定。如果不考虑天空光等因素的影响，各波段图像可以采用相同的 $\theta$ 角进行校正。

### 9.2.2 大气影响校正

在没有大气存在的情况下，传感器接收的辐射量，只与太阳辐射到地面的辐射量、地物反射率、地物发射辐射量有关。实际上，太阳辐射需要穿越大气后才能到达地面，地物对太阳光的反射辐射和地物的发射辐射也要穿越大气后才能到达卫星上的传感器中。太阳辐射和地物的反射与发射辐射穿越大气时，会发生反射、折射、透射、散射和吸收。其中，大气对辐射量的反射与散射产生的效果，在两个方面影响图像各个像元的灰度值。一方面，反射与散射量中的绝大部分进入浩瀚的天空，削弱了太阳照射到地物上并反射到传感器上的辐射量，也削弱了地物发射到传感器上的辐射量，其结果使得遥感图像灰度值降低；另一方面，太阳辐射中没有到达地面但被大气直接反射、散射到达传感器，这是传感器收到的一部分与地物特征毫无关系的辐射，这种辐射将使图像模糊，出现"阴霾"现象。

大气对遥感图像灰度值的上述影响，可以根据能量传播基本定律进行定量分析，建立辐射传播方程，利用数学模型进行改正；也可以在遥感平台上安置仪器测量大气中的气溶胶和水蒸气浓度，以此对大气影响进行改正。在进行大气影响精确改正时，常采用这些方法。无论是建立模型计算，还是在卫星上另外安置仪器测定大气参数，其方法与过程都比较复杂，一般在遥感数据的生产与发放企业中采用。

对于不能建立模型或无法获得有关大气实测参数的实际应用项目，可以采用实测校正法、灰度直方图校正法和回归分析校正法等方法对大气影响进行校正。

**(1) 实测校正法**

实测校正法的基本思想是，在卫星遥感成像的同时，同步在地面实测成像地物的波谱反射率，以实测数据为基准，建立实测数据与需要进行大气改正的遥感图像对应像元之间的回归方程，求出回归系数，再对遥感图像数据进行改正。

设遥感图像中受到大气影响的第 $k$ 个（$k=1,2\cdots m$）像元的观测值为 $L'_k$，对应实地实测地物反射率为 $R_k$，则有回归方程

$$L'_k = a + bR_k \tag{9-2}$$

式中 $a$，$b$——回归方程的常数与回归系数。

根据实地观测数据和遥感图像中对应像元灰度值，利用（9-2）式，按回归方法可以求出 $a$，$b$ 的值。由（9-2）式可以看出，$bR_k$ 可以理解为遥感图像中第 $k$ 个像元没有受到大气影响的像元灰度值。在求出 $a$，$b$ 的值后，对于遥感图像的第 $i$ 个像元（$i=1,2\cdots n$），其对应的没有受到大气影响的像元值为 $bR_i$，令 $L_i = bR_i$，顾及（9-2）式有

$$L_i = L'_i - a \tag{9-3}$$

式中 $L'_i$——遥感图像中包含有大气影响的第 $i$ 个像元的灰度值。

根据（9-3）式，可以根据 $L'_i$ 求出经过大气改正后的第 $i$ 个像元的灰度值 $L_i$。由于遥感过程是动态的，某一时刻在地面特定区域、特定条件测定数据，不具有普遍性。因此，该方法只适合于包含有地面实测数据的图像区域。

**(2) 灰度直方图校正法**

1) 灰度直方图

对于灰度值取 $0 \sim (n-1)$ 共 $n$ 个灰度级别的遥感数字图像，按照灰度值 $i$（$i = 0, 1, \cdots, n-1$）分别统计像元个数 $m_i$，计算像元个数占总像元个数 $M$ 的百分比 $P_i$（$P_i = m_i/M$，亦称为像元密度）。以灰度值 $i$ 为横坐标，像元密度 $P_i$ 为纵坐标所形成的统计图，称为灰度直方图。

灰度直方图实例如图9-4，图（$a$）是8行8列共64个像元的遥感数字图像，假设各像元的取值为 $0 \sim 15$ 的16个整型数字，则像元中的数字0代表黑（最暗），15代表白（最亮），其他值代表介于黑白之间不同级别的灰度值。图（$b$）为灰度直方图，横坐标为灰度值，依次为不同的灰度级别。纵坐标为各个灰度级别的像元数与总像元数的百分比（像元密度）。

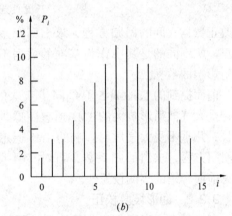

图9-4 灰度直方图

灰度直方图上端点的连线相当于离散化后的概率密度曲线，可以用均值、中值、标准差等统计参数描述像元灰度的分布状况。灰度直方图纵坐标也可以是灰度值个数。

2) 灰度直方图校正法

当遥感图像范围内实际存在灰度值为0的物体，如深水体、高山背阴处等，但遥感图像的灰度直方图中的最小灰度值为 $a$（$a>0$），如图9-5（$a$）所示。$a$ 值可以认为是不含地物特性的大气散射对遥感图像中各个像元灰度值影响量，将各个像元的灰度值均减去 $a$，即可得到大气校正后的遥感图像，对应的灰度直方图如图9-5（$b$）。

由第7.4.1节对大气散射的介绍可知，大气散射与波长有关，主要影响短波波段，如 Landsat-5 的 TM1 可见光波段，而红外波段 TM5 的波长较长，几乎不受大气散射影响。用不同波段对同一区域进行遥感探测后，可以波长较长的 TM5 波段遥感图像的灰度直方图的最小灰度值作为参考，对 TM1 的遥感图像进行类似于前面介绍灰度直方图方法进行大气改正。

**(3) 回归分析校正法**

回归分析校正法与实测校正法的基本思想是类似的，也是建立基准数据与需

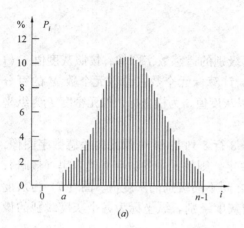 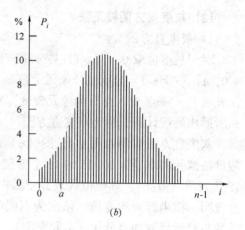

图 9-5　灰度直方图校正大气影响

要改正数据之间的回归方程，求出回归系数，再对需要改正的遥感图像进行大气改正。所不同的是其中作为基准的数据不是实测的，而是某一认为没有受到大气散射影响的数据。

前面提到的 Landsat-5 卫星同步获取的 TM5 和 TM1 波段的数据，欲对波长较短，受大气散射影响大的 TM1 遥感图像进行大气改正，可以利用同时获取的波长较长，几乎不受大气散射影响的 TM5 遥感图像作为基准数据建立 TM5 与 TM1 之间的回归方程，求出回归系数，再对 TM1 图像进行大气改正，具体回归改正过程，参见前面介绍的实测校正法。

### 9.2.3　地形坡度校正

在经过太阳高度角变化校正后，可以把太阳辐射到地面的光线看成是垂直于地平面的辐射线，即太阳高度角等于 90°。设太阳辐射能入射到水平地平面和地形坡度倾角为 $\alpha$ 的倾斜地面后，再反射到遥感传感器的辐射强度分别为 $I_0$ 和 $I$，则有关系式

$$I = I_0 \cos\alpha \quad \text{或} \quad I_0 = \frac{I}{\cos\alpha} \tag{9-4}$$

若用 $(x, y)$ 表示像元在图像坐标系中的位置，并设地形坡度倾角为 $\alpha$ 的倾斜地面上的地物遥感图像像元灰度值为 $g(x, y)$，则依据（9-4）式进行地形坡度变化校正后，其地物遥感图像像元灰度值 $f(x, y)$ 为

$$f(x, y) = \frac{g(x, y)}{\cos\alpha} \tag{9-5}$$

上式是由于地面倾斜引起遥感图像辐射变化的校正公式。由此式可以看出，若进行地形坡度校正，需要知道各个位置地面倾角或者遥感图像区域的数字高程模型，而且计算也比较麻烦。在一般情况下，可以不进行地形坡度校正，或者利用比值图法减小其影响。

### 9.2.4　传感器误差校正

传感器误差主要包括光学透镜的非均匀性误差和光电信号转换误差两个方面。

**（1）光学透镜的非均匀性误差校正**

光学透镜的非均匀性将导致视场边缘影像比中间影像暗淡。设原图像灰度值

为 $g(x,y)$，对应于像元 $(x,y)$ 的辐射线与透镜主光轴的夹角为 $\theta$，校正后图像灰度值为 $f(x,y)$，则

$$f(x,y) = \frac{g(x,y)}{\cos\theta} \qquad (9\text{-}6)$$

**(2) 光电信号转换误差校正**

传感器增益变化和光电转换系统将收集的电磁波信号转换成数字信号（像元灰度值）的过程中，会出现像元灰度值与实际值不一致的失真现象。可以通过定期在地面测定有关参数，通过模型进行校正。下面是 Landsat 卫星的 Mss 图像和 TM 图像的校正模型。

$$V = \frac{D_{max}}{R_{max} - R_{min}} \cdot R - R_{min} \qquad (9\text{-}7)$$

式中　　$V$——校正后数据；

　　　　$R$——传感器输出辐射灰度；

　　　　$D_{max}$——对于 Mss 图像和 TM 分别取值 127 和 255；

$R_{max}$ 与 $R_{min}$——传感器能够输出的最大和最小灰度值。

## 9.3　图像几何校正

表示遥感图像中像元的图像坐标与对应地物点的大地坐标之间关系的方程，通常称为构像方程。全景摄影、推扫扫描、摆扫扫描、侧视雷达等不同的扫描与探测方式，图像坐标与大地坐标之间有不同关系表达式。传感器结构、成像方式、遥感平台姿态和外界各种因素的限制与影响，遥感图像中地物的几何形状、大小、范围等与实际地物往往不一致，这类差异称为几何变形或几何畸变。本节在介绍遥感图像通用构像方程的基础上，定性分析主要几何变形因素与现象，介绍几种有代表性的几何校正方法。

### 9.3.1　遥感图像构像方程

描述地物点在遥感图像上的图像坐标与在地面坐标系中的地面坐标之间数学关系的方程，称为遥感图像构像方程，亦称共线方程。

**(1) 遥感基本坐标系**

如图 9-6，$p$ 为地面点 $P$ 在遥感图像上的影像，$S$ 为传感器在空间的位置，$f$ 为传感器成像时的等效焦距。建立遥感图像构像方程，就是建立图 9-6（a）地面点 $P$ 在图像坐标系 $o\text{-}xy$ 中的坐标 $p(x,y)$ 与地面坐标系 $O\text{-}XY$ 中的坐标 $P(X,Y)$ 之间的关系。

为了易于理解，可以建立图 9-6（b）中所示的四个坐标系统：地面坐标系 $O\text{-}XYZ$、图像坐标系 $o\text{-}xyf$、辅助坐标系 $S\text{-}UVW$ 和传感器坐标系 $S\text{-}uvw$，它们都属于右手坐标系。

1）辅助坐标系 $S\text{-}UVW$　坐标系原点为投影中心（卫星质心）$S$，沿轨道前进的切线方向为 $U$ 轴，垂直于轨道的水平方向为 $V$ 轴，垂直于 $UV$ 平面指向天顶的方向为 $W$ 轴。该坐标系是第 8.2.3 节中为确定遥感平台姿态所定义的坐标系，也是

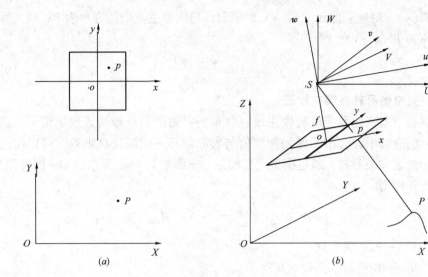

图 9-6 通用构像方程坐标系

遥感平台运行时滚动角 $\omega$、俯仰角 $\varphi$ 和航偏角 $k$ 三个姿态参数均为 0 时的理想坐标系。

2) 地面坐标系 $O\text{-}XYZ$　以地面某点 $O$ 为原点，$X$、$Y$、$Z$ 轴分别平行于 $S\text{-}UVW$ 中的 $U$、$V$、$W$ 轴，用于确定地面点的坐标。

3) 传感器坐标系 $S\text{-}uvw$　原点与辅助坐标系 $S\text{-}UVW$ 重合，为投影中心（卫星质心）$S$，$S\text{-}uvw$ 中的 $u$、$v$、$w$ 轴与坐标系 $S\text{-}UVW$ 中的 $U$、$V$、$W$ 轴之间的对应关系，分别由第 8.2.3 节中的滚动角 $\omega$、俯仰角 $\varphi$ 和航偏角 $\kappa$ 三个卫星姿态参数和扫描倾斜角 $\theta$ 确定。

4) 图像坐标系 $o\text{-}xyf$ 原点位于坐标系 $S\text{-}uvw$ 的 $w$ 轴与遥感图像平面的交点 $o$ 处，$o$ 与 $S$ 之间的距离等于传感器成像时的等效焦距 $f$，$o\text{-}xyf$ 中的 $x$、$y$、$f$ 轴分别平行于 $S\text{-}uvw$ 中的 $u$、$v$、$w$ 轴。

上述四个坐标系中，$O\text{-}XYZ$ 中的 $O\text{-}XY$ 和 $o\text{-}xyf$ 中的 $o\text{-}xy$ 两个平面坐标系是构像方程中主要坐标系。需要指出的是，遥感地面坐标系为右手坐标系，而国家大地坐标系属于左手坐标系；另外，卫星运行轨道一般不与国家大地坐标轴的方向一致。因此，遥感地面坐标系与国家大地坐标系的坐标之间，需要通过第二章中所介绍的坐标转换方法进行换算。

**(2) 遥感图像通用构像方程**

设地面点 $P$ 在地面坐标系 $O\text{-}XYZ$、辅助坐标系 $O\text{-}UVW$、传感器坐标系 $S\text{-}uvw$ 和图像坐标系 $o\text{-}xyf$ 中的坐标分别为 $(X, Y, Z)_P$、$(U, V, W)_P$、$(u, v, w)_P$ 和 $(x, y, -f)_P$，卫星 $S$ 在地面坐标系 $O\text{-}XYZ$ 中的坐标为 $(X, Y, Z)_S$，由空间解析几何和矩阵变换可以求得遥感图像的通用构像方程为

$$\begin{bmatrix} X \\ Y \\ Z \end{bmatrix}_P = \begin{bmatrix} X \\ Y \\ Z \end{bmatrix}_S + \begin{bmatrix} U \\ V \\ W \end{bmatrix}_P = \begin{bmatrix} X \\ Y \\ Z \end{bmatrix}_S + A_{\varphi\omega\kappa} R_\theta \begin{bmatrix} u \\ v \\ w \end{bmatrix}_P = \begin{bmatrix} X \\ Y \\ Z \end{bmatrix}_S + \lambda A_{\varphi\omega\kappa} R_\theta \begin{bmatrix} x \\ y \\ -f \end{bmatrix}_P \quad (9\text{-}8)$$

式中，$\lambda$ 为成像比例尺分母，$f$ 为传感器成像时的等效焦距。$A_{\varphi\omega\kappa}$ 和 $R_\theta$ 为分别为遥感平台（卫星）的姿态变换与传感器倾斜变换的旋转矩阵，其中，$A_{\varphi\omega\kappa}$ 由下式中的 $A_\varphi$、$A_\omega$ 和 $A_\kappa$ 三个旋转矩阵组成，使传感器坐标系 $S$-$uvw$ 分别依次绕 $V$、$U$、$W$ 轴旋转 $\varphi$、$\omega$ 和 $\kappa$。传感器坐标系 $S$-$uvw$ 经 $A_{\varphi\omega\kappa}$ 和 $R_\theta$ 变换后与辅助坐标系 $O$-$UVW$ 重合。

$$A_{\varphi\omega\kappa} = A_\varphi A_\omega A_\kappa = \begin{bmatrix} a_{11} & a_{12} & a_{13} \\ a_{21} & a_{22} & a_{23} \\ a_{31} & a_{32} & a_{33} \end{bmatrix}$$

$$= \begin{bmatrix} \cos\varphi & 0 & -\sin\varphi \\ 0 & 1 & 0 \\ \sin\varphi & 0 & \cos\varphi \end{bmatrix} \begin{bmatrix} 1 & 0 & 0 \\ 0 & \cos\omega & -\sin\omega \\ 0 & \sin\omega & \cos\omega \end{bmatrix} \begin{bmatrix} \cos\kappa & -\sin\kappa & 0 \\ \sin\kappa & \cos\kappa & 0 \\ 0 & 0 & 1 \end{bmatrix}$$

$$= \begin{bmatrix} \cos\varphi\cos\kappa - \sin\varphi\sin\omega\sin\kappa & -\cos\varphi\sin\kappa - \sin\varphi\sin\omega\cos\kappa & -\sin\varphi\cos\omega \\ \cos\omega\sin\kappa & \cos\omega\cos\kappa & -\sin\omega \\ \sin\varphi\cos\kappa - \cos\varphi\sin\omega\sin\kappa & -\sin\varphi\sin\kappa - \cos\varphi\sin\omega\cos\kappa & \cos\varphi\cos\omega \end{bmatrix}$$

(9-9)

**(3) 构像方程实例分析**

地面坐标与图像坐标之间的关系，与成像方式有关。由通用构像方程（9-8）式可以看出，对于中心投影类型的遥感成像，卫星的姿态、成像比例尺和传感器成像时的等效焦距，均与成像方式无关，只有 $R_\theta$ 与成像方式有关。因此，不同的成像方式，只需确定的具体表达形式即可。中心投影类型的成像，有三种基本方式：正中心成像（$\theta = 0°$）、前视或后视成像、侧视成像。

1) 正中心成像 扫描倾斜角 $\theta = 0°$ 时的中心投影成像称为正中心成像，亦称为垂直投影成像，此时，$R_\theta$ 的表达式为：

$$R_\theta = \begin{bmatrix} 1 & 0 & 0 \\ 0 & 1 & 0 \\ 0 & 0 & 1 \end{bmatrix} \tag{9-10}$$

2) 前视或后视成像 扫描方向向卫星轨道的前方或后方倾斜 $\theta$ 所进行的扫描成像，传感器坐标系 $S$-$uvw$ 需要绕 $V$ 轴旋转 $\theta$ 角度才能等效于垂直投影成像，$R_\theta$ 的表达式为：

$$R_\theta = \begin{bmatrix} \cos\theta & 0 & -\sin\theta \\ 0 & 1 & 0 \\ \sin\theta & 0 & \cos\theta \end{bmatrix} \tag{9-11}$$

3) 侧视成像 扫描方向向垂直于卫星轨道的两侧倾斜 $\theta$ 所进行的扫描成像，传感器坐标系 $S$-$uvw$ 需要绕 $U$ 轴旋转 $\theta$ 角度才能等效于垂直投影成像，$R_\theta$ 的表达式为：

$$R_\theta = \begin{bmatrix} 1 & 0 & 0 \\ 0 & \cos\theta & -\sin\theta \\ 0 & \sin\theta & \cos\theta \end{bmatrix} \tag{9-12}$$

根据上述分析可以看出，SPOT 卫星的 HRG 采用的是 $\theta=0°$ 的垂直成像，亦可以调整角度进行 $\theta\neq0°$ 的侧视成像，而 SPOT 卫星的 HRS 采用的 $\theta\neq0°$ 的前视或后视成像。Landsat 卫星采用的是多中心侧视成像，每个像元对应一个 $\theta$ 的角值。比较 SPOT 和 Landsat 两种卫星，SPOT 的倾角是相对固定的，而 Landsat 的倾角是不断变化的。

### 9.3.2 遥感图像几何畸变

根据遥感图像构像方程，可以通过数学方法确定遥感图像与地物的对应关系。实际遥感成像时，由于各种因素影响，所获取图像的几何形状、大小、位置等，往往与实际地物应有的几何关系不一致，产生几何变形。引起几何变形的因素很多，概括起来，主要来源于传感器成像方式、外方位元素变化和各种自然因素的影响。为了突出对各种几何变形性质的理解，这里将忽略复杂的数学表达和定量计算，以图解方式对主要变形进行定性分析。

**(1) 传感器成像方式引起的几何变形**

传感器的成像方式，主要有中心投影、平行投影、全景投影和斜距投影等不同投影成像方式。其中，平行投影本身不会产生几何变形，此处不再讨论。中心投影按扫描区域的形式分为点中心投影（Landsat 卫星系列摆帚式扫描投影）、线中心投影（SPOT 卫星系列的推帚式扫描投影）和面中心投影（框幅式投影）。在平坦地面进行垂直摄影时，若不考虑其他误差，中心投影得到的遥感影像，与实地地物，具有相似几何图形，不存在成像方式所造成的几何变形。因此，可以中心投影成像的图形作为基准，将全景投影和斜距投影等方式成像的图形与之进行比较，分析其变形规律。下面主要定性分析全景成像方式所产生的几何变形，简要叙述斜距投影所产生的几何变形。

由第 8.3.2 节关于全景摄影成像原理可知，全景投影影像面不是平面，而是圆柱面。如图 9-7 (a)，以 $S$ 为投影中心，过 $S$ 点铅垂线上点 $o$ 的横置圆柱面，称为全景投影像面（柱面），亦称全景面，地面 $P$ 点在全景投影像面上的投影为 $p$。过 $o$ 点作一水平投影面，称为 $S$ 点的中心投影像面（平面），地面 $P$ 点在中心投影像

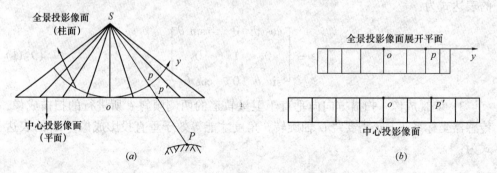

图 9-7 全景投影几何变形

面上的投影为 $p'$。将圆柱面的全景投影像面展开成全景投影像面展开平面，如图 9-7 (b) 中上部图形。将中心投影像面放置于图 9-7 (b) 中的下部，且将两个投影面中的重合点 $o$ 对齐。由图 9-7 (b) 可以看出，投影长度 $op \neq op'$，两长度之差，即为 $op$ 的投影变形。当水平地面等间隔的格网投影成中心投影像面上无变形的相似图形时，而该格网在全景投影像面展开平面上的图形，在垂直于 $y$ 方向上没有变形，而在 $y$ 方向上出现靠近中部变形小，越靠近边缘变形越大的特点。

对于侧视雷达遥感的斜距投影，出现类似于全景投影的变形，但在 $y$ 方向并不是越靠近投影点变形越小，而是在某一倾斜角变形为 0 时，离开变形为 0 的地方越远，变形越大。

**(2) 外方位元素变化引起的几何变形**

传感器的外方位元素指的是成像瞬间，传感器在地面坐标系中的三个位置元素 $X_S$、$Y_S$、$Z_S$ 和三个姿态元素 $\omega$、$\varphi$、$\kappa$。外方位元素的变化量（$dX_S$、$dY_S$、$dZ_S$、$d\varphi$、$d\omega$、$d\kappa$）将导致遥感影像产生几何变形。图 9-8 为各单个元素变化引起的几何变形情况，其中虚线为无变形的几何图形，实线为产生几何变形影响的图形。这些变形包括平移 (a)、(b)，缩放 (c)、旋转 (f) 和非线性变形 (d)、(e) 等。

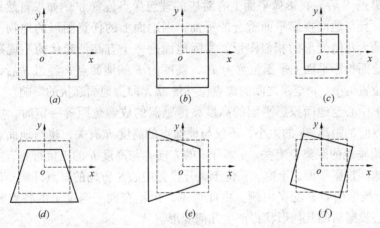

图 9-8　单个外方位元素引起的几何变形
(a) $dX_S$；(b) $dY_S$；(c) $dZ_S$；(d) $d\omega$；(e) $d\varphi$；(f) $d\kappa$

上图各单个外方位元素引起的几何变形是对应于某种扫描方式、某一扫描瞬间的变形，在不同成像方式和不同成像瞬间，传感器外方位元素变化产生的几何变形不同，整个遥感图像的变形是某种扫描方式在所有瞬间局部变形的综合影响。图 9-9 描述了一幅多光谱扫描图像与外方位元素变化产生几何影响的情况。假设各扫描行对应外方位元素是从第一行起按线性递增规律变化，实际地面标准正方形格网如图 (a)，则整个遥感图像受到外方位元素综合影响如图 (b)。图 (c) ~ (h) 分别描述了各外方位元素单独对遥感图像产生的几何变形影响。图中虚线为无变形的几何图形，实线为产生几何变形影响的图形。

**(3) 自然因素引起的几何变形**

自然因素主要包括地面起伏、地球曲率、大气折光和地球自转等因素，这些因素都会使遥感成像产生几何变形。

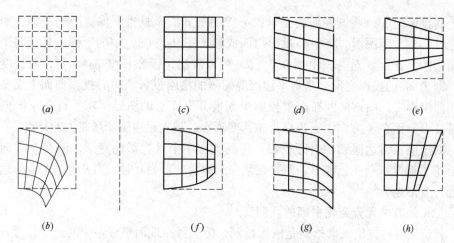

图 9-9　外方位元素引起动态扫描图像的变形
（a）原始格网；（b）综合变形；（c）$dX_S$；（d）$dY_S$；（e）$dZ_S$；（f）$d\omega$；（g）$d\varphi$；（h）$d\kappa$

1）地面起伏的影响

如图 9-10，设影像平面平行于地面投影平面，地面投影平面上任意一点 $P'$，经中心投影点 $S$ 后，在影像平面上有对应的理想像点位置 $p'$。如果自然地面是一个平坦的、且与地面投影平面重合的平面，则地面上的任意图形的地物，在影像平面上将是无几何变形的相似图形。实际地面是一个有高低起伏的不规则的自然曲面，在地面投影平面上平面位置为 $P'$，高度为 $h$ 的地面点 $P$ 经过 $S$ 后，在影像平面上的位置为 $p$。$p$ 至 $p'$ 之间的像点位移量 $\delta h$，即为地面起伏的影响。

当投影中心至地面投影平面的高度、传感器的成像焦距等一定时，实际像点与理想像点间的距离 $\delta h$ 的大小，不仅与地面点的高度 $h$ 有关，也与地面点到投影中心 $S$ 的铅垂线的距离 $D$ 有关。$p$ 离开 $p'$ 的方向，与高度 $h$ 的正负符号有关，当地面点位于地面投影平面之上时，$p$ 位于离开投影中心 $S$ 方向的 $p'$ 点外侧；反之，则 $p$ 位于靠近投影中心 $S$ 的 $p'$ 内侧。由此可见，由不在同一高度上的各点构成的地物，经中心投影后的几何形状将产生几何变形。

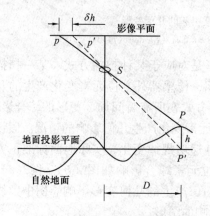

图 9-10　地面起伏对影像位置的影响

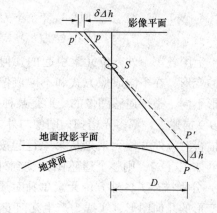

图 9-11　地球曲率对影像位置的影响

2）地球曲率的影响

如图 9-11，地球曲率对遥感影像的影响，与地面起伏对遥感影像的影响基本相同。设地球面上的点 $P$ 在地面投影平面上的投影位置位于 $P'$，$P$ 至 $P'$ 的距离 $\Delta h$ 由地球曲率所引起。$\Delta h$ 使得具有相同地面投影平面位置的点在影像平面上的位置 $p$ 与 $p'$ 不重合，两影像点之间的距离 $\delta \Delta h$，即为地面起伏的影响。

与地面起伏对遥感影像的影响不同的是，$p$ 总是位于靠近投影中心 $S$ 方向的 $p'$ 点内侧，$\delta \Delta h$ 与 $D$ 成非线性关系。

3）大气折光的影响

如图 9-12，地面 $P$ 点的电磁波辐射信号，在理想情况下应该直线经过投影中心 $S$ 到达影像平面上的 $p'$ 处。由于大气折光的影响，$P$ 点的电磁波辐射信号经过连续折射后，沿曲线经过 $S$ 到达影像平面上的 $p$ 处。两影像点 $p'$ 与 $p$ 之间的距离 $\delta r$，即为大气折光的影响。

4）地球自转的影响

地球自转对于扫描类卫星影像的影响较大。如图 9-13，设卫星沿轨道由北向南运行，则摆帚扫描方向与卫星运行方向垂直，且由西向东扫描。当传感器扫描完成一行后换到下一行进行扫描时，由于地球的自西向东自转的作用，传感器新一行视场的地面区域将向西侧平移一段距离。对于图中所示虚线表示的地面矩形区域，当扫描由北边缘开始扫描至南边缘时，扫描视场将向西平移，平移量 $\delta V$ 即是地球自转的影响。

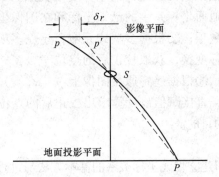

图 9-12 大气折光对影像位置的影响

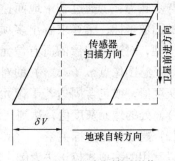

图 9-13 地球自转对影像位置的影响

### 9.3.3 几何畸变校正

数字遥感图像受到传感器成像方式、外方位元素变化和各种自然因素的影响，会产生像元位置平移、旋转、缩放、仿射、偏扭、弯曲等几何变形。对遥感数字图像几何畸变的校正，一般是利用基于数学模型的计算机软件，对具有几何变形的遥感数字影像的每个像元进行逐个纠正处理，最终获得纠正后的整个影像。不同成像方式，具有不同的校正数学模型和方法，但校正原理与过程基本相同。

遥感图像几何校正的基本原理是，根据已知数学模型及其参数，或根据图像中若干点对应的地面坐标系中无变形因素影响的已知坐标，建立具有几何变形的原始遥感图像像元与对应于实地图形的校正后图像像元之间的变换关系，并对变换后像元灰度值重新计算（亦称重采样）后，获取与实际地形图形一致的影像。

几何校正具体过程包括：①确立几何校正数学模型；②建立像元坐标关系；③像元灰度值重采样。

**(1) 几何校正数学模型**

几何校正数学模型主要有共线方程校正法、多项式校正法等多种模型。

1) 共线方程校正法

共线方程校正法的实质是建立原始遥感影像的图像坐标与地面坐标之间的数学变换关系，对成像空间的几何形态进行直接描述。这种方法的基本原理在第9.3.1节中有详细的阐述。不同成像方式，可以建立不同的共线方程。共线方程校正法是一种严密的数学方法，但需要知道成像投影模型、外方位元素、自然因素改正数模型等，特别是需要知道地面高程信息。另外，外方位元素也是动态变化的，计算十分复杂。因此在实际遥感图像几何校正中，共线方程校正法受到了一定限制。

2) 多项式校正法

遥感图像的几何变形，是多种已知因素和未知因素共同作用的结果，很难用一个简单而严密的计算公式来描述。多项式校正法是实际中使用较多的一种几何变形校正方法，原理直观，计算简单，特别是地面相对较为平坦地区，具有足够的校正精度。

多项式校正法的基本思想是，不考虑遥感成像时的空间几何过程与影响因素，利用一个多项式直接描述原始遥感图像与校正后图像之间的坐标变换关系。具体方法与步骤为：①通过若干地面控制点在地面坐标系中的已知坐标和在图像坐标系中的图像坐标，解算求解出多项式的系数项；②根据多项式系数，建立多项式校正模型，对遥感图像的所有像元进行坐标变换，获取校正后的点位 $P(X,Y)$ 与原始遥感图像点 $p(x,y)$ 的对应关系；③根据遥感原始图像上 $p(x,y)$ 的像元灰度值，或包含周边若干像元灰度值，直接赋值或计算求出校正后的点位 $P(X,Y)$ 处的像元灰度值，达到几何校正的目的。

**(2) 建立像元坐标关系**

以常用的多项式校正法为例，简要介绍建立像元坐标关系的基本方法与过程。

1) 基本方法

如图9-14，设 $o\text{-}xy$ 为原始影像坐标系，像元 $p$ 在 $o\text{-}xy$ 中的坐标为 $p(x,y)$；$O\text{-}XY$ 为校正后坐标系，对应于原始影像 $p$ 的像元在 $O\text{-}XY$ 中的坐标为 $P(X,Y)$。利用多项式校正法建立像元 $p(x,y)$ 与 $P(X,Y)$ 之间的关系，有直接法和间接法两种方法。

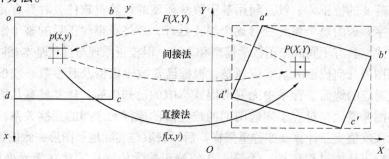

图9-14　直接法与间接法

直接法是根据原始影像坐标系 $o\text{-}xy$ 中影像阵列的像元坐标 $p(x, y)$，依次对每个像元计算其在校正后影像坐标系（与地面坐标系一致，下同）中的像元坐标 $P(X, Y)$，其多项式一般形式为：

$$\begin{cases} X = f_X(x, y) \\ Y = f_Y(x, y) \end{cases} \quad (9\text{-}13)$$

间接法是根据校正后影像坐标系 $O\text{-}XY$ 中空白影像阵列的像元坐标 $P(X, Y)$，依次对每个像元计算其在原始影像坐标系 $o\text{-}xy$ 中的对应像元坐标 $p(x, y)$，其多项式一般形式为：

$$\begin{cases} x = F_x(X, Y) \\ y = F_y(X, Y) \end{cases} \quad (9\text{-}14)$$

2）间接法建立像元坐标关系

多项式有一般多项式、勒让德多项式和双变量分区插值多项式等，最常见的是一般多项式，(9-14) 式具体表达式为：

$$\begin{cases} x = a_0 + (a_1 X + a_2 Y) + (a_3 X^2 + a_4 XY + a_5 Y^2) \\ \quad + (a_6 X^3 + a_7 X^2 Y + a_8 XY^2 + a_9 Y^3) + \cdots \\ y = b_0 + (b_1 X + b_2 Y) + (b_3 X^2 + b_4 XY + b_5 Y^2) \\ \quad + (b_6 X^3 + b_7 X^2 Y + b_8 XY^2 + b_9 Y^3) + \cdots \end{cases} \quad (9\text{-}15)$$

式中 $a_i$，$b_i$——多项式系数，$i = 0, 1, 2, 3, \cdots$。

实际工作中，多项式未知数的最高次数一般取到 2 就可以满足精度要求。次数取 2 的多项式简称为二次多项式，依次类推，有三次多项式、四次多项式等。

控制点的个数，与多项式系数的个数有关，必须满足解求多项式系数的最少个数要求，由式（9-15）可以看出，对于二次多项式，有 $a_i$，$b_i$ ($i = 0, 1, 2, 3, 4, 5$) 共 12 个多项式系数，需要至少 6 个已知坐标的控制点；控制点的个数也与影像覆盖区域面积和精度要求有关，若将一幅 Landsat 卫星的 TM 影像校正到一个像元以内的精度，一般需要 30 个左右且均匀分布的控制点，一幅 SPOT 卫星影像采用三次多项式时，需要 13～17 个控制点。控制点的选择，应尽量均匀分布在整个图像的区域内，以保障校正拟合误差的均匀分布。控制点的坐标可以从有关部门或单位查找、实地测定、地形图上量取等方式获取。

根据已知点的校正前、后坐标，按（9-15）式即可求出所有多项式系数 $a_i$，$b_i$。当控制点个数等于解算方程的必要个数时，直接解算；多余必要个数时，需按最小二乘法列出误差方程进行解算。

由间接校正法进行灰度值重采样时，只需将校正后坐标代入（9-15）式，就可求出校正前原始影像的对应坐标位置。

3）直接法求解校正后影像边界

校正后影像的边界可以根据原始影像边界顶点 $a$、$b$、$c$、$d$ 在 $o\text{-}xy$ 中的坐标，利用直接校正法函数（9-13）式，计算求出 $O\text{-}XY$ 中对应点 $a'$、$b'$、$c'$、$d'$ 的坐标，即可构成校正后影像的边界。实际校正后影像的边界，是 $a'$、$b'$、$c'$、$d'$ 四点坐标中的最小坐标值（$X_{\min}$，$Y_{\min}$）和最大坐标值（$X_{\max}$，$Y_{\max}$）对应点分别为左下角和右上角,且四边分别平行于 $X$ 和 $Y$ 轴的矩形区域,如图9-14中虚线矩形区域。

像元坐标变换建立校正后影像像元与原始影像像元之间对应的位置关系,其目的是确定校正后影像各像元的灰度值与原始影像哪一位置像元的灰度值有关,以便确定校正后影像各像元的灰度值。像元坐标变换中,直接校正法与间接校正法并无本质差别。只是直接校正法计算的像元位置可能出现重叠或空缺,需要进行像元的重新排列。实际像元坐标变换,一般采用间接校正法。

**(3) 灰度值重采样方法**

遥感影像的几何校正,归根到底就是通过建立校正后影像与原始影像之间的像元位置关系,最终根据原始影像的像元灰度值,确定校正后各像元的灰度值。

第8.1.1节中关于遥感数字影像数据的叙述指出,无论是数字影像像元的位置,还是像元的灰度值,一般都是离散的整数值。由此可见,原始影像坐标系中像元(原始像元)坐标值为整数,校正后像元坐标系中像元(校正后像元)坐标值也为整数。采用间接校正法时,根据校正后像元坐标整数值 $X$、$Y$,按 (9-15) 求出原始影像坐标系中的像元位置 $x$、$y$,称为投影点。计算出的投影点坐标 $x$、$y$,可能是整数,也可能是非整数。如果 $x$、$y$ 为整数,则可将坐标值为 $x$、$y$ 的原始像元灰度值直接赋给坐标值为 $X$、$Y$ 的校正后像元;如果 $x$、$y$ 不全为整数,则可根据精度需要等条件,按照下述方法之一确定校正后像元灰度值。

1) 最邻近像元法

此法将原始像元坐标值最接近投影点坐标值 $x$、$y$ 的原始像元灰度值,直接赋给坐标值为 $X$、$Y$ 的校正后像元。设原始影像中最接近 $x$、$y$ 的像元整数坐标值为 $l$、$k$,则有,

$$G_{XY} = g_{lk} \tag{9-16}$$

式中 $l = \text{Integer}(x + 0.5)$, $k = \text{Integer}(y + 0.5)$;Integer 取整(取表达式的整数部分)。

这种方法运算简单,但精度较低,图边缘常出现锯齿状。

2) 双线性内插法

此法取投影点处4个相邻的原始像元灰度值 $g_i$($i = 1, 2, 3, 4$),采用数理统计中的加权平均计算方法,按以下简略公式计算坐标值为 $X$、$Y$ 的校正后像元灰度值 $G_{XY}$。

$$G_{XY} = \frac{p_1 g_1 + p_2 g_2 + p_3 g_3 + p_4 g_4}{p_1 + p_2 + p_3 + p_4} = \frac{\sum_{i=1}^{4} p_i g_i}{\sum_{i=1}^{4} p_i} \tag{9-17}$$

式中 $p_i$——与投影点接近的4个原始像元中的第 $i$ 个原始像元灰度值,在计算 $G_{XY}$ 时所占的权重,$p_i = 1/d_i$,$d_i$ 为第 $i$ 个原始像元的位置与投影点之间的距离。由 $p_i$ 的定义式可以看出,距离 $d_i$ 的值越小,其权重越大。

由于这种方法的精确性和计算并不复杂等优点,它是灰度值重采样最常用的方法。

3) 三次卷积法

此法与双线性内插法类似，但取投影点处 16 个相邻的原始像元灰度值 $g_i$（$i = 1, 2, \cdots, 16$）进行加权平均计算，具体公式为，

$$G_{XY} = \frac{p_1 g_1 + p_2 g_2 + \cdots + p_{16} g_{16}}{p_1 + p_2 + \cdots + p_{16}} = \frac{\sum_{i=1}^{16} p_i g_i}{\sum_{i=1}^{16} p_i} \qquad (9\text{-}18)$$

式中符号含义与 (9-17) 式相同，此种方法精度较高，但计算量大。

### 9.3.4 遥感数字图像配准与镶嵌

**(1) 遥感数字图像配准**

遥感图像配准包括两种情况的配准。一种是建立影像坐标系与地面坐标系之间的关系，即将具有影像坐标系坐标的数字影像像元赋予某一应用坐标系统的坐标，这一应用坐标系统可以是地面绝对坐标系、假定坐标系，也可以是某一影像坐标系。例如，通过配准建立遥感影像像元的影像坐标与国家大地坐标或独立坐标之间的关系，其作用是可以在遥感影像上直接获得影像像元的国家大地坐标或地面坐标。另一种是将多种不同比例尺、或不同分辨率、不同类型的影像配准为同一个坐标系统（影像坐标系或地面坐标系等）。其作用是在同一个参考系统下应用不同来源的遥感影像数据。

遥感图像的配准实质上通过几何校正实现，一般采用多项式校正法。具体方法此处不再重复。

**(2) 遥感数字图像镶嵌**

遥感数字图像镶嵌是将多幅卫星图像镶嵌、拼接在一起，构成一幅大的、或感兴趣区域的图像。遥感数字图像镶嵌的理论与方法也与几何变形校正相同，镶嵌应注意如下几个问题。

1) 镶嵌之前应首先进行数字影像配准，使多幅影像的坐标系统为同一参考系统；

2) 被镶嵌的影像之间应有足够重叠度，最好不低于 20%，以便保障边缘镶嵌后的精度；

3) 相邻而不同色调的图像镶嵌前需要进行色调与色差方面的处理。

## 9.4 数字图像增强处理

数字图像增强指的是对遥感图像进行色彩、反差、地物边界的平滑或锐化等的处理，用于提高图像目视解译的效果与对地物的辨别力。数字增强处理方法与手段很多，下面通过对几种最基本的增强处理类型的介绍，了解数字增强的意义与作用。

### 9.4.1 彩色处理

人眼对灰度判别与区分的级别一般为 20 个级别左右，而对于彩色差异的分辨能力一般可达 100 多种。将遥感多波段或单波段的影像处理成为彩色影像，可大大提高目视判读能力。下面只简要介绍多波段假彩色合成和单波段假彩色分割两种

最简单的彩色增强处理方法，对于常用的 HLS（Hue，Lightness，Saturation：色调，明度，饱和度）增强处理方法，读者可参考普通图像处理文献。

**(1) 多波段假彩色合成**

卫星遥感影像是传感器分波段接受的地物辐射信息，以像元灰度值的形式记录、传输和保存。不同波段的影像记载了地物不同波长的辐射信息。例如，表 8-6 中 Landsat 卫星 TM 影像的蓝（$0.45 \sim 0.52\mu m$）、绿（$0.52 \sim 0.60\mu m$）、红（$0.63 \sim 0.69\mu m$）、近红外（$0.76 \sim 0.90\mu m$）分别代表四个不同的波段的地物信息。对于可见光部分的蓝、绿、红波段的地物辐射信息，在视觉上是三种颜色，但卫星传感器获取、传输到地面接收站，经计算机恢复后显示在屏幕上原始影像并不是蓝、绿、红彩色影像，而是具有不同灰度值的灰度影像。

将多个不同波段的影像，任取其中三个波段，分别赋予蓝、绿、红三种颜色后进行合成。如果合成后的影像色彩与自然地物色彩一致，则称为真彩色合成影像，真彩色合成影像可以给人真实的自然感觉。如果合成后的影像色彩与自然地物色彩不一致，则称为假彩色合成影像。例如，给上述 TM 影像的蓝、绿、红三个波段的灰色影像分别赋予蓝、绿、红颜色，将可得到与自然地物色彩基本一致的真彩色合成影像。如果将其中任两个波段的颜色进行交换，所得影像为假彩色影像。

由于大气瑞利散射对可见光蓝光波段的强烈影响，卫星上的传感器几乎接收不到来自地物反射的蓝光信号，因此，卫星遥感很难得到真正的真彩色合成影像。即使给所获取的蓝色波段赋予对应的蓝色，也只能获得近似真彩色影像。实际应用中，为了突出某种地物时，一般使用假彩色合成可以得到希望的视觉效果；利用某些非可见光波段的影像时，其合成影像肯定是假彩色合成影像，如近红外波段的影像本身是无颜色的影像，当对其赋予颜色后进行合成所得的影像只能是假彩色合成影像。

**(2) 单波段假彩色分割**

对于单波段遥感影像，为了提高对不同灰度级别地物的识别，可以将表示影像明暗程度的灰度级别离散化为若干层，再将不同层赋予不同的颜色，从而获得假彩色影像。例如，对常见的 256 个灰度级的单波段遥感影像，将灰度值 $0 \sim 59$ 分为第一层，赋予 1；$60 \sim 129$ 分为第二层，赋予 2；$130 \sim 189$ 分为第三层，赋予 3；其他灰度值分为第四层，赋予 4，将 1、2、3 和 4 分别赋予不同的颜色，便得到一幅假彩色影像。

单波段影像经过分层和配色后，可大大提高识别不同地物的辨别力。分层、配色方案应该尽量与地物光谱差异和颜色相一致，也可以按照观测者的个人视觉习惯确定。例如，在近红外波段中，水体对电磁波辐射吸收很强，反射到传感器辐射信息很少，在遥感影像中的灰度级别接近黑体。将灰度值较小者分割成为一层，并赋予与水色对应的颜色，则可从遥感影像中很容易识别出水体。若地物光谱没有明显规律，可将计算机的能够显示的 256 种颜色简单地分别赋予遥感影像的 256 个灰度级，也能提高目视效果。

### 9.4.2 反差处理

遥感影像的明暗度与卫星传感器扫描时太阳光对地物的辐射照度强弱有关，

也与不同地物的反射率有关。不同时节（时辰、季节）太阳光辐射照度的变化，会使整个图像存在偏亮或偏暗现象；地物灰度值聚集（区域中地物反射率接近）时，影像灰度值可能聚集在某一区段内。影像明暗度和地物灰度值聚集现象，可以通过第9.2.2中介绍的灰度直方图判断确定。为了提高目视效果，可以对影像明暗度变化的影像和灰度值聚集现象，通过反差增强方法进行处理。反差增强处理方法有函数变换类型的线性增强、非线性增强、查找表变换和直方图变换类型的直方图均衡、直方图匹配等。下面重点介绍线性增强和直方图均衡增强的基本原理与方法，简要介绍非线性增强、查找表变换、直方图匹配等增强处理的基本思路，其他增强方法此处从略。

**(1) 函数变换增强**

1) 线性增强

设遥感影像坐标系中位于 $(i, j)$ 位置进行反差增强前后的像元灰度值分别为 $g_{ij}$ 和 $f_{ij}$，则可由下式进行的像元灰度值线性增强变换。

$$f_{ij} = k g_{ij} + b \tag{9-19}$$

式中　$b$——常数；
　　　$k$——斜率。

$$k = (f_{\max} - f_{\min})/(g_{\max} - g_{\min}) \tag{9-20}$$

其中，$g_{\max}$，$g_{\min}$ 分别为反差增强前像元的最大与最小灰度值，$f_{\max}$，$f_{\min}$ 分别为反差增强后像元的最大与最小灰度值。

图9-15为线性增强前、后影像及其直方图变化实例。增强前影像反差较小，最大、最小灰度值分别为181、19，若将增强后最大、最小灰度值分别确定为255、0，由 (9-20) 式得斜率 $k = 255/162 \approx 1.574$。根据增强前、后的最大或最小灰度值、斜率 $k$，代入 (9-19) 式可得 $b = f_{\max} - kg_{\max} = f_{\min} - kg_{\min} \approx -29.907$。将该值代入 (9-19) 式，便可以求出线性增强后各像元灰度值。

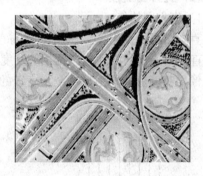
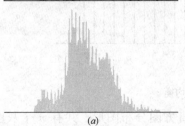
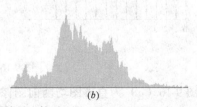

图9-15　线性增强前后比较
(a) 增强前影像及其直方图；(b) 增强后影像及其直方图

2）非线性增强

非线性增强指变换函数为非线性函数的增强方法。常见的有对数变换增强、指数变换增强等方法。

设增强前、后影像坐标系中位于（$i$，$j$）位置的像元灰度值分别为 $g_{ij}$ 和 $f_{ij}$，则对数变换增强函数为：

$$f_{ij} = a + b\ln(cg_{ij} + d) \quad (9\text{-}21)$$

指数变换增强函数为：

$$f_{ij} = a + b^{cg_{ij}+d} \quad (9\text{-}22)$$

上述两式中，$a$、$b$、$c$、$d$ 为根据需要确定的常数。对数变换使中间灰度得到较大增强，而指数变换使中间灰度的亮度降低。

3）查找表变换

函数变换类型的增强方法，以增强前各个像元的灰度值为基础，根据（9-19）或（9-21）、（9-22）等函数式，计算出增强后对应像元的灰度值，来达到增强变换目的。这种对每个像元进行计算的方法，计算量大、处理速度慢。实际计算中，为了减少对每个像元进行灰度值计算，通常依次对增强前像元的每个可能灰度值，计算对应的增强后像元灰度值，建立一个增强前后像元灰度值对应表，此表称为查找表，可用 LUT（Look Up Table）表示。根据增强前像元灰度值，从 LUT 中可以直接找到对应像元增强后的灰度值。

图 9-15 图形和利用（9-19）式计算求出的查找表如表 9-1。

图像灰度变换查找表　　　　　　　　　　　　　　表 9-1

| 增强前像元灰度 | 19 | 20 | 21 | 22 | 23 | 24 | 25 | 26 | 27 | 28 | … | 179 | 180 | 181 |
|---|---|---|---|---|---|---|---|---|---|---|---|---|---|---|
| 增强后像元灰度 | 0 | 2 | 3 | 5 | 6 | 8 | 9 | 11 | 13 | 14 | … | 252 | 253 | 255 |

**（2）直方图变换**

1）直方图均衡

直方图均衡是将图像随机分布的直方图，修改为均匀分布的直方图，如图 9-16。直方图均衡的实质是按照相等灰度级区间内像元数量大致相等的要求，重新赋予各像元灰度值，增强后每个灰度级的像元数相同。

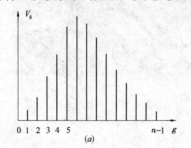
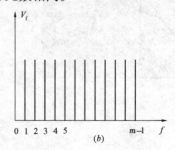

图 9-16　直方图均衡

图 9-16（a）为直方图均衡前图像的频率直方图分布图形，共有 $n$ 个灰度级，对应于各灰度级的频率（某灰度级的像元数/总像元数）为

$$V_g = v_{g0}, v_{g1}, v_{g2}, \cdots v_{gn-1} \qquad (9\text{-}23)$$

图 9-16（$b$）为直方图均衡后图像的频率直方图分布图形，共有 $m$ 个灰度级，对应于各灰度级的频率为

$$V_f = v_{f0}, v_{f1}, v_{f2}, \cdots v_{fm-1} \qquad (9\text{-}24)$$

根据灰度级频率特性有：

$$\sum_{i=0}^{n-1} v_{gi} = \sum_{j=0}^{m-1} v_{fj} = 1 \qquad (9\text{-}25)$$

由直方图均衡要求可知

$$v_{f0} = v_{f1} = v_{f2} = \cdots = v_{fm-1} = 1/m \qquad (9\text{-}26)$$

为了达到直方图均衡要求，可以从均衡前频率直方图最小灰度级开始，采用依次累加方法，即，$v_{g0} + v_{g1} + \cdots v_{gk1} = 1/m$，将 $v_{g0}$，$v_{g1}$，$\cdots v_{gk1}$ 对应的所有像元，赋予均衡后 $v_{f0}$ 对应的像元灰度值；再从 $v_{gk2}$ 开始，同法获得均衡后 $v_{f1}$ 对应的像元，并赋予 $v_{f1}$ 对应的灰度值；以此类推，最后将图 9-16（$a$）频率直方图均衡为图 9-16（$b$）形式。

直方图均衡后的图像灰度均匀，频率高的像元灰度级被分割拉开，频率低的像元灰度级被合并压缩。

2）直方图匹配

直方图匹配是将图像的直方图匹配为指定函数的图形或匹配为指定图像（已有图像）的直方图。指定函数为正态分布函数的直方图匹配称为直方图正态化。

直方图匹配与直方图均衡原理、方法相同，所不同的是（9-24）式中匹配后的 $m$ 个灰度级频率需要按照指定函数逐一计算求出，或由指定图像的直方图给定。确定匹配频率后，即可按直方图均衡方法实施匹配。

直方图匹配方法主要用于将图像质量比较好的影像作为基准图像，对图像质量比较差的图像采取匹配方法，消除或削减色差、明暗度等方面的影响。

### 9.4.3 平滑与锐化处理

前述反差处理方法，通过对单个像元灰度值的增强，可以达到改善整体图像质量，提高目视效果的目的。在遥感图像中，由于各种干扰因素影响，导致图像中常常出现一些亮度突变的微小区域与斑点，需要根据像元周边某一"窗口"区域内的若干像元灰度值进行平滑处理，消除或削弱噪声影响。对于块状目标边缘、线状目标等图像，需要根据边缘或线目标影像两侧或周边若干像元灰度值进行锐化处理，以便突现边界与线目标。

**(1) 平滑处理**

平滑处理采用邻域运算法，参与运算的对象是需要进行增强处理的像元周围的 $M$ 行、$N$ 列区域内的若干像元，该区域称为"$M \times N$ 窗口"或"模板"。图 9-17 采用 3 行、3 列区域窗口作为"模板"，模板中的每个像元位置对应一个权系数。权系数指的是其对应像元的灰度值在计算结果中所占有的比重或权重，一般情况下，模板中的权系数之和为 1。

平滑处理时，先将模板置于原始影像某一指定进行邻域运算的起始位置，如图 9-17（$a$），起始位置一般为左上角，亦可以是任一指定位置。用模板中的每个

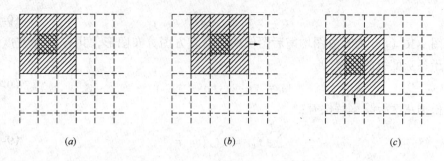

图 9-17 邻域运算模板移动示意图

权系数与对应原始影像像元灰度值进行邻域运算，将运算结果赋予模板中心对应的输出影像像元。之后将模板向右或向下移动一个像元，图 9-17（b）为模板向右移动，图 9-17（c）为向下移动。重复前面的运算，将运算结果赋予模板中心对应的输出影像像元。依此类推，逐行或逐列依次进行平滑运算，直至完成指定区域。所有运算对象为原始影像像元灰度值，运算结果赋给对应输出影像像元。

不同的平滑运算方法，对应不同的平滑运算函数和模板像元权系数。最简单的平滑运算是均值平滑方法。其运算函数表达式为：

$$f(i,j) = \sum_{k=1}^{M} \sum_{l=1}^{N} [g(k,l)t(k,l)] \tag{9-27}$$

式中 $f(i,j)$——模板中心对应影像像元平滑运算后的像元灰度值；

$g(k,l)$——模板中 $k$ 行、$l$ 列位置对应影像像元平滑运算前的像元灰度值；

$t(k,l)$——模板中 $k$ 行、$l$ 列位置进行平滑运算的权系数，对于 3 行、3 列"模板"，其权系数可以写成如下矩阵形式。

$$t_{3\times3} = \frac{1}{9}\begin{bmatrix} 1 & 1 & 1 \\ 1 & 1 & 1 \\ 1 & 1 & 1 \end{bmatrix} \quad 或 \quad t_{3\times3} = \frac{1}{8}\begin{bmatrix} 1 & 1 & 1 \\ 1 & 0 & 1 \\ 1 & 1 & 1 \end{bmatrix}$$

除了使用均值平滑运算外，实际中也有对模板中对应的 $M \times N$ 个元素按照大小进行排序，取位于中间的灰度值直接赋给模板中心对应影像像元。这种方法，称为中值滤波。

**(2) 锐化处理**

锐化又称为边缘增强，其目的是提高边缘或线状目标像元灰度值的变化率，使边缘或线目标更为清晰，其结果与平滑相反。具体方法参见参考文献 17、18。

# 10 遥感图像解译与应用

遥感影像是传感器摄影、扫描瞬间获取的地表面或地表层的几何与物理信息。这些影像信息需要依据一些特征进行解译，根据用途与需要进行分类。在解译、分类的基础上，可以进行土地、资源、环境、植被、水系、工业等各类调查，帮助人们对地表附着信息以及人类活动进行分析与利用。

## 10.1 遥感图像目视解译

遥感影像本身仅仅是图像数据，需要借助光学仪器或电脑显示屏幕，经过人眼目视，人脑依据经验和专业知识进行判断、加工后才能成为有用信息。遥感影像记录了地球表面的自然地貌、人工与自然地物和人类活动的痕迹，真实、正确、全面反映了地表自然与人工的综合信息。人们根据地物光谱特征、成像规律和影像特征，通过目视来判别、分析、研究地物的类别、属性等几何与物理信息的过程，称为遥感图像目视解译，也称为判译、判读或判释等。

### 10.1.1 图像目视解译特征

遥感影像上反映的地物与人类活动痕迹，具有色调、空间、时间等各种不同解译特征，这些解译特征，即为影像的解译标志。

**(1) 色调特征**

色调指的是地物辐射在遥感影像上所表现的黑、白及其之间的各种深浅不同的灰度。色调是解译地物的主要特征之一，如果遥感影像上没有色调差别，就无法识别不同地物。遥感影像上不同地物的色调深浅度，整体上与太阳辐射照度有关，个体上与地物辐射和地物反射面光滑、粗糙度有关。从影像中解译出不同地物，主要依据是地物的辐射特性。

地物辐射包括地物的发射辐射和反射辐射，主要是地物的反射辐射。第7章中已经介绍，不同地物具有不同的反射特性，同一地物在不同波段具有不同的反射特性。地物的这些辐射特性是遥感图像解译的理论基础。

数字遥感图像一般为多波段影像，如 Landsat 5 有 7 个波段。在不考虑传感器响应、大气影响、太阳照度等因素对遥感影像影响的情况下，根据地物的波谱反射特性，地物在遥感影像上的色调有如下几种可能情况：

1) 不同地物在同一波段的遥感影像中具有不同的灰度值；
2) 同一地物在不同波段具有不同的灰度值；
3) 两种地物在某一波段中一种比另一种的色调深，而在另一波段可能相反；
4) 同一波段不同地物影像灰度值可能相同。

图 10-1 列出了植被、土壤、水三类地物在 Landsat 5 的 4、5、6、7 四个波段上

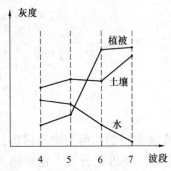

图 10-1 色调与地物、波段关系

的灰度值，反映了地物在遥感影像上色调变化的基本情况。

**(2) 空间特征**

地物的空间特征包括形状、大小、分布、位置、阴影、纹理等基本特征。

1) 形状

地物形状是识别、解译地物的最基本的特征。不同地物与目标，具有不同的外形特征。通过影像上地物的外围轮廓，可以有效识别部分外形特征鲜明的地物。例如，具有飞机起降跑道的机场、具有椭圆形跑道的运动场、道路及其桥梁、江河与湖泊、有特色的建筑（如美国国防部五角大楼）等。

受到分辨率限制，地物形状与影像比例尺有关。例如，对于大比例尺的影像，可以直接观察到单体建筑等，而对于中小比例尺影像，所观测到的可能只是村庄、城市的范围。

2) 大小

大小指的是地物在遥感影像上的长度、面积、体积等尺寸。地物在影像上的大小，与地物本身的大小有关，也与影像的比例尺有关，解译时需要综合考虑。例如，对于一个小的储藏室，如果不考虑到比例尺，很可能会被解译成仓库。考虑大小时，一般应以周边可识别的地物作为判断、解译的参考。

3) 分布

分布描述地物与地物之间、景观要素之间的相互依存关系。一般来讲，对于与人类活动有关的地物之间，通常有某种必然联系。例如，桥梁较小，难于被独立判别，但影像上容易被解译的道路、河流交会处，一般应是桥梁；杂乱分布的建筑群，通常为自然形成的居民区，而整齐排列、烟囱林立的地方可以确定为工业区域。如果某处为砖厂，一般会分布存在高耸的烟囱，取土的坑、堆放砖坯的场地等配套设施。通过地物之间所存在的内在或必然联系，可以方便地进行地物解译。

4) 位置

位置指地物所处的地形或地理方位，包括周边的环境因素。在自然环境中，湖泊边存在滩涂与芦苇，海边存在盐池与沙滩，它们之间构成一些自然关联。有些植物只能生长在沼泽、堤岸、滩涂等地，有些植物只能生长在南方热带地区，如椰树、橡胶树等。在进行地物解译时，可以参考地物所处的地形或地理环境进行综合判别。

5) 纹理

纹理指的是遥感影像中色调变化所形成的细纹或细小图案，以一定规律重复出现。纹理表现为单一特征的集合，实地为同类地物的聚集。单棵树具有树叶的形状、大小、色调、阴影、图形，当成片的同类树聚集在一起构成树林或森林时，其影像形成纹理图案。纹理有光滑与粗糙之分，与地物本身的因素有关，也与影像的比例尺有关。中比例尺上草丛的纹理是光滑的，而树木的纹理是粗糙的；当比例尺越来越小时，纹理将越来越细，直至最终可能消失。

通过纹理有助于解译地物的类别、种类等，沙滩纹理能够反映沙粒粗细，通过果树纹理可以解译果树种类。

6) 阴影

太阳照射在可见光波段范围内产生的阴影分为本影和落影两种。本影是地物未被阳光直接照射的部分在影像上的构像，落影是阳光直接照射物体时物体投在地面上的影子在影像上构像。阴影对遥感影像解译十分重要。它有两个相反的作用：一方面，阴影的形状或轮廓能够反映产生阴影的地物外形剖面景观，有利于识别、区分、解译地物；另一方面，阴影区的地物反射率低，遥感影像上很难识别阴影区中的地物。

热红外波段的遥感影像，可能产生热阴影和冷阴影类的阴影，这类阴影由地物与背景之间的热辐射差异造成。例如，烈日下停放飞机机场，地面被飞机遮挡部分与没有被遮挡部分两者之间存在温度差别；飞机发动或起飞后，地面将出现飞机发动机喷出的高温尾气流而形成强大的热辐射。图 10-2 是飞机起飞后机场的热红外扫描影像，从图中可以看到高温尾气流而形成的喷雾状白色调热阴影和曾被飞机遮挡阳光照射而留下的黑色调冷阴影。

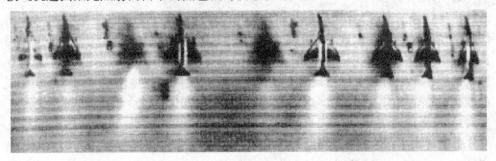

图 10-2　热红外影像上的热阴影和冷阴影

**(3) 时间特征**

遥感影像主要在两个方面与时间相关，一是与自然有关的春夏秋冬四季，另一个是植物的生长时期。

遥感影像的主色彩将随季节发生变化，初春草地枯黄、地面土壤裸露；夏季植被绿叶葱葱、江河横溢；秋天果黄叶红、层林尽染；隆冬冰封大地、白雪皑皑。季节变化是遥感影像形成黄绿红白变化的基色调。

植被的生长时期，同样影响遥感影像的变化。水稻的插秧期、生长期、扬花期和成熟期分别呈现不同的颜色。不同的植物，在相同的生长期，也会呈现不同的颜色。

### 10.1.2　目视解译方法与步骤

**(1) 目视解译基本原则**

1) 处理原则

(a) 总体观察　先从整体、宏观角度，对整个影像进行全面观察，了解整个影像的基本情况与主要内容。

（b）综合分析　应用航空像片、卫星影像、地形图等多种数据，结合实际调查、调绘资料进行整体综合分析。

（c）对比判断　采用不同遥感平台、不同波段、不同比例尺、不同时段、不同太阳高度角的同区域影像进行对比、判别。

（d）正确解译　在总体观察、综合分析、对比判断的基础上，客观、实际、正确地解译各种、各类地物。

2）顺序原则

目视解译应尽量遵循先已知后未知、先易后难、先山区后平原、先乡村后城镇、先整体后局部、先图形后线形等基本顺序原则。

**(2) 目视解译方法**

1）直接判定法

根据前面介绍的遥感影像色调、空间、时间等各种解译特征，对色调、图形明确的人工建筑、构筑物等地物和自然要素，直接进行解译。例如，河流、湖泊、池塘、水系、主干道路、铁路及枢纽、建筑、树林、机场、运动场、果园、码头、车站等，一般可以直接判定、解译。

2）对比分析法

将要解译的影像与已知的遥感影像进行对比、分析的方法，称为对比分析法。其作用主要是两个方面：一是通过对比，确保解译的正确性；二是通过对比，发现两者之间的变化。例如，在城市土地利用管理中，当现有影像与原有影像之间存在差别时，可以发现其变化是属于正常批准的土地使用，还是违规建设的变化。

3）逻辑推理法

借助地物或自然现象之间的某种联系，利用逻辑推理的方法，间接判断、解译地物与自然现象。例如，河流与道路的交会处的构筑物，一般应该是桥梁。

上面简要介绍的各种目视解译方法，只是最基本的方法，使用这些方法时，应该根据具体情况灵活应用。

**(3) 目视解译步骤**

目视解译的主要过程与步骤依次包括：资料准备、室内解译、野外核查补译、提交成果等主要步骤。

1）解译准备

为了确保完成解译任务，提高目视解译成果质量，需要认真做好解译前的各项准备工作，主要内容包括：

明确解译基本任务与具体要求；

收集相关资料、图件、影像；

选择最佳波段影像与处理方案，利用已知资料确认地物原型与影像数据之间的关系。

2）室内解译

根据影像色调、形状、大小、分布、位置、阴影、纹理等基本特征，建立地物原型与影像模型之间的直接解译标志。根据影像扫描时刻、季节、比例尺和解译员的经验等，建立间接解译标志。

按照解译标志，在室内进行目视详细解译。解译中，可以利用透明薄膜、胶片等材料覆盖在影像上进行，也可以利用相关计算机软件直接辅助制图。

3) 野外核查补译

经过室内初步解译，通常会存在一些疑点与难点，需要到野外实地，逐一进行核实、确认；对于一些从影像上无法解译出来或被遗漏的地物，应现场补充解译。

室内解译与野外核实、补译后的成果精度，需要按成果检核与质量评定的技术要求，在实地布点检查、评定。如果不能满足技术要求，应修改方案重新或补充解译。

4) 成果制作

遥感影像经过目视解译后获得的成果，需要按照有关成果要求与标准，制作成专题图、地形图或遥感影像图。这些成果图可以按照传统手工制作方式完成，而目前主要通过计算机及专用遥感影像制作软件或制图软件完成。

### 10.1.3 地表影像信息识读实例

**(1) Spot 遥感影像实例**

图10-3 是法国 SPOT 5 卫星于 2002 年 11 月拍摄的上海某立交桥附近区域的 2.5m 分辨率影像图，此图原始影像放大后，可以目视直接解译出道路上的车辆。

图 10-3 SPOT 卫星 2.5m 分辨率影像

**(2) Quickbird 遥感影像实例**

图 10-4 是美国 Quickbird 卫星于 2003 年 8 月 11 日拍摄的伊朗首都德黑兰某处 0.61m 分辨率影像图，图中可以清晰辨认、解译出植被、房屋及阴影、车辆、道路及车道等。

图 10-4 Quickbird 0.61m 影像

## 10.2 遥感数字图像计算机分类

目视解译通过人眼直接对遥感影像数据进行解译获取地物信息，目前的计算机分类主要以地物光谱特征为基础建立识别模式，运用数理统计学理论，利用计算机软件对遥感数字影像中的地物进行分类、解译。

遥感数字图像计算机分类包括监督分类法和非监督分类法两大类，本节将在介绍计算机分类基础知识和特征变换与特征选择基础上，详细介绍计算机分类方法。

### 10.2.1 分类基础知识

**(1) 地物影像光谱特性**

根据地物辐射（反射、发射）波谱特性，地物在一个或多个波段的遥感影像上的灰度值（亦称为亮度值），一般具有如下光谱（波谱）特性：

1) 不同类地物在同一波段上具有不同灰度值；
2) 同类地物在不同波段上具有不同灰度值；
3) 同类地物同一波段内的不同像元的灰度值之间存在差异。

实际上，地物的遥感影像灰度值也会出现不同类地物在某一波段上灰度值相近、相同或者两类地物的多个像元灰度值大小重叠、交叉等特殊现象。为了便于理解分类的基本原理，这里只研究一般特性下的分类方法。

由地物的像元灰度值特性可以看出，不同类地物的像元灰度值不同，同类地物的像元灰度值在不同波段中不同、在同波段内存在差异。计算机分类的关键，就是如何根据不同的像元灰度值把不同类地物区分开来，而把同类地物聚集合并到一起。

**(2) 光谱特征空间与地物聚类特性**

遥感影像数据一般有多个波段，可以根据需要取其中的 $n$ 个波段进行分类处理。用对应于 $n$ 个波段,且相互垂直的 $n$ 个坐标轴建立一个 $n$ 维空间,该空间称为光谱特征空间。任一地物点的影像像元,在 $n$ 个波段中对应有 $n$ 个灰度值,以这 $n$ 个灰度值作为坐标,在光谱特征空间中将可确定惟一的对应点。图 10-5($a$) 是三类地物和两个波段及像元示意图,图($b$) 是两个波段光谱特征空间和按两个波段像元灰度值绘制的地物特征空间点。

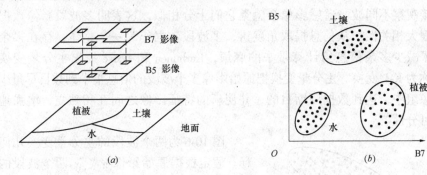

图 10-5 光谱特征空间

由地物影像光谱特性和图 10-5($b$) 可以看出,地物在特征空间中具有如下聚类特性:

1) 不同像元具有不同灰度值向量,在光谱特征空间中对应不同的点;
2) 同类地物的空间点具有聚类特性;
3) 不同类地物的空间点被分开聚类在不同区域。

#### 10.2.2 特征变换与特征选择

为了提高光谱分辨率,遥感的波段数越来越多,如 Landsat 系列早期的 MSS 只有 4 个波段,现在的 TM、ETM+ 有 7 个波段。高光谱的波段更多,多达近百个波段。如果用所有波段建立光谱特征空间,其计算将是十分繁重、复杂,而且不一定有好的效果。实际上,多个波段的遥感影像信息之间是相关的。理论与实验研究表明,通过数学方法进行特征变换,可以把多个波段的主要影像信息集中到少数几个波段上或者变换成不同用途的特征影像;另外,并不是所有影像数据都能满足或达到实际应用目的,需要根据不同的用途和影像的物理特性,对多个波段的影像进行相应选择。

特征变换与特征选择是计算机分类前的预处理过程,其目的是尽量减少参与计算的数据和达到最佳的分类效果。

**(1) 特征变换**

1) 特征变换方法与作用

特征变换是将多个波段的原始遥感影像通过数学变换,生成一组特征图像的方法。具体有主分量变换(K-L 变换)、穗帽变换(K-T 变换)、比值变换、生物量指标变换和哈达玛变换等。各种变换有对应的变换方法,它们的用途与作用有相同之处,也有不同地方。主分量变换可以把多个波段的主要影像信息集中到少数几个波段上,通过选择少数几个特征图像进行分类,便于减少烦琐计算;穗帽变换能够较好分离土壤与植被;比值变换可以增强土壤、水、植被之间的辐射差别,压抑地形坡度和方向引起的辐射量变化;生物量指标变换可以把土壤、水、植被分离开来,便于独立地对绿色植物量进行统计;哈达玛变换主要用于把图像的灰度因素与其它类别因素分开。

2) 特征变换实例——主分量变换

为了增强对特征变换的理解,下面以主分量变换为例简要介绍特征变换的基本过程。

直接观察不同波段遥感影像会感觉它们十分相似,这表明多波段影像数据之间存在很大相关性。从信息提取角度讲,多波段数据作为一个整体,存在多余信息。为了减少多余信息给计算带来的麻烦,Karhunen 和 Loeve 提出主分量变换方法,亦称为 K-L 变换。主分量变换把原始影像多个波段的信息集中到数目尽量少的特征图像组中,达到数据压缩目的,并使新的特征影像之间互相独立,增强地物类别的可分性。

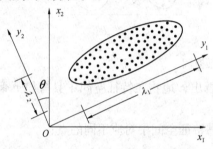

图 10-6 主分量变换

图 10-6 为两个波段的主分量变换几何解释。假定根据原始影像 $x_1$、$x_2$ 两个波段的像元灰度值绘制的特征空间点(小圆点)分布如图中椭圆状。由图可以看出,特征空间点分布椭圆长轴与特征空间基准轴 $x_1$(或 $x_2$)不平行。主分量变换方法将光谱特征空间坐标系 $O\text{-}x_1x_2$ 旋转 $\theta$ 角,得到坐标轴 $y_1$、$y_2$ 分别平行于椭圆长轴和短轴的新坐标系 $O\text{-}y_1y_2$。这样,光谱特征点分布椭圆在 $y_1$ 上有最大投影长度 $\lambda_1$,在 $y_2$ 上有投影长度 $\lambda_2$,$\lambda_1$、$\lambda_2$ 称为特征值,由后面介绍的计算方法求出。$y_1$ 方向被称为第一主分量方向,集中了原始影像的大部分信息;$y_2$ 方向为第二主分量方向。对于 $n$ 个波段,按照特征值从大到小依次排序后,对应的分量依次为第一主分量,第二主分量,第三主分量……。

主分量变换以数理统计理论和线性代数计算方法为基础,此处不进行理论推导,直接给出具体计算内容与步骤如下:

(a) 计算原始多光谱影像各波段影像灰度值均值 $m_i$($i$ 为原始影像的波段编号;$i=1, 2, \cdots, n$)和协方差矩阵 $Q$;

$$m_i = \frac{1}{N}\sum_{k=1}^{N} x_{ik} \tag{10-1}$$

$$Q = \begin{bmatrix} q_{11} & q_{12} & \cdots & q_{1n} \\ q_{21} & q_{22} & \cdots & q_{2n} \\ \vdots & \vdots & \vdots & \vdots \\ q_{n1} & q_{n2} & \cdots & q_{nn} \end{bmatrix} \tag{10-2}$$

上两式中,$x_{ik}$ 表示第 $i$ 波段第 $k$ 像元灰度值,总像元数为 $N$;

$$q_{ij} = \frac{1}{N}\sum_{k=1}^{N}[(x_{ik}-x_i)(x_{jk}-x_j)]$$

(b) 用线性代数方法,由 $QR_i = \lambda_i R_i$ 式解算 $Q$ 的 $n$ 个特征值 $\lambda_i$ 及其对应的特征向量 $R_i$;

$$R_i = (r_{i1}, r_{i2}, \cdots, r_{in})^T \qquad (10\text{-}3)$$

(c) 将特征值 $\lambda_i$ 由大到小排序，即 $\lambda_{L_1} > \lambda_{L_2} \cdots > \lambda_{L_n}$（$\lambda_{Li}$ 代表排序后的第 $i$ 个特征值）；按下式计算各主分量经变换后所占信息量的百分比 $P_{Li}$

$$P_{Li} = \frac{\lambda_{Li}}{\sum\limits_{j=L_1}^{Ln} \lambda_j} \qquad (10\text{-}4)$$

从大到小累加前 $m$（$m \leqslant n$）个特征值 $\lambda_{Li}$，直至总和满足需要为止。

(d) 取对应于 $\lambda_{Li}$ 的前 $m$ 个特征向量 $R_{Li}$（$i = 1, 2, \cdots, m$）的转置组成 $m \times n$ 转换矩阵 $A$；

(e) 由下式进行主分量变换

$$Y = AX \qquad (10\text{-}5)$$

式中　$X$——变换前 $n$ 个波段组成的 $n$ 维特征空间像元灰度值矢量；

　　　$Y$——变换、压缩后的 $m$ 维特征空间像元灰度值矢量。

表 10-1 列出了 TM 影像 4 个波段经主分量变换后信息量的分布，其中前三个主分量占有全部信息的 99.1%。因此，在进行计算机分类时，可只取前三个主分量对应的变换后的特征影像即可。

K-L 变换主分量信息分布　　表 10-1

| 主分量 | 信息量% |
|---|---|
| 1 | 92.5 |
| 2 | 6.6 |
| 3 | 0.7 |
| 4 | 0.2 |

**(2) 特征选择**

遥感影像自动分类过程中，可以使用多波段原始遥感影像，也可以选择经过特征变换后的特征影像。不同波段的遥感影像，具有不同的物理与光谱特性。不同的应用目的，所希望的分类对象不同，对遥感影像的要求也不同。因此，需要在各种来源的遥感影像数据中，选择一组最佳影像。这种对遥感影像的选择，称为特征选择。

特征选择具有重要意义。例如，某种应用希望计算机分类时能够很好地把水与植被类别分开，就必须考虑选择那些波段影像最为合适。根据水与植被的辐射特性，从图 10-1 中的植被与水的遥感影像灰度值折线图形可以看出，在 TM4 波段中，两者没有太大差别，根据灰度值分类时，会出现某些像元无法确定是属于水类还是植被类，而在 TM7 波段，两者的灰度值有很大差别，选择这一波段进行分类时，将可达到理想的分类效果。

自动分类前，除了根据物理与光谱特性选择合适的波段外，有时还需要选择合适的特征变换方法。如果希望研究作物在不同生长时期的变化，可以对不同时期的遥感影像进行穗帽变换。

总之，应根据分类的具体要求、影像本身的基本特征和各种特征变换方法所能达到的目的，来进行特征选择。

### 10.2.3 监督分类

监督分类法，又称训练分类法或学习后分类法。它的基本原理是先在影像中对感兴趣的类别，有代表性地分别选取若干训练样本（亦称训练场），计算机分别对每类训练样本计算统计信息，并建立识别模式。然后根据判别函数，将每个像元分别与所确定的各类识别模式进行比较，按相应规则将其划分到最相似的类别中。

**（1）监督分类步骤**

概括起来讲，监督分类包括两个主要阶段。

1）训练样本选择和分类评价体系计算

选择训练样本需要分类人员基本了解影像区域的地物类别。确定训练区域及其地物类别时，可以利用全球定位系统（GPS）等定位设备在实地测定训练场位置并记录训练样本的地物类别；也可以在熟悉影像地物类别或参考其他图形资料能够确定影像地物类别的情况下，直接通过计算机屏幕选择训练场。训练样本选择合适与否，是监督分类质量好坏的关键。同一类训练样本应该是均匀的，不包含其它类别的要素；训练样本应尽量选在地物区域较大、灰度值具有较好代表性的部位，如池塘中部、植被比较均匀的部位；特别不要选在两类地物的交汇处或某类地物的边缘等。

分类评价体系的计算的主要内容包括训练样本的光谱信息和各种统计信息，如训练样本的最大值、最小值、均值、标准方差、方差、协方差矩阵、相关矩阵等，这些信息及其函数的一部分，将依据不同要求，有选择地构成监督分类的判别体系。

2）分类处理

分类处理的任务是按照所选择分类方法，将影像中的每一个像元，与各类训练样本确定的监督分类判别体系参数进行比较后，将其归并到最相似或最合适的地物类别中。

**（2）监督分类方法**

根据影像的不同特性和实际应用的不同需要，监督分类有很多种方法。这里仅简要介绍最常用的平行分割法、最小距离法和最大似然法。在监督分类中，参与分类的影像通常有多个波段，可以构成多维特征空间。为了易于直观分析问题，以下均只取两个波段建立二维特征空间来介绍分类方法，其原理很容易推广到多维特征空间。

1）平行分割法

平行分割法的基本原理是，先根据提取的各训练样本灰度值范围，确定各类地物的多维数据空间，简称地物数据空间，然后检测影像中的每个像元，看其灰度值落入哪一地物数据空间，就将该像元划归到该类地物。

图10-7为TM3和TM4两个波段构成的二维特征空间，由城市、干草、森林和水体四类训练样本灰度值确定了四个地物数据空间。以水体为例，设水体地物数据空间在TM3波段和TM4波段的最大、最小灰度值分别是$W_{3max}$、$W_{3min}$和$W_{4max}$、$W_{4min}$，像元$p$在TM3波段和TM4波段的像元灰度值分别为$p_3$和$p_4$。如果待分类像元$p$满足$W_{3max} > p_3 > W_{3min}$，且$W_{4max} > p_4 > W_{4min}$，则像元$p$被划归到水体地物类。依此对影像中的所有像元进行分类。

因二维数据空间的范围边界线均平行于对应坐标轴,三维数据空间的边界面亦平行于对应坐标轴,多维依此类推,故此法称为平行分割法。二维、三维平行分割法最简单的地物数据空间形式分别是正四边形(如图 10-7 中的城市、水体地物类),正六面体,亦称为盒子法,其他类推。当采用盒子法出现重叠时,可分割成图 10-7 中干草、森林类形式,但这种形式也不能解决交叉重叠情况。

2)最小距离法

最小距离法的基本原理是,先根据提取的各训练样本灰度值(特征空间坐标),计算出各类地物在特征空间中的平均位置的坐标(平均灰度值),简称样本平均位置。如图 10-8 所示二维特征空间中,城市训练样本的平均灰度值为 $U(U_3, U_4)$,森林为 $F(F_3, F_4)$,水体为 $W(W_3, W_4)$,…。然后计算待分类像元灰度值 $p(p_3, p_4)$ 与各训练样本平均灰度值之间的特征空间距离,并将待分类像元划归到最小距离对应的地物类中。如 $p$ 至 $U$ 的特征空间距离为最小距离,则 $p$ 像元划归为城市类。

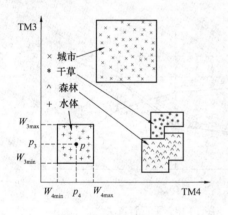

图 10-7 平行分割法

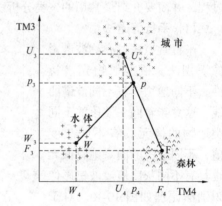

图 10-8 最小距离法

3)最大似然法

平行分割法和最小距离法两种分类方法,原理直观、易于理解、计算简单。虽然它们确定的地物数据空间或计算的平均值不同,可以使得各个像元能够被分类到有关的地物类别中,但他们都没有考虑各训练样本之间的交叉与重叠因素和各自内部聚集与离散程度。例如,色调单一的水体类影像比较接近,训练样本要素在特征空间的点非常集中,统计参数中方差较小;而地物多样化的城市类影像之间差别较大,训练样本要素在特征空间的点相对分散,统计参数中的方差较大。如果某一实际为城市类的像元,其特征空间点到达水体训练样本平均位置的距离略微小于到达城市训练样本平均位置的距离,则按最小距离法将会使该像元被错误划归到水体类。

最大似然法的基本思想是按概率最相似准则进行分类,可以用等概率的概念解释如下。先计算各训练样本的平均位置及其协方差,然后以各平均位置为中心,并以对应协方差为依据确定等概率椭圆环线(简称等概率线),如图 10-9。训练样本要素集中的地物,等概率椭圆环长、短半径相对较短,反之较长。计算待划分像元对应空间特征点到各类地物相同等概率线或容许出现的等概率线的距离,将

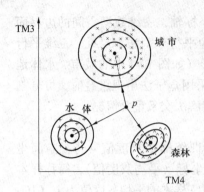

图 10-9 最大似然法

待划分像元划归到至等概率线最短者对应的地物类别中。图 10-9 中 $p$ 点至城市平均位置的距离大于至森林平均位置的距离,但到城市等概率线的距离小于到森林对应等概率线的距离,因此,$p$ 像元应该划归到城市类。

最大似然法是遥感影像分类中应用最广泛的一种方法,但计算工作量较大。

### 10.2.4 非监督分类法

非监督分类法是在没有训练样本数据的情况下,以同类地物影像具有相似光谱特征和自然聚类特性为基础,由计算机程序自动总结分类参数,再逐一对每个像元进行分类的方法。非监督分类不需人工干预,但分类的结果需要实地调查,或根据已有资料,目视判断确定。计算方法有近百种,这里仅以平行管道法为例介绍非监督分类的过程,并简要介绍最常用的聚类分析法。

**(1) 平行管道法**

平行管道法,亦称波谱影像识别法。根据地物光谱特性,不同地物具有不同波谱曲线。这意味着同一波段的不同类地物的像元具有不同灰度值,不同波段的同一地物像元也具有不同灰度值。波谱影像识别法原理如图 10-10 所示,对于多波段遥感影像,以按波长排

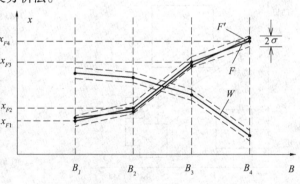

图 10-10 平行管道法

列的波段号 $B$ 为横坐标轴,像元灰度值 $x$ 为纵坐标轴建立直角坐标系,则像元的灰度值与对应波段号确定的点依次连成的折线,能代表地物的影像波谱特性。不相同地物类别的像元,对应不同的折线图形,如图中折线 $F$,$W$;相同地物类别的像元,对应相似的折线图形,如图中折线 $F$,$F'$。其中,$F'$ 与 $F$ 是否相似,由阈值 $\sigma$ 确定,即,在 $F$ 折线的上下两侧各作一条平行于 $F$ 的折线,它们在纵坐标方向与 $F$ 分别相距 $\sigma$,图中 $F$ 两侧的平行虚线(俗称为平行管道)。如果待分类像元的多波段灰度值构成的折线落入 $F$ 的平行管道内,则认为该像元与 $F$ 对应像元的地物相似,将其划归到 $F$ 对应的地物类。

平行管道聚类法实质上是一种基于最邻近规则的聚类法,其简要步骤如下:

第一步:确定阈值 $\sigma$。

第二步:按某顺序规则(如从上到下,从左至右)取第一个像元 $A_1$,作为第 1 类地物。根据 $A_1$ 的各波段灰度值和阈值 $\sigma$,确定属于第 1 类($A_1$ 类)地物的平行管道。

第三步:依次将所有没有划分类别的像元(对于第 1 类为全体像元)对应灰度值折线分别与第 1 类的平行管道进行比较,将落入平行管道内的像元划归到 $A_1$ 地物类。

第四步：在没有被分类的像元中，依同样顺序规则取第一个像元 $A_i$，（$i \geq 2$，$3\cdots$），重复第二、第三步。依此直至所有像元都被划归到某类地物中。

第五步：根据实地调查或已有资料确定每类被自动划归类别的地物属性。

有必要时，可重新给定阈值 $\sigma$，重复上面的过程。

**(2) 聚类分析法**

聚类分析法有很多种，使用较多的是动态聚类法（ISODATA: iterative self-organizing data analysis technique）。这种聚类分析方法的基本原理与步骤是：①给定最大集群组的数量 $m$ 和有关阈值参数；②在特征空间中随机选定 $m$ 个中心；③计算其他像元的特征空间点到每个中心的距离，按最小距离把被分类像元划分到对应集群组中；④重新计算每个集群组的均值，按照给定阈值参数合并或分开集群组；⑤重复③、④步骤直至达到要求为止；⑥根据实地调查、或已有资料确定每类被自动划归类别的地物属性。

聚类分析的详细算法与步骤，读者可参考其他有关文献。

## 10.3 遥感调查

卫星遥感影像信息覆盖整个地球表面，同时也包含地表层、大气层、海洋水体等空间体的信息。遥感信息直观、真实、正确、丰富，亦有海量之称。利用遥感信息进行各种调查，所获取的信息，在很多方面都是传统方法无法比拟的，例如，地面植被分布密度、水体颜色等，都是地面探测难于获取与表达的信息。遥感调查实际上是前面遥感解译与分类的具体应用。遥感信息涉及面广，下面仅对具有代表性的土地资源、陆地水资源、植被和城市等遥感调查中的主要内容作简要介绍。关于环境、地质、海洋专业性的遥感调查，读者可参考有关专业文献。

### 10.3.1 土地资源遥感调查

土地是最宝贵的自然资源，也是人类赖以生存的最基本的生活资源。通过遥感影像信息，可以方便地获取陆地地貌、土壤、土地利用方面的基本情况。

**(1) 陆地地貌**

遥感影像中的陆地地貌包括山丘、平原、岩溶、冰川、风沙等，它们各自具有鲜明的遥感影像特征。高山地势起伏较大，在卫星影像上有明显的色差，阳坡色调浅，阴坡色调深。丘陵（起伏小于 200m）坡度缓和、阴影较小，色调差别不大，一般有植被覆盖，呈现暗色调颗粒状结构。平原地势平坦，少有阴影现象，许多地方存在自然地物或人工地物，如：田地、道路、建筑等。岩溶的影像与气候有关，湿热气候条件下色调相对均匀的山区，植被枝叶繁茂、裂缝影像清晰，而干燥气候条件下岩溶影像很弱，不易、甚至无法辨认，植被稀少，阴坡与阳坡色调界限明显。冰川色调明亮，特殊的外形在遥感影像上易于辨认，分布范围、覆盖面积及其储量也易于确定。风沙地貌使用明暗反差较大的遥感影像较为合适，活动沙丘有新鲜干沙构成，具有很高的反射强度，图像色调很浅；固定沙丘上长有植物，色调较暗。

**(2) 土壤现状**

土壤指的是地球陆地上具有肥力、能够生长植物的疏松表层。土壤的类型名称通常以土壤的颜色命名，如红土、黄土黑钙土等。对遥感影像上的土壤类别解译与分析，需要了解土壤发育方面的一般规律。不同类型土壤的分布，与地理纬度有一定关系，受到阳光照射程度不同，土壤的分化和土壤上的植被不同，影像土壤类型的变化。热带、亚热带，多发育成红壤、黄壤等；暖温带、温带多发育成棕壤、黑土等；寒带、寒温带多发育为灰化土、苔原土等。土壤类别的形成，也与海拔高度有关，不同高度上生长的植物不同，也影响土壤的性质。

土壤的遥感影像特性与土壤的类型、成分、性状、环境和附着物密切相关。遥感影像上的土壤，有裸露和覆盖两种情况。裸露土壤的类型，根据影像的色调，可以直接从遥感影像上进行判读。植被覆盖土壤，不能简单按照影像色调判断。不同植物适应生长的土壤类型不同，调查植被覆盖的土壤，需要先解译植物的种类，才能通过植物与土壤的关系进行解译。

土壤侵蚀与退化，也是遥感调查的重要方面。调查时，需要有原遥感影像或其他原有地形图等资料，通过对已有资料与现有影像的比较，可以确定土壤侵蚀与退化的程度。

**(3) 土地利用**

土地在国民经济建设中占有特别重要的位置。掌握土地使用现状，了解土地利用规律，是合理配置、利用土地资源的基础。根据 2001 年 8 月国土资源部颁发的"中国土地利用分类"规范，我国土地分为一级、二级和三级共三个级别。其中，一级包括农用地、建设用地和未利用地 3 个大类；在各个一级大类中，分有若干二级种类，如农用地中包含有耕地、园地、林地、牧草地和其他农用地 5 个二级中类地，二级共有 15 个中类；每个二级类别又包含若干三级小类，如二级中类的农用地包含灌溉水田、望天地、水浇地、旱地和菜地 5 个三级小类。

目前，利用不同卫星、不同分辨率的遥感影像，可以按照国家分类标准，实现各级、各类别的土地分类。航天遥感 Landsat 卫星早期的 MSS 多光谱影像的分辨率很低，像元大小为 79m×79m，只能识别 3 个一级类和部分二级中类的调查，不能满足详细调查精度要求。经过遥感技术的发展，Landsat 卫星的 TM、ETM 以及 ETM+等，像元大小缩小到 30m×30m，基本上可以满足二级中类调查和部分三级小类的调查；现代遥感技术的发展，空间分辨率已经达到 Ikonos 影像为 1m、Quickbird 影像 0.61m，可以看到独立树木，各种建筑，道路、沟渠等人工修建与自然形成的设施，能够精确进行土地利用的各种详细调查。

### 10.3.2 陆地水资源遥感调查

陆地水资源遥感调查包括地表水、地下水资源的调查，也包括水文动态的监测与分析。

**(1) 地表水资源**

通过遥感影像，可以调查地表水系，监测降雨量。陆地地表水系有线状和面状两种基本形状。

线状水系包括江、河、渠、溪等形式，主要通过影像的结构图形进行调查、解译，图 10-11 是遥感影像上可以直接观察到几种基本结构图形。扇状主要分布在河流三角洲和洪积裙地区，树枝状主要分布于岩性均一、基岩较软地区，网格状表现为支流与主流垂直相交的水系，主要分布在垂直交叉的断裂、裂缝发育的沉积岩地区，放射状水系主要分布在火山、孤山等地区。

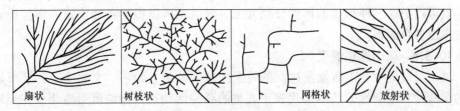

图 10-11 线状水系结构形式

面状水系包括湖泊、水库、池塘等，遥感影像上的面状水系边界呈现自然弯曲的闭合曲线，水库、池塘亦有人工形成的特征，色调比较单一，呈现深色调。

地表水来源于雨雪，降雨量可以通过地对空或空对地微波遥感获得的雷达影像的灰度等，直接或间接测定云厚、云温、云湿等推求降雨量。

**(2) 地下水资源**

埋藏在地表以下的土壤和岩石中的水，称为地下水。根据遥感影像，可以直接或间接寻找地下水。例如，根据遥感影像上的古河床位置，岩石构造的裂缝与复合部位、自然植被生长的状况，可以找到地下水。由于地下水与地表水的水温的差别，热红外遥感影像上可以发现泉眼等。

**(3) 水文动态的监测与分析**

水是人类赖以生存的资源，干旱与洪涝是水资源贫乏与过甚的两种极端现象，也是危及人类生存与生命安全的灾难因素。根据不同情况、不同季节的遥感影像与雷达遥感对雨量的监测，可以有效、准确提供水资源的信息。通过对遥感影像的分类及其对水面积的统计计算，可以及时、准确预测抗洪设施对洪水的抵御能力。

**(4) 水质与水体污染监测**

含有泥沙的水、被污染的水与干洁水的颜色不同，通过水体在遥感影像上灰度值深浅程度，可以判断水体的泥沙含量，发现水质是否污染及污染程度、寻找污染源头等。

### 10.3.3 植被遥感调查

**(1) 植被遥感调查主要内容**

农作物：农作物类别、生长状况、分布面积、产量估计、病虫害监测；

森林：森林类型与树种、面积及变化、森林储积量、监测森林灾害；

草场：草场分布、覆盖面积、牧场饲料质量评价；

其他：水生植物、芦苇、沼泽等的面积与变化。

**(2) 基本方法**

目视解译与实地调查结合确定植被类型与种类，实地测定植被地物的波谱曲线，选择合适波段的遥感影像，计算机监督与非监督分类确定植被分布、面积，根据实测波谱曲线、植被生长特性和分类信息估计产量、分析病虫害等。

例如，如果希望确定某粮食生产基地的高粱、玉米和水稻三类作物的种植面积，可以根据不同作物具有不同反射率的规律，先到实地测定三种作物的波谱曲线，再选择波谱曲线差别较大的若干波段的遥感影像，利用平行管道非监督分类法，就可以把这三种作物的影像分别开来，最后就可以根据各种作物的影像像元数量求出各自面积。

#### 10.3.4 城市遥感调查

城市人口集中、工商业发达，是周围区域的政治、经济、文化中心。城市地物的多样性与复杂性，基本上代表了人类的各种活动现象。城市遥感调查在土地资源、陆地水资源和植被方面，与前面介绍的内容和方法基本相同，只是在分辨率方面有较大差异，城市遥感调查需要高分辨率的影像。下面就城市遥感调查特有的内容简述如下。

**(1) 城市演变调查**

城市的形成与发展是一个渐进的过程，城市随时间变化不断向周边扩展或变迁，扩展的速度与当时的经济发展、人们生活的需要等密切相关。早期的城市结构、布局、范围等资料，主要通过人们的地面观测获取，通过纸质地形图保存与传播。我国遥感技术应用较晚，绝大多数城市在最近几年才开始使用遥感影像。

研究、分析城市变化时，可以利用旧有地形图、航空影像或早期卫星遥感影像等，将其与现在的遥感影像进行比较，定性分析城市的演变过程。如果希望定量分析城市变化的位置、大小等，可以将原有影像数据（纸质资料可通过扫描进行变换）和现在的遥感影像数据分别按照城区与非城区分成两类，对两种分类后的对应像元灰度值执行减法运算求出差值，可以确定发生变化的区域与没有变化的区域。

**(2) 城市分类调查**

城市分类调查，是指按照城市用地分类进行的各项调查。城市用地分为居住用地、公共设施用地、工业用地、仓储用地、对外交通用地、道路广场用地、市政公用设施用地、绿地、特殊用地、水域和其他用地 10 个大类，细分为 46 个中类和 73 个小类。城市分类调查使用高分辨率的影像，例如 1m 和 0.61m 分辨率的 Ikonos、Quickbird 影像。如果仅按 10 个大类进行调查，也可以使用 30m 分辨率的 Landsat 卫星或 5m 分辨率的 SPOT 卫星影像。

**(3) 城市专项调查**

城市专项调查主要指城市道路交通、城市绿地、城市环境、城市人口密度及分布等的遥感调查。根据具体精度要求，可选用相应分辨率的遥感影像。

城市道路交通：道路网络、路面宽度、板块结构，根据形状直接在影像图上辨认与量测；道路材料可依据颜色判断；停车场根据场内停放车辆的类型、车库等建筑间接判断；车流量根据路宽和车辆数量计算。

城市绿地：主要包括树木与草地，城市树木有独立树、散树和成片的树林，最具城市特色的是行树，容易从分布结构上识别。树木、草地的基本调查方法与前面介绍的植被判别方法相同。

城市环境：影响城市环境的因素主要是来源于工业排放的烟尘、汽车尾气、地面扬起的灰尘等对大气的污染，工业与生活废水对水体的污染、热岛效应、固体废弃物等。通过遥感影像上的烟囱及烟尘、水的颜色及颜色变化位置可以调查、了解主要的污染源的位置、分布及危害程度。

城市人口：包括密度与分布，可以通过高分辨率遥感影像上的建筑形状、层数、密度等进行分类统计、估算。

#### 10.3.5 常用遥感影像成果

常用的遥感成果是各种二维平面遥感影像图和三维立体遥感影像图。

**(1) 平面遥感影像图**

常用的平面遥感影像图是正射影像图和土地利用分类等专题图。这些影像图通常需要对原始影像进行辐射校正、几何校正、配准、目视解译、计算机分类、标注属性等过程，最后形成所需要的遥感影像图。图10-12是经过缩小、截取等处理的正射影像图。

**(2) 立体遥感影像图**

建立立体遥感影像的前提是原始遥感影像必须是立体像对（对同一区域从不同方向拍摄或扫描的两幅影像），根据立体建模方法完成立体影像制作。立体遥感影像处理方法和过程与平面影像图处理过程基本相同。目前，能直接同步扫描完成立体像对的卫星有法国的SPOT5卫星（详见第8.5.2节）和美国的IKONOS卫星等，图10-13是用SPOT-5遥感影像建立的立体图像。

图 10-12　正射影像图

图 10-13　SPOT-5 遥感立体影像图

## 10.4　遥感应用

随着遥感技术的发展，特别是近百个波段的高光谱影像，1、0.61m高空间分辨率影像的产生，遥感技术的应用领域不断扩大，在农业、城市、军事、地质、环境、海洋、气象等诸多领域的应用日益广泛。下面仅概略介绍遥感的基本应用功能，并通过若干实例影像介绍遥感特有的应用。

### 10.4.1 遥感常规应用

遥感常规应用包括传统地形图、电子地图的各种应用功能和遥感影像数据的一些基本应用。其原始影像数据需要经过辐射处理、几何处理、野外调绘、配准并生成具有标注的正射影像图形。

**（1）地形识别**

地形包括地物与地貌。经过野外调绘的高空间分辨率遥感影像图上，可直接识别的地物大类包括居民地、建筑物、交通网络、水系、地貌、土质和植被等，也可按照"中国土地利用分类"规范或"城市用地分类"规定的各种类别对土地实行分类。

遥感影像上的地物，具有直观、真实、准确的特点，影像信息本身不存在错误。

利用遥感影像不能直接识别线状地物，如各种电力、通讯线路；不能解译出地下管线；目前不能解译小于 $0.61m$ 地面目标。

**（2）量测**

在已进行过地理配准的遥感影像上，可以直接量测影像点（像元）的平面坐标、两个影像点之间的水平距离和指定范围的面积。面积计算可以用范围多边形顶点的坐标计算，或用多边形内像元数与像元面积相乘计算。特别是进行计算机分类后，求同类地物面积尤为方便，只需由遥感处理软件把像元灰度值相同的像元个数统计出来，然后根据像元面积就可以确定同类地物总面积，如水面积、植被面积等。

利用 SPOT-5、IKONOS 等卫星拍摄的立体像对建立数字高程模型后，可以直接量测地面点的高程、两点之间的倾斜距离和三维立体要素计算，如根据设计道路面的高程位置计算工程的土石方量等。

量测精度不高于影像分辨率（像元大小）。

### 10.4.2 资源调查与灾害监测

**（1）资源调查**

利用遥感影像，可以对土地、森林、草原、水等各种天然资源进行调查，特别是大范围的同步调查，更显示出遥感技术的独特优势，也是传统方法很难达到、甚至不能达到的。调查的基本方法是先分类、后统计。

**（2）灾害监测**

遥感能够监测的灾害主要是影响较大的水灾、火灾、山体滑坡等大范围瞬时变化莫测的灾害。如 1998 年波及全国几大流域的特大洪水，洪水淹没区域的面积，可以借助遥感同步整体观测，泻洪区可能的储水量，通过洪水淹没的现状进行推算。

### 10.4.3 城市遥感应用

图 10-14 是 2004 年 6 月 27 日 Quickbird 卫星拍摄的波士顿 Louis 街与 Fenway 公园的 $0.61m$ 分辨率影像。

经过地理配准、分类后，即可分别自动统计建筑占地面积、道路面积、绿地面积、水域面积等；可根据道路网络、商业、绿地及各种公共设施的调查，分析、研究其分布的合理性，提出规划与改造可行性方案。

在城市规划管理中，可将以前的遥感影像与现在获取的遥感影像进行配准后，对相应像元灰度值进行减法运算，根据计算结果便可确定变化区域，通过目视判读、实地调查即可确定新建设项目及其是否属违规建设。

图 10-14　城市遥感应用

### 10.4.4　遥感典型应用

**（1）交通量调查与分析**

传统交通量调查采用在交通路口统计各类车辆通过的时间、数量等的单一方法，来获取交通流量信息，制定交通管制的方案（如红灯、绿灯亮的时间）、确定交通网络规划布局等。利用遥感技术，可以在整个道路网络的面上统计各车辆的分布，作为传统方法的补充，是否可以取代传统方法，需要进行有关研究。

图 10-15（a）是 2003 年 9 月 3 日 Quickbird 卫星拍摄的沙特阿拉伯首都利雅得的最大建筑 Kingdom 中心区域的遥感影像，图（b）是图（a）左上部十字路口局部放大影像，其影像上车辆清晰可见，易于了解所有路面的车辆分布，并进行统计、分析。

**（2）森林火灾监测**

图 10-16 是 2003 年 6 月 21 日 Quickbird 卫星拍摄的美国亚利桑那洲南部的森林火灾多光谱影像，森林火灾利用热红外遥感影像可以看到火光引起的温度变化。

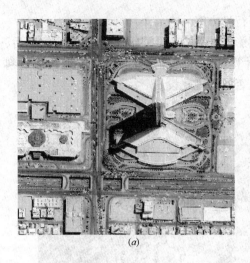

(a)                         (b)

图 10-15　利用遥感影像统计交通量

**(3) 岩石纹理调查**

图 10-17 是 2003 年 4 月 20 日 Quickbird 卫星拍摄的美国犹他洲峡谷隆起的火山口，其分辨率为 2.4m。

图 10-16　森林火灾监测　　　　　　　图 10-17　岩石纹理调查

# 11 地理信息系统体系

地理信息系统（GIS）由硬件、软件、空间数据和技术人员四个主要部分构成一个完整的体系，各个部分在这一体系中的地位可以概括为：硬件、软件是基础，空间数据是核心，技术人员是灵魂。

空间数据作为系统的核心，也是系统的血液，将在后面用两章的篇幅，详细介绍空间数据获取、空间数据管理的内容。技术人员是系统的灵魂，也是系统成功应用的关键。这些人员应该是系统地接受过专业教育的高、中级系统设计与执行负责人、系统管理技术人员、系统用户化工程师和受过基本技能培训的终端用户。

本章着重介绍作为系统基础的硬件、软件，同时介绍基础信息系统基本构成与功能。

## 11.1 GIS 硬件

### 11.1.1 GIS 硬件

组成 GIS 体系的硬件包括三大类：计算机、外部设备和网络设备。

**(1) 计算机**

计算机可以是最低档的微机、也可以是小型机、中型机、大型机。最简单的计算机配置如图 11-1，包括：主机（含 CPU、RAM、硬盘等）、键盘、鼠标、显示器、光驱、软驱、USB 等端口。各部件基本功能如下：

主机：执行各种运算指令，存储、处理数据。

键盘、鼠标、显示器：人机交互控制计算机的运行，输入各种指令与数据，显示运行结果等。

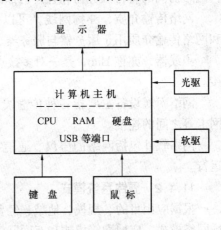

图 11-1 计算机基本配置

光驱、软驱：计算机与外部存储器件交换数据。

USB 等端口：外存储器、外部设备和网络等的通讯端口。

**(2) 外部设备**

外部设备指直接与计算机连接的数据输入与输出设备、数据存储设备等。

1) 输入、输出设备

输入设备主要有数字化仪、图像扫描仪、光笔等。数字化仪用于对模拟数据方式的纸质地形图上的图形进行跟踪数字化，获得矢量数据；图像扫描仪则对地形图上的图形进行扫描数字化，获得的是栅格数据。这两种数据输入设备及其工作原理，将在后面的数据获取章节中详细介绍。光笔用于计算机屏幕上直接绘制图形或书写文字。

输出设备主要是绘图仪、打印机等。它们通过图纸直接输出各种图形或文字成果。

光盘刻录机、磁带机等，既可用于数据输入，也可进行数据输出，它们是计算机内存储器与外存储器件之间的数据读写、传输、录制设备。

2）数据存储设备

常见的外部数据存储设备有软盘、光盘、活动硬盘、磁带等；对于大型数据库、海量数据等，多采用磁盘阵列存储数据。

**(3) 网络设备**

根据用途、规模、距离等，网络系统分为局域网、广域网和互联网等，企业、单位、部门等所建立的 GIS 网络系统，目前主要使用局域网。局域网的基本设备包括网络服务器、客户机、网络适配器、网络传输介质、集线器、网络附属设备和网络软件等。

网络服务器是网络的服务中心，可以是专用服务器、高性能微机、工作站、小型机和大型机，用于管理网络中的共享设备。

客户机，亦称用户终端，是用户访问网络共享资源的设备。

网络适配器，亦称网卡，是服务器或客户机访问共享资源的连接器，需要进行网络访问的每台服务器和客户机都需单独安装网络适配器。

网络传输介质，亦称网线，可以是同轴电缆、光缆和双绞线等，网络适配器和网络传输介质用于服务器与服务器、服务器与客户机等之间的通讯。

集线器，亦称 Hub，是一对多接点的分流器，用于一台服务器与多台客户机连接。

网络附属设备主要指各种传输线的插头、接头、匹配器等，用于不等粗线或网卡等之间的连接。

网络软件包括网络的协议、通信、管理等软件和操作系统等。保障网络正常运行。

### 11.1.2 硬件系统模式

根据应用目的、规模、地域、经费等情况，GIS 硬件系统可以是单机模式、局域网络模式、广域网络模式和互联网模式等。

广域网络模式在政府的部门与部门之间、上下级部门之间，特别是一些跨区域的部门或相关部门之间应用较广，通常需要利用公共通讯网络系统实现网络访问。互联网模式是在互联网上进行 GIS 访问的模式，也是未来 GIS 发展的方向。这两种模式的网络系统比较复杂，读者需要了解时，可以阅读专业 GIS 文献。

此处仅通过单机模式和局域网络模式，简要介绍 GIS 硬件系统的基本配置。

**(1) 单机模式**

单机模式的硬件系统如图 11-2，它以图 11-1 所示计算机（包括主机、键盘、鼠标、显示器、光驱、软驱、USB 等端口）和硬盘作为主要设备，通过计算机的 USB 等端口，连接基本的外部设备，主要包括数字化仪、扫描仪等输入设备，绘图仪、打印机等输出设备和光盘刻录机、磁带机等数据读/写设备，一般为单体设备。

单机模式是最简单的 GIS 硬件系统，主要用于小型企、事业单位、设计与管理单位或独立使用的小型工程项目的管理、查询与分析。

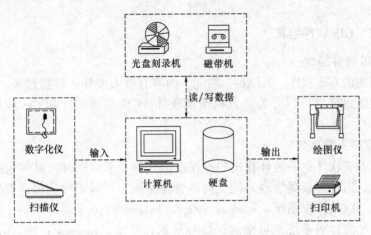

图 11-2　GIS 硬件系统单机模式

**(2) 局域网络模式**

局域网络模式硬件系统如图 11-3，由中央数据库与网络管理系统、输入设备、输出设备、用户机和网络设备五个部分组成。中央数据库与网络管理系统由服务器、网络管理软件、硬盘、数据读写的磁带机与刻录机等组成；输入设备包括数字化仪、扫描仪、图形图像工作站、PC 等；输出设备包括打印机、绘图仪等；用户机由若干用户机组组成，每个用户机组可以是单台计算机，也可以是多台计算机；网络设备包括网线、集线器等。

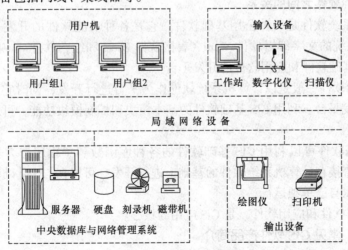

图 11-3　GIS 硬件系统网络模式

单机模式硬件系统中的各计算机用刻录机、磁带机等交换数据，速度慢，效率低。局域网络模式硬件系统是在一栋大楼中的一个部门或一个单位内部，将若干计算机通过独立网络系统连接起来的一种模式，各个组成部分通过网络直接进行数据交换与互相访问，是目前广泛使用的一种硬件模式。

## 11.2 GIS 软件

### 11.2.1 GIS 软件层次

**（1）GIS 软件层次**

不同用途的 GIS 软件，其结构、功能、内容有很大差异，概括起来，GIS 的软件层次由低级到高级可以分为计算机系统软件、GIS 基础软件和 GIS 应用软件三种。

1）计算机系统软件

计算机系统软件指的是计算机的操作系统软件和平台软件。具体包括计算机的操作系统、内外部设备管理系统、网络管理系统、汇编程序、编译程序、数据库管理系统、DOS 操作系统、windows 系统、windows NT 系统等。在一个 GIS 软件系统中，有些内容或系统是可选的，如 DOS 操作系统、windows 系统、windows NT 系统等，可以只选其一，也可以由各种系统支持。

2）GIS 基础软件

由 GIS 软件编程人员开发的 GIS 通用、平台软件，包含 GIS 的图形库、属性数据库和各种人机交互的界面等内容，通常由若干基础模块和扩展模块组成。具体模块内容，详见第 11.3 节。

3）GIS 应用软件

按照特定的应用目的进行开发、研制，并服务于具体项目或工程的 GIS 软件。不同的应用目的，其应用软件功能模块各不相同。

**（2）三种软件之间的关系**

计算机系统软件是一种公用基础软件，它是各种功能软件的开发平台，如基于 windows 系统的文字编辑软件 Word、表格软件 Excel 和绘图软件 AutoCAD 等。它也是 GIS 的基础软件和应用软件的开发平台。

GIS 基础软件一般是以计算机系统软件作为平台进行开发，同时它也是 GIS 应用软件的开发平台。利用 GIS 基础软件的基本模块和扩展模块功能，可以满足许多实际应用。

GIS 应用软件可以利用 GIS 基础软件的各种库函数和子程序作为平台进行开发，也可以直接在计算机系统软件的基础上进行开发。可以在 GIS 基础软件环境下运行，也可以自己单独运行。

GIS 基础软件和应用软件，是 GIS 应用的核心。

### 11.2.2 常见 GIS 软件产品简介

目前，市面上各种类别的 GIS 基础软件和应用软件数以千计。在我国市场上常用的国外和国内 GIS 软件也有很多。以下简要介绍几种市场占有率较大，且具有一定代表性的 GIS 软件。

**(1) 常用 GIS 基础软件产品**

1) ARC/INFO 系统

ARC/INFO 系统是美国环境系统研究所（ESRI）研究开发的功能最完备、技术最强的基础 GIS 软件之一，由 ARC、INFO、ARCEDIT、ARCPLOT、MAP LIBRARIAN 和 ADS 等主要模块和若干扩展模块组成，因主模块 ARC 与 INFO 得名。另有高级数据编辑和管理的 ArcEditor、空间制图和分析的 ArcView 和扩展模块 ArcGIS Extension 等系列产品。

ARC/INFO 系统早期的版本运行于 DOS 环境，现在可以运行于 windows NT、UNIX 以及 PC 环境。ARC/INFO 系统于 20 世纪 80 年代末期进入我国市场，由于其强大的功能和正确的销售策略，曾经占领过我国绝大部分的市场份额。到 90 年代末期，其他国外 GIS 软件陆续进入我国、我国自主版权的 GIS 软件也研发成功，并不断完善，相比之下，ARC/INFO 昂贵的价格和复杂的操作技术等，使得 ARC/INFO 系统在我国的主流地位受到挑战。目前，ARC/INFO 主要在我国的大型 GIS 工程与项目中使用，而其系列品牌中，ArcView 则在市场上有较大份额。

ARC/INFO 系统无论是技术，还是使用功能等，目前仍然是世界一流水准，而且也在不断地扩展和完善。在后面的内容中，还将以 ARC/INFO 为例，简要介绍 GIS 基础软件的基本结构。

2) MapInfo 桌面地图信息系统

MapInfo 是美国 MapInfo 公司开发的桌面地图信息系统，它的含义是 Map 与 Info 的组合。MapInfo 与 ARC/INFO 相比，MapInfo 进入我国市场较晚，应用功能特别是图形绘制与管理功能较低，但由于其使用技术易于被一般用户掌握，价格低廉，很受对 GIS 软件功能要求不高用户欢迎，因而 MapInfo 很快在我国占有了较大的市场份额。

MapInfo 主要功能如下：

地图表达与处理功能：包括处理和显示电子地图等矢量图形，显示位图文件（gif、tif、pcx、bmp、tga）和航片、照片等栅格图形，可以直接访问 DXF 格式数据文件。

关系型数据库管理功能：包括内置关系型数据库管理系统，支持 SQL 查询，直接读取 dBase、Excel、ASC Ⅲ、Lotus 1-2-3，网络读取 SQLbase 等十几种数据库数据。

数据查询分析功能：包括对象查询工具，区域（矩形、圆形和多边形）查询工具，缓冲分析，逻辑与数据分析函数。

数据可视化表达方式：包括地图、浏览图和统计图、范围图、直方图、饼图、等级符号图、点密度图和独立值图。

图形输入输出功能：可直接连接数字化仪、扫描仪等输入设备和连接绘图仪、打印机等输出设备。

OLE 与地图数据资源：OLE（Object linking and embeding）对象连接和嵌入，允许 VB、C++ 和 PowerBuilder 把 MapInfo 地图作为对象调用，MapInfo 地图可嵌入到

Word、Excel 中。

3）国内主要 GIS 基础软件

我国自主版权的主要 GIS 基础软件包括：武汉中地信息工程有限公司研发的 MapGIS，武汉吉奥信息工程技术有限公司研发的 Geostar，北京超图地理信息技术有限公司研发的 SuperMapGIS 等。这几种基础 GIS 软件都具有 ARC/INFO 系统类似的强大功能，且都有各自的系列产品。MapGIS 与 Geostar 分别以中国地质大学和武汉大学的技术为支撑，在 20 世纪 90 年代初期就开始研究、开发，现在已经相当成熟，占有国内相当大的市场份额。它们的共同优点是都执行我国自己的软件、数据标准，价格便宜、信息保密，特别的地道的中文界面，更符合我国实际应用人员的语言习惯。

4）其他常见国外、国内 GIS 软件

在我国，各个行业根据其自身特点和使用习惯，使用美国 InterGragh 公司的 GeoMedia，澳大利亚 GENASYS 公司研发的 Genamap，我国北京大学研发的 Citystar 等软件。

**(2) GIS 应用软件产品**

GIS 应用软件产品因应用目的不同，其功能各不相同。有的直接利用 GIS 基础系统来处理用户数据；有的在 GIS 基础系统上，利用它的开发函数库二次开发出用户的专用的地理信息系统软件；也有的直接在 windows、windows NT 等操作系统上开发成 GIS 应用系统。

我国各部门、单位的 GIS 应用软件很多，目前已成功地应用到包括资源管理、自动制图、设施管理、城市和区域规划、人口和商业管理、交通运输、石油和天然气、教育、军事、农业等一百多个领域。如配电地理信息管理系统、公安指挥地图平台、水土保持辅助规划设计软件、水资源管理信息系统、土地管理信息系统、土地利用规划信息系统、无线市话综合管理系统、城乡一体化地籍信息系统、城市综合管网管理信息系统、交通管理信息系统等，在实际应用中获得了很好的效果。

### 11.2.3 开发环境

虽然国内外基础 GIS 软件品种繁多，功能十分强大，但各种应用的专业特点之间，存在很大差异，仅靠基础 GIS 软件提供的基本功能一般不能满足实际应用的需要。另外，一个基础软件如果包含了各种专业应用功能，不仅会使软件过于庞大，造成成本升高，而且对于某一应用目的，过多的多余功能会降低系统运行效率。因此，对于绝大多数基础软件，都只提供最基本、通用的功能，而对于一些特定的专业应用功能，则是通过提供的开发环境，由用户进行扩展。

每个基础 GIS 软件都有自己的开发环境，开发环境分为两种类型，一种是以软件的内部命令、函数等为基础的编程语言（简称内部编程语言）进行开发的环境，另一种是直接利用通用编程语言进行开发的环境。有些软件两类开发环境均有，有些软件只有后者。

**(1) 内部编程语言环境**

许多 GIS 基础软件带有内部编程语言，以下简要说明具有代表性的 ARC/INFO、

MapInfo 软件的内部编程语言。

ARC/INFO 软件提供了三千多条执行各种功能的命令与函数，通过执行一条一条的命令，可实现 GIS 的各种功能。ARC/INFO 软件的内部编程语言，是其 ARC 环境下的宏语言 AML（Arc Macro Language），由 ARC/INFO 命令与函授组合而成，形成执行各种指定任务的宏命令文件和菜单文件。可扩充 ARC/INFO 的原有功能，生成满足各种需要的应用系统。

MapInfo 软件的内部编程语言是一个在结构上与通用 Visual Basic（VB）和 Quick Basic（QB）语言相似的 MapBasic 语言。MapBasic 提供了近 400 种函数和命令语句，形成了一个功能强大、易于使用的结构化程序设计语言。利用 MapBasic 语言编写的应用程序，可以直接被 MapInfo 调用。可以利用 MapBasic 语言编写独立的、完整的 GIS 应用系统。

**(2) 通用编程语言环境**

内部编程语言的优点是程序代码简单，易于掌握，但在处理一些复杂的应用问题时，往往效率低下。现代 GIS 产品，一般具有利用通用编程语言进行二次开发的能力。通用编程语言指的是 windows、windows NT 环境下的 QB、VB、VC、VC++、Delphi、Power Builder 等语言，UNIX 环境下的 C、Motif、Tcl/Tk 等语言。

可以直接利用通用编程语言编写独立 GIS 应用系统，也可以通过基础 GIS 软件的外部程序结构将通用编程语言编写的应用程序嵌入基础 GIS 软件系统中。

## 11.3 GIS 基础软件的子系统

GIS 基础软件，一般包括空间数据输入子系统、空间数据库管理子系统、编辑与更新子系统、空间查询与分析子系统和输出子系统等五个主要部分，它们是原始空间数据变成人们需要的各种空间信息的五个基本处理系统。它们之间的关系及其数据的流程如图 11-4。

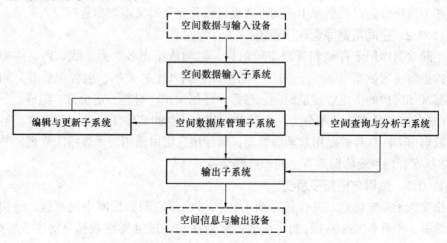

图 11-4　GIS 基础软件的子系统及数据流程

图 11-4 中，空间数据的类型包括原始地图、航空航天遥感影像数据、地面野

外观测数据、实地现场调查统计数据和各种收集的文字报表与报告等数据。空间信息则是空间数据经过 GIS 基础软件的各个子系统处理后所形成的地图、图表、查询报告、分析结果等信息。输入、输出设备是第 11.1.1 节中介绍的设备。

GIS 基础软件五个子系统的内部构成及其功能如下。

### 11.3.1 空间数据输入子系统

空间数据输入子系统的作用是将地图、遥感影像、野外观测数据、实地调查与收集资料等类型的空间数据，借助各种输入设备和转换软件，通过绘制、变换、导入、传输等，输送到 GIS 应用系统的数据库中。空间数据输入子系统由如图 11-5 所示若干模块组成。

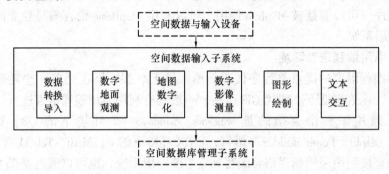

图 11-5　空间数据输入子系统

空间数据输入子系统直接与磁带机、光驱、电子地面观测仪器、数字化仪、扫描仪、全数字摄影测量系统等数据输入仪器和设备连接，提供相应数据输入软件，将空间数据输入到 GIS 的空间数据库管理子系统中。数据转换导入模块转换、导入各种已有图形数据、影像数据、文本数据。数字地面观测模块直接观测、输入地面要素；地图数字化模块对原始地图进行扫描影像栅格化或扫描影像矢量化；遥感影像测量模块对航空摄影或航天遥感影像进行数字化测量；图形绘制和文本交互两个模块分别对数据库中的图形数据进行补充和对文本数据进行录入。

### 11.3.2 空间数据库管理子系统

空间数据库用于存储和管理空间数据。空间数据由各种点、线、面、体实体类型的空间位置数据（$x$, $y$, $z$）、空间拓扑数据（相邻关系、包含关系等）和属性数据（如房屋的房主、建造时间、层数、使用面积、材料、造价等）组成。

GIS 的空间数据库一般分为两个部分，其中，空间实体图形的空间位置、空间关系数据由 GIS 自身的专用数据库管理，属性信息则由通用关系数据库管理，并由 GIS 数据库管理系统协调两者之间的数据交换。

### 11.3.3 编辑与更新子系统

由输入子系统输送、并存储在图 11-6 所示地理空间数据库中的数据，最初为原始数据，不具备 GIS 特征，如房屋的图形数据与房屋的属性数据（房主、层数、材料等）之间没有建立联系，两个地理要素之间的相邻拓扑关系等，尚未使用数据方式描述。GIS 基础软件的编辑与更新子系统，用于编辑地理空间数据库中的图形和属性数据、建立各种数据之间的关系，并修改和不断更新 GIS 应用系统中的数

11.3 GIS 基础软件的子系统

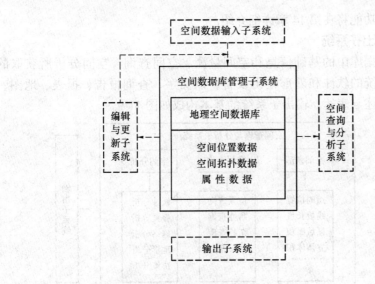

图 11-6　空间数据库管理子系统

据。编辑与更新子系统的构成如图 11-7。

在编辑与更新子系统中，图形变换、图形编辑、图形整饰模块和基本处理模块中的图形拼接、误差校正，是常规图形软件（如 Auto CAD 等）都具有的基本功能，用于处理图形数据。属性编辑模块中的属性编辑、属性更新等是常规数据库的基本功能，用于处理属性数据。拓扑关系模块、属性编辑模块中的属性连接、基本处理模块中的投影变换等，则是 GIS 基础软件所特有的功能，用于处理图形与图形、图形与属性、属性与属性之间的关系和地理空间的投影变换。

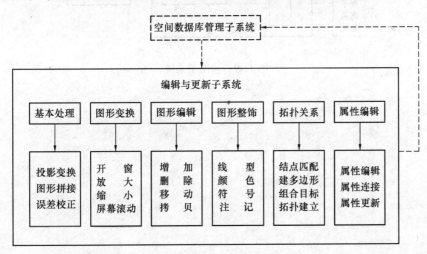

图 11-7　编辑与更新子系统

### 11.3.4　空间查询与分析子系统

空间查询与分析子系统是 GIS 直接面对用户的应用部分，用户通过该系统获取空间信息和利用空间信息进行各种空间分析，它是 GIS 应用功能的核心。

如图 11-8，空间查询与分析子系统由空间量测、空间查询和空间分析等模块构成,其各种应用功能将在第 14 章详细介绍。

### 11.3.5 输出子系统

地理空间数据库中的基础信息和空间量测、空间查询、空间分析所获取的成果,通过输出系统的软件和外部输出设备,以文字、查询报告、报表、地图、分析结果等方式描述与表达。输出子系统的基本构成如图 11-9。

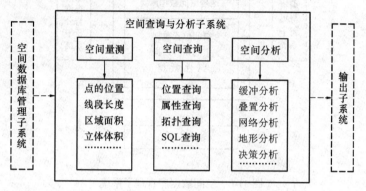

图 11-8　空间查询与分析子系统

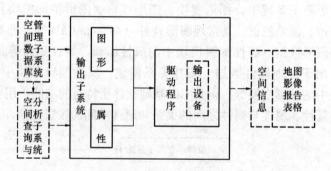

图 11-9　输出子系统

# 12 空间数据表达与获取

地理空间中各种与空间位置相关的实体和问题,可以将其分类、编码后,以 GIS 硬件和软件系统所能描述的数据形式表达,并进行采集、存储、处理和利用。

## 12.1 空间实体与空间问题

### 12.1.1 地理现象

地球上存在各种自然与人工物体,它们的形状、形态各异,但概括起来可以分为点状物体、线状物体、面状物体和体状物体。

图 12-1 所示图形是 QuickBird 遥感卫星 2005 年 4 月 21 日拍摄的位于美国佛罗里达洲的肯尼迪空间中心的分布影像。图（a）为小比例尺影像图形,图中显示有点状雷达塔、建筑、线状道路与范围边界和面状海面、池塘、沼泽地、荒地等地理现象。图（b）为空间中心的发射塔所在位置经放大后的大比例尺影像图形,在此影像中,发射塔显示为由发射架等多种结构组合而成的体状物体。

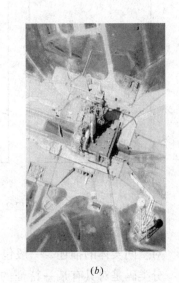

(a)　　　　　　　　　　　　(b)

图 12-1　地理现象

实际上,点、线、面、体状物体的说法是相对而言的,与人们视觉的距离或影像的比例尺有关。小比例尺的点状建筑物体,在大比例尺图像中可能是二维平面上的面状物体或三维空间中的体状物体。小比例尺的线状道路,在大比例尺图像中则是面状物体。

### 12.1.2 空间实体及其表达与描述

**(1) 空间实体的概念**

无论地球上的物体形状与形态多么复杂,都可以看成是若干基本实体的组合或集合。地理信息系统中把不可再分的最小空间物体或最小单元现象称为空间实体或空间对象、空间目标。与地理现象中的点、线、面、体状物体相对应,空间实体分为点实体、线实体、面实体和体实体。体实体应用于三维 GIS,由于技术上复杂性,目前应用不多,此处主要介绍点、线、面空间实体。

**(2) 空间实体的表达**

对各种地理现象进行抽象、综合、分解所得到的空间实体,在 GIS 中可以用图 12-2 所示的点、线、面形式表达。

按比例尺不具长度和面积的空间实体,称为点实体。图 12-2（a）为点实体表达形式,点实体包括独立树、水井、钻孔、烟囱、城市管道检修井、消防栓、航标、旗杆等。

按比例尺具有长度,但不具有宽度和面积的空间实体,称为线实体。图 12-2（b）为线实体表达形式,线实体包括河流、沟渠、道路、输电线路、管道、围墙、栏栅、行树等。

二维空间中占有一定面积的物体或现象,称为面实体。图 12-2（c）为面实体表达形式,面实体包括水稻地、旱地、池塘、湖泊、沼泽地、海面、树林、居民区、建筑、运动场等。

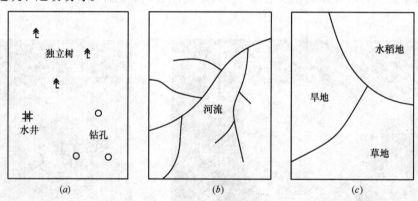

图 12-2 空间实体的表达与描述形式

**(3) 空间实体的描述**

对空间实体的描述,一般包括实体的分类码与识别码、位置、属性等。

分类码是对具有某一特征的实体子集的描述,如中国土地利用分类将我国土地利用分为农用地、建设用地和未用地三大类,每个大类分为若干中类和小类等,每个类别有一个专门的代码,这个代码就是分类码;识别码是对单个实体的识别描述,在系统中必须是唯一的,表现形式可以是数字也可以是名称。

位置指空间实体在二维或三维空间的坐标。点实体位置由点目标几何中心的坐标描述,线实体位置由线目标的起点、转折点和终点坐标组成的坐标串描述,面实体由围成面目标的若干边界线的坐标串和线段与线段之间的连接节点坐标等描述。

属性是对实体特征的描述，如房屋包括房主、层数、面积、建造时间、材料等属性，道路包括管理单位、道路宽度、路面材料、修建时间、起止点地名、成本等属性。

#### 12.1.3 空间问题

地理信息系统不仅要以实体的方式表达和描述地球上各种物体的形状、大小、空间位置和属性，更重要的是解决与空间实体相关的各种空间问题。根据不同的应用，要解决的空间问题很多，以下举例介绍三类常见的空间问题。

**(1) 存在**

存在性问题是指在确定范围或区域中存在哪些要素。如：① 一个选定的行政区划范围，在此区域内，现状已经存在的商业、工业、教育、居民、绿地、公共设施等占地面积和它们的分布状况；② 在指定区域规划一条道路，初步设计多个可选方案的道路中线位置及其宽度，各种方案涉及的拆迁建筑面积、人口、经费等。

**(2) 选择**

1）路径选择

在已经存在的网络路径中，选择从一点到达另一点的最佳路径。最佳路径不一定是空间距离最短的路径，如选择行车路径时，除了要考虑空间距离外，还要考虑路面材料、交通流量状况等诸多因素对行车速度的影响。

2）项目选址

选址问题是许多重要投资都必须进行的前期论证过程，通常先提出若干基本要求或条件，然后寻找到符合要求与条件的最合适地址。如飞机场选址，可能要求：① 周边一定范围内不能存在三层以上的建筑，避免飞机降落时出现撞击事件；② 地面平坦，土方工程量小，易于修建飞机起落跑道；③ 离开城市中心距离在指定范围内，既要避免飞机穿越市区和起落的噪声影响市民生活，也要便于市民能够快速到达机场；④ 不能通过特定设施与建筑物（如高压输电线路、古建筑、需要保护的文物所在地）或接近特殊地带（如军事设施或军事基地等）。这些因素在选址中所占的权重一般也不相同，需要根据已有规范和专家经验确定。

选址问题应用广泛，如商业、服务网点的布设，学校校址等的选择，都存在选址问题。

3）资源分配

在资源一定的条件下，资源的分配可以使资源的利用发挥最大效益。如电力资源、水资源在某一特定时间区段内是有限的，如何合理调度和使用资源，也是GIS应该考虑和解决的问题。

**(3) 相关**

相关问题指实体与实体之间的相互联系与关系，主要包括相离、关联、邻接、包含、相交、重合等问题。如：① 在大区域乃至整个地球表面，可以把一个城市看成为一个点实体，由公路、铁路、航空线路、水运线路与哪些城市相连接，以什么方式连接等问题属于关联问题；② 如果把一个具有一定面积的企业看成是面实体，它与哪些企业或单位相邻属于邻接问题；③ 一个县域面实体包含乡镇面实体、道路线实体和建筑点实体，属于包含问题。相关问题将在空间关系数据中具体介绍。

## 12.2 空间数据类型

### 12.2.1 空间数据概念

真实世界里包含地表层的地理空间中，存在各种自然要素、自然现象和人类活动所产生的物体，如图 12-3 中，有高低起伏的自然表面，人工建造的水塔、铁路，人工改造的与耕作的各类土地等。

为了叙述空间数据简便起见，这里仅对图 12-3 中的水塔、铁路、房屋和林地，利用传统的综合、夸张、取舍等地图制图方法和地图符号语言，绘制成如图 12-4 地图。在地图中，水塔综合为点实体，用规定的水塔符号说明实体的属性，实地水塔几何中心位于地图水塔符号底边线中点；铁路综合为线实体，用规定线型的线段说明铁路实体属性，铁路宽度不按比例，长度按地图比例尺和位置绘制；房屋、林地等综合成面实体，用规定线型的闭合线段描述实体的实地范围，用相应的填充符号说明实体的属性。

图 12-3 真实世界的空间实体

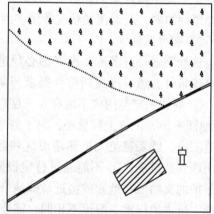

图 12-4 空间实体的地图表示

从图 12-4 所示地图中可以看出地面实体的几何形状、分布状态和水塔、铁路、房屋、林地等属性。

GIS 中，表示空间实体的位置、形状、大小，反应实体之间的分布状态与关系，描述空间实体属性性质的数据，称为空间数据。空间数据概括起来分为几何数据、空间关系和属性三种类型。

### 12.2.2 几何数据

描述空间实体位置、形状和大小的数据，称为几何数据。其中，实体位置主要指坐标，包括点的坐标，构成线状物体或面状物体边界线的线定位坐标串；实体形状包括点、直线、折线、曲线、正方形、长方形、圆、任意多边形、任意曲线围成的区域等；实体大小包括角度、距离、方向、方位、周长、面积等。

在二维 GIS 中，根据数据获取、存储、管理等的手段与方式不同，几何数据有矢量模式和栅格模式两种表达形式。

**(1) 矢量模式几何数据**

以坐标 $(x, y)$ 或坐标串 $[(x_1, y_1), (x_2, y_2), \cdots]$ 及其连线表示空间点、线、面等实体的图形数据，为矢量模式的几何数据，简称为矢量数据，如图 12-5 $(a)$ 所示。用矢量数据表示时，点实体水塔为具有坐标值 $(x, y)$ 的点；线实体铁路为坐标串 $(x_1, y_1), (x_2, y_2), \cdots (x_n, y_n)$ 对应点依次连接的线；面实体房屋、林地为坐标串 $(x_1, y_1), (x_2, y_2), \cdots (x_n, y_n), (x_1, y_1)$ 对应点依次连接的闭合环线包围的面。由坐标串连成线或面边界线连线方式，根据实体的形状，可以采用折线方式（如房屋），也可以采用光滑拟合曲线方式（如林地）。

点的坐标值是对点实体几何中心的采样，线的坐标串是对线实体特征点的采样，面的坐标串是对边界线特征点的采样。虽然线与面边界线的坐标串是由若干离散采样点的坐标表示的，但线与面边界的线是连续的。

**(2) 栅格模式几何数据**

栅格指的是将地球二维平面空间，按照行、列等间隔划分成若干像元所构成的像元阵列，像元的大小代表几何影像的分辨率。栅格模式几何数据用像元的行号、列号确定位置，用像元灰度值区别不同的实体及其属性。栅格模式几何数据简称为栅格数据。

表示地面实体的栅格模式几何数据如图 12-5 $(b)$，点实体水塔由一个像元表示，该像元的灰度值和所在行、列位置，分别表明水塔属性及其地理空间位置；线实体铁路是相应方向与线路对应的连接成线形串状的相邻像元的集合；面实体房屋、林地等是相应区域聚集在一起，并构成面状的像元集合。

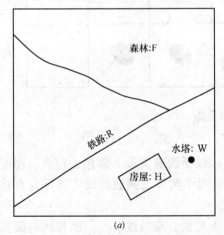

图 12-5  几何数据
$(a)$ 矢量数据；$(b)$ 栅格数据

### 12.2.3 空间关系

由空间问题的相关性可以看出，地理空间中的点与点、线与线、面与面、点与线、点与面、线与面等实体之间，存在相离、关联、邻接、包含、相交、重合等各种各样的关系，这些关系称为空间关系，亦称为拓扑关系。

拓扑关系表达的是几何图形不断变化时的一些不变的特性，如相邻两个行政区可能重新划分管辖范围，但它们的相邻性没有发生变化；某运动场被包含在大学校园里，当大学校区的范围不断扩大时，运动场仍然包含在校区中。有关空间数据的表达与结构，将在第 13 章详细介绍。

主要空间关系如图 12-6 所示。

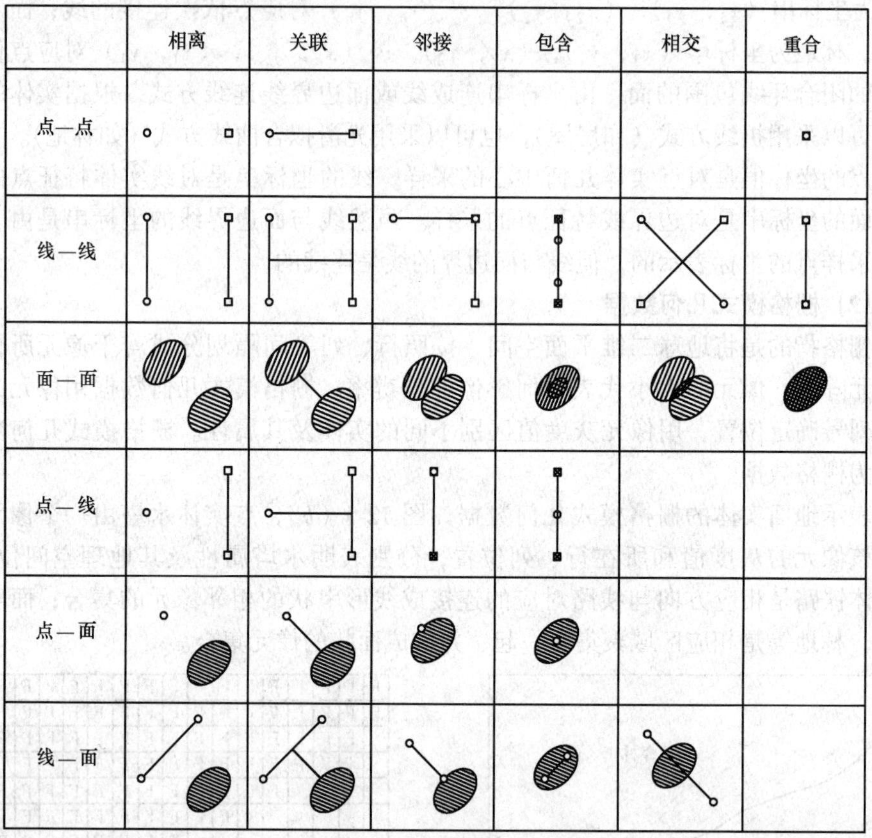

|  | 相离 | 关联 | 邻接 | 包含 | 相交 | 重合 |
|---|---|---|---|---|---|---|
| 点—点 | | | | | | |
| 线—线 | | | | | | |
| 面—面 | | | | | | |
| 点—线 | | | | | | |
| 点—面 | | | | | | |
| 线—面 | | | | | | |

图 12-6  空间关系

**(1) 相离与关联**

相离指两个实体之间没有任何连接关系，包括没有关联、邻接、包含、相交以及重合关系，处于完全分离状态，关联则是两个实体之间通过线实体建立有连接关系。

由图 12-6 可以看出，点与点、线与线、面与面、点与线、点与面和线与面实体之间，既可以是分离状态，也可以是相互关联状态。如：某砖瓦厂的烟囱与某村庄的水塔两个点实体之间没有任何关系，而把北京与广州两个城市看成点实体时，它们之间则通过京广铁路线实现相互关联。青海湖与鄱阳湖两个面状实体之间没有连接关系，而洞庭湖与鄱阳湖两个面状实体由长江线实体关联连接。

**(2) 邻接与包含**

邻接指相邻两个实体之间的相邻连接关系；包含则是指一个实体完全被另一个实体所包含的关系。

图12-6中，线与线、面与面、点与线、点与面和线与面实体之间，可以是相邻连接的关系，也可以是相互关联状态。相邻的实例有：北京至包头的铁路线与北京至哈尔滨的铁路线是两个线实体，它们在北京相互邻接；湖南省与湖北省两个面状实体之间相邻连接。包含关系的实例有：武汉至宜昌（汉宜）的高速公路是上海至成都（沪蓉）高速公路的一部分，即汉宜高速公路线实体被包含在沪蓉高速公路线实体之中；珠穆朗玛峰点状实体被包含在西藏自治区面状实体之中；体操之乡仙桃市面状实体被包含在湖北省面状实体之中。

邻接与包含是相对的，有时可能相互转换。如，位于我国境内与俄罗斯接壤的东北某边境口岸检查站，该站作为点实体，对于我国这个面实体属于包含关系，而对于俄罗斯面实体，则属于邻接关系。

**(3) 相交与重合**

相交指的是两个实体之间的交叉或相互穿越关系，重合指两个同类、同样大小的实体完全重叠的关系。

图12-6中，点实体由于没有大小，长度和面积，不存在与任何实体相交的关系。线与线、面与面和线与面实体之间存在相交关系，如，北京至珠海的京珠高速公路线状实体，在郑州和武汉，分别与黄河、长江线状实体相交，在穿越河北、河南、湖北、湖南等省时，与这些省对应的面状实体相交；在江西与湖南接壤的一定范围内的暴雨区域与江西省行政区域两个面实体之间，属于面与面相交的实例。

重合只存在于点与点、线与线和面与面实体之间。例如，交通指挥岗亭点实体与十字道路交点重合，街道中心线与下水管道中线重合等。

### 12.2.4 属性数据

描述实体的类别属性和数量、质量、性质等统计属性的数据，称为属性数据。

**(1) 类别属性数据**

类别属性数据可以分为两种，一种为实体的几何形状属性，即实体的几何形状属于点、线、面那种类别的实体；另一类为特征属性，如地物线实体按照特征分为水系、道路、电力线、栅栏等。类别属性表达实体的聚类性质，图12-7为某

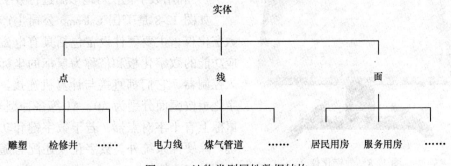

图 12-7 地物类别属性数据结构

小区地物类别结构示例图。

**(2) 统计属性数据**

统计属性包括实体的数量、质量、性质等各种信息，例如，某城区的道路属性项可能包括道路的编号、名称、类型、路面材料、车道数量、宽度、修建时间等。统计属性根据统计项表达实体的个体特性，如表 12-1 所示。

城市道路属性表　　　　　　　　　　表 12-1

| 编　号 | 名　　称 | 类　型 | 路面材料 | 车道数量 | 路面宽度 | 初建时间 |
| --- | --- | --- | --- | --- | --- | --- |
| 420011 | 珞喻路 | 主干道 | 柏油 | 6 | 27 | 1892.09 |
| 420012 | 森林公园路 | 内部道路 | 柏油 | 2 | 9 | 1972.08 |
| 420013 | 华光大道 | 次干道 | 柏油 | 4 | 18 | 1989.12 |
| 420014 | 关山二路 | 次干道 | 柏油 | 4 | 18 | 1986.05 |
| 420015 | 关山一路 | 主干道 | 柏油 | 6 | 27 | 1952.12 |
| 420016 | 鲁磨路 | 次干道 | 水泥 | 4 | 18 | 1856.08 |
| 420017 | 喻家山南路 | 内部道路 | 柏油 | 2 | 9 | 2005.04 |
| 420018 | 学苑路 | 内部道路 | 柏油 | 2 | 9 | 2001.08 |

## 12.3　空间数据获取

### 12.3.1　数据采集

空间几何数据采集方法包括对原有地形图数字化、航空航天对地观测、地面测量和图形数据转换等；属性数据采集主要包括实地调查、现场统计、文档与报表数据转换等。

**(1) 地图数字化**

我国已有几乎覆盖全国大陆的 1:10000 比例尺的大比例尺地形图，城市、发展地区和发达地区有大量 1:5000、1:2000、1:1000 和 1:500 比例尺地形图。早期地形图都以图纸作为存储介质，近年来的地形图一般有数字方式的电子地形图。对于图纸方式保存的地形图，需要利用数字化仪进行数字化，或利用扫描仪进行扫描数字化，使以图纸方式保存的地形图中的几何信息转化成 GIS 可以识别的数字方式的空间信息。

1) 利用数字化仪对地形图进行数字化

如图 12-8 是美国 Calcomp 公司生产的数字化仪，主要硬件设备包括具有电磁感应功能的数字化板和俗称为鼠标的坐标输入控制器，它们都直接与计算机连接。数字化板按幅面分别为 A0、A1 等多种型号，鼠标上有十字对点器、若干数字键和功能键。除硬件系统外，数字化仪还配有随机专用数字化软件。

图 12-8　数字化仪

利用数字化仪对地形图进行数字化时，一般先将地形图固定在数字化板上，设定设备的各种参数，通过数字化软件输入或读取图纸的比例尺和定位、定向等参数。之后，将鼠标的十字对点器依次逐一跟踪对准图纸上构成点、线、面实体的坐标点，经人工按鼠标回车键确认后，由计算机软件自动读取点的坐标，并通过数字键或功能键输入点的属性或执行工作状态等。

由数字化仪进行跟踪数字化所得到的 GIS 几何图形数据，属于矢量数据模式的数据，其方法称为数字化仪跟踪矢量化。

2）利用扫描仪对地形图进行数字化

图 12-9 为美国生产的名为 Evolution 的扫描仪。该扫描仪可以扫描宽度为 92cm，长度可达 200cm 以上的图纸。扫描仪通过光电系统将图纸上的几何图形转换成计算机可以读写、识别的电子数据。

扫描获取的数据，是 GIS 可直接使用的栅格模式影像数据。由地形图扫描的栅格影像数据，可以利用矢量化软件自动矢量化，也可以采用手工方式，借助计算机进行屏幕跟踪矢量化，得到 GIS 使用的矢量模式的几何数据。自动矢量化获得的矢量几何图形不带属性，也没有根据地物类别进行分层处理。手工方式获得的矢量图形一般具有点的符号、线的粗度、颜色等简单属性信息，并进行了分层处理。目前国内使用较多、功能较强的矢量化软件有 EPSCAN、Geoscan 等。

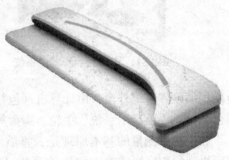

图 12-9　扫描仪

（2）对地观测

目前对地观测的主要手段是航天卫星遥感和航空摄影测量。航天卫星遥感技术通过卫星直接获取地面栅格影像数据，包括平面影像数据和立体像对影像数据，其具体方法与技术详见第 7～10 章的叙述。

航空摄影测量的拍摄过程如图 12-10 所示，它利用安装有高清晰度照相机的飞机，按设计航线低空往返飞行时，照相机按一定时间间隔依次对地面进行垂直拍摄，获取框幅式胶片方式的地表影像。在航线方向，所拍摄的相邻像片之间必须具有一定的重叠，称为航向重叠；在相邻航带上的影像之间，也必须有一定的重叠，称为旁向重叠。只有重叠部分，才能在内业处理时重建立

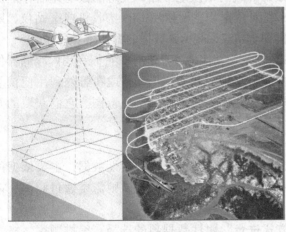

图 12-10　航空摄影测量过程

体模型。

传统摄影测量内业重建立体模型,是利用立体量测仪、立体坐标量测仪、精密立体测图仪等模拟数据方式的仪器和具有重叠度的立体相对,在室内测绘图纸形式的地形图。近年来,随着计算机技术和软件技术的快速发展,目前主要使用全数字摄影测量系统进行数字地形图测绘。全数字摄影测量系统一般由两部分组成:第一部分是专用软件,也是核心部分,目前已有许多成熟的系统,武汉大学张祖勋院士研发的 Virtuozo 全数字摄影测量系统是国际上公认的权威系统之一,在我国得到广泛使用。另一部分是硬件,图 12-11 是 Virtuozo

图 12-11　全数字摄影测量系统

所使用的硬件系统外形,由计算机(包括双显示器)、立体显卡、立体眼镜或红绿双色眼镜、立体显示系统、手轮、脚盘等构成。

数字摄影测量的基本原理是,将航空摄影像片经高精度、高分辨率扫描仪扫描后得到的数字影像输入到软件系统(如 Virtuozo),由软件系统自动重建立体模型,测绘具有平面几何图形与高程的数字地形图或建立三维数字地面模型。

航天卫星遥感直接获取地表面数字影像数据,航空飞机拍摄地表面像片,经扫描后间接获取数字影像数据。通过航天、航空方法均可获取立体像对,在室内利用软件重建地面立体模型,获得数字地形图矢量数据。

(3) 地面测量

最常用、最普遍使用的 GIS 几何数据采集方法是地面测量。传统地面测量采用光学经纬仪与水准尺,测绘模拟数据形式的纸质地形图,经地图数字化后才能成为 GIS 数据。目前,地面采集 GIS 几何数据,主要使用 GPS 接收机或全站仪,图 12-12 和图 12-13 分别为 GPS 接收机和全站仪采集 GIS 数据的野外测量过程。

GPS 接收机和全站仪采集 GIS 数据,均在实地逐点进行。它们利用内存储器保存数据,同时绘制草图后回到室内编辑整理成数字地形图;或在野外利用便携掌上电脑或笔记本电脑等设备,利用测图软件直接测绘数字地形图。它们获取的几何数据都是矢量模式数据。

(4) 属性数据采集

前已述及,属性数据包括分类属性和统计属性。分类属性数据,主要依据国家或行业、部门的统一规范、标准处理,而统计属性数据,则需要通过收集、调查获取。

属性数据采集,通常以表格方式进行。属性数据项的选择、编排顺序、格式等,需要 GIS 专业设计人员或管理人员,按照规范化、标准化和资源共享、便于相互利用与转换的基本原则,在充分征求用户要求与意见的基础上设计完成。数据项的内容既要简单明了，满足现实需要，也要适当顾及将来发展，留有一定的扩充空间。

统计属性数据主要来源于建立 GIS 的政府部门、企业或工程项目等组织机构与管理单位。它们既是 GIS 用户，也是数据拥有者，可以直接将其已有数据按照设计要求进行收集、转换和编辑。对于没有或不完整的数据项，应组织、培训采集人员，到其它相关部门、单位收集，到现场调查、补充与完善。

图 12-12　GPS 接收机采集 GIS 数据

图 12-13　全站仪采集 GIS 数据

**(5) 数据转换**

由于数据的来源与获取方式不同，所得到的各种数据可能具有不同的数据格式，需要按照国家规范、标准和所建立的 GIS 系统要求，转换成统一的、可以使用的格式。GIS 的数据转换，主要包括几何数据转换、属性数据转换和不同 GIS 之间的数据转换。

1) 几何数据转换

来自于航天遥感、航空摄影和扫描仪扫描等方式采集的栅格影像数据，来自于数字摄影测量、栅格数据矢量化、地面测量等采集方式的矢量数据，来源于 Photoshop 等图像处理软件制作的图像和 Auto CAD 等软件绘制的规划设计图形，它们各自具有不同的数据格式，一般可以通过 GIS 内部转换系统或专用转换软件，转换成 GIS 可以利用的数据格式。

2) 属性数据转换

属性数据转换主要转换电子表格、文字处理软件和各种数据库等数据来源的表格数据与文档数据，使其成为 GIS 的属性库。

3) 不同 GIS 之间的数据转换

ARC/INFO、MapInfo、MapGIS、Geostar 等 GIS 软件，各自使用自己的数据格式。它们之间的转换，部分可以直接相互转换，部分则要通过公共转换系统进行转换。

不同 GIS 数据间的转换，由于要同时考虑几何数据和属性数据，在转换过程中会存在数据丢失的可能，需要 GIS 专业人员设计尽可能完善的转换系统，以保障数据转换的准确性和防止不必要的信息损失。

### 12.3.2 数据编辑与处理

数据编辑与处理主要包括地图投影与坐标系统选择、数据录入与编辑、建立空间关系和空间数据与属性数据连接等。

**(1) 地图投影与坐标系统选择**

地图投影和坐标系统的概念与方法，已在第 2.4 和第 2.2 节中作过详细介绍。这里简单介绍 GIS 常用的地图投影和坐标系统。

GIS 所涉及的区域可以是一个物业管理的小区域、城市管理的中等区域、也可能是一个省、国家，乃至整个地球的大区域。由于地球表面是一个球状曲面，当需要将球面要素用平面方式表示时，应该选择合适的地图投影方法。我国大区域的 GIS 一般选择 Lambert 投影，小区域情况则选择高斯-克吕格投影。

GIS 的坐标系统，根据所涉及区域的地理位置、面积和具体用途，可以选择国家平面直角坐标系、地方平面直角坐标系或假定平面直角坐标系统。

**(2) 数据录入**

1）鼠标绘制

GIS 软件一般都有若干简单的绘图功能，可以根据实体图形与坐标、长度等参数，利用 GIS 提供的绘图功能，通过鼠标和屏幕直接输入矢量几何图形数据。

2）数字化仪输入

利用数字化仪的坐标输入控制器和随机软件绘图功能，直接读取地图要素的坐标并根据地图要素图形，绘制矢量几何图形，详见第 12.3.1 节的地图数字化。

3）键盘录入

表格、文字等各种属性数据使用键盘录入，绘制几何图形的坐标、长度等参数也通过键盘输入。

4）数据交换设备读入

大量的数据通过磁带机、磁盘机、光驱、软驱、外存储器等数据交换设备实现录入，这些数据包括卫星遥感数据、航空摄影测量数据、地面测量数据、Photoshop、Auto CAD 等软件制作与绘制的几何图形数据、其他 GIS 数据等。

**(3) 建立空间关系**

前面在图 12-6 中列出的相离、关联、邻接、包含、相交与重合等空间关系，需要用数据形式表达，以便在 GIS 应用中处理各种空间实体的关系。空间关系建立的具体方法，将在第 13 章中详细介绍。

**(4) 空间数据与属性数据连接**

空间数据以几何图形数据的方式表达与存储，属性数据以表格、文档等数据形式表达与存储。例如，一栋房屋，具有几何形状，这类信息存储在 GIS 的空间数据库中；房屋所具有的房主、层数、材料、建造时间等属性数据，一般存储在关系数据库中。在利用 GIS 进行查询和各种空间分析时，需要根据实体属性获得几何图形信息，也需要根据几何图形获得属性信息，这就要求建立空间数据与属性数据的连接。

空间数据与属性数据之间的连接，可以在输入图形数据时，逐个同步输入属性数据进行连接；也可以将空间数据与属性数据按照事先编排的顺序，分别输入，然后一次性由系统依次自动连接。

**(5) 数据编辑**

录入到 GIS 中的几何图形数据和属性数据，总是存在误差和错误，重复与遗漏，冗余或缺少等各种情况，需要进行编辑处理。具体编辑处理包括以下几个主要方面。

1) 增加数据

存在遗漏时，输入点、线、面等实体的几何图形数据和与之对应的属性数据。对于多个几何形状相同的实体，在输入一个实体后，通过复制方法增加实体，包括几何图形与属性复制，或复制几何图形，分别增加不同属性数据。

2) 删除数据

出现重复、冗余数据时，删除多余空间实体点、线、面等实体的几何与对应属性数据。

3) 修改数据

修改数据包括：移动、旋转、镜像空间实体点、线、面的几何图形，改变实体的位置数据；修改线实体和构成面实体的边界线上点的位置，改变线的形状与长度，面的形状与大小等；修改表示点、线、面实体的符号、颜色、线型、文本等非空间特性；修改各类实体的属性数据。

### 12.3.3 数据质量

空间数据来源于不同的采集方法，需要通过不同的手段、途径与过程输入到 GIS 中。在采集与传输的过程中，由于设备、技术以及各种人为因素，会影响到空间数据的质量，包括数据的正确性、精度、分辨率、完整性、一致性和现势性等。

**(1) 正确性**

正确性指空间数据是否存在错误或超过规范规定的容许误差情况。错误与超过限差的误差主要由人为因素造成，需要设置各种检核条件来检查与控制，尽量避免或消除各种出现错误的可能性。当错误出现时，应该有相应的发现错误的报告方法。

**(2) 精度**

空间数据的精度直接影响到 GIS 应用的精确性，影响各种空间查询和空间分析的精度与可信任的程度。精度问题包括几何图形定位精度和属性数据统计精度及其对精度的评定。

1) 几何图形定位精度

几何图形定位精度指地面实体在 GIS 中的地理坐标与真实地面位置之间的差值。影响几何图形精度的因素主要与几何数据采集设备的分辨率、灵敏度，人的判断、综合、取舍，观测时的外界气象、环境，计算中的投影选择、计算公式的精确性等多种因素有关。

2) 属性数据统计精度

属性数据统计精度主要是对实体属性估计精度。如，耕地粮食产量、湖泊储水量、道路车流量、小区人口数量、建筑占地面积、城市各绿化块面积与植被类型等。

3）精度评定

一个 GIS 的数据是否满足用户需要，能够满足什么程度的精度要求，需要进行精度评定。数据精度分为单个实体的精度和区域或整个系统的整体精度。单体是否满足精度要求，直接测定单体位置，并与精确位置进行对比，即可判断实体精度是否符合要求；整体精度则要观测若干样本后，按照统计学方法进行估算与检验。

**(3) 分辨率**

分辨率主要指描述几何数据时所能表达的最小单元。不同的数据采集方式，具有不同的分辨率。

地面测量的分辨率较高，可以利用 GPS 接收机、全站仪等设备，直接获得实体定位矢量数据至毫米的分辨率；地图数字化的分辨率与地形图的比例尺密切相关，受地形图成图时人眼辨别力 0.1mm 的影响，1∶10000 比例尺的地形图只有 1m（0.1mm×10000）的分辨率，其他比例尺地形图数字化的精度可依次类推；对地观测的分辨率与传感器分辨率有关，早期卫星遥感的影像数据只有 80m 的分辨率，现在可以达到 0.61m，航空摄影测量的分辨率与飞机的飞行高度、照相机、胶片的分辨率有关，目前可以达到 1∶2000 甚至更大比例尺地形图的分辨率。

分辨率与存储量密切相关，分辨率越高，精度越高，但存储量越大，运算速度越慢，反之亦然。GIS 数据的分辨率，应根据建立 GIS 的用途选择合适的分辨率。

**(4) 完整性**

完整性指特定的地理空间范围内各种数据的完整程度，包括空间覆盖完整性、数据类别完整性等。

在空间层面上，特定区域满足某种精度要求的几何数据是否既无重叠，也无裂缝或漏洞地被完全覆盖。例如，某市城区范围扩大后进行城市总体规划，需要覆盖整个城区满足 1∶5000 比例尺精度要求的地形图，但新划入区域没有符合精度要求的数据，造成规划基础数据在覆盖方面的不完整性。

在数据类别方面，特定项目所需要的数据类别是否存在，存在类别的数据是否齐全。例如，某企业将所有企业所属职工住宅按有关政策卖给职工，需要有房号、户主、建筑面积、建筑材料、建造时间等信息。如果没有建造时间，就无法确定折旧率，这属于类别不全。当存在建造时间数据项时，是否每栋房屋都有建造时间，这属于数据是否齐全。

**(5) 一致性**

一致性指对同一现象或同类现象表达的一致程度，包括几何图形一致性、逻辑一致性、数据一致性等。

几何图形一致性：同类物体，在同一系统中，应使用相同的几何符号、线型等。如，跨越同比例尺的两幅相邻地形图的同一地块，它在两幅图中边界处的位置、线型、表示地块植被的填充符号等是否完全一致。

逻辑一致性：不同实体，应使用不同的表达形式加以区别，不能在空间、属性上产生混淆。如，湖泊与森林之间的沼泽地带，应该单独作为一类实体，如果整体上忽略此地带时，应将其整体划归湖泊或整体划归森林，不能一部分地段划归湖泊，另一地段划归森林，造成逻辑上的不一致。

数据一致性主要指在同一系统中，应执行同样的数据尺度。如，表示一个区域的等高距必须相同，不能在某些区域或高度上使用一个等高距，而在另一区域或高度上使用不同的等高距，造成衡量与判断标准的不一致。

(6) 现势性

现势性指空间数据反映真实世界各种实体与现象的当前状态的程度。系统数据的现势性，直接影响到 GIS 查询、分析的准确度。

不同类别的实体或现象，具有不同的变化频率。一般来讲，在排除重大自然灾害影响的情况下，地面高低起伏的地貌、河流类的水系、农田等的变化比较缓慢；国家主干道路、农村道路、城市已有道路的变化也不会很大；各地的建筑区、城乡结合部、经济技术开发区、集镇及其周边地区等地，其变化十分频繁。

现势性一般与时间相关，根据数据获取的时间，可以概略估计数据的现势性程度。应根据系统中数据的时间与频繁变化的实体类别，不断更新系统中的各种数据。

# 13 空间数据结构

空间数据结构是指空间数据在 GIS 中的编码排列方式和组织关系,主要包括栅格数据结构、矢量数据结构两种基本结构。

空间数据结构的合理性与优劣性,直接影响 GIS 对数据采集与存储、空间查询与分析的质量和效率。高效率的空间数据结构,所组织的数据应能表示地理要素之间的层次关系,正确反映地理实体的空间排列方式及其实体之间的相互关系,节省存储空间并运算快速,有删除、修改和增加数据的基本功能,灵活便捷的存储与检索方法。

## 13.1 栅格数据结构

### 13.1.1 全栅格数据结构

将地球表面二维平面按行、列等间隔划分成若干像元构成格网,每个像元赋予唯一灰度值,其按网格位置顺序排列的阵列灰度值数据,称为栅格数据,亦称格网数据。每个像元的行号、列号隐含各像元的地理空间位置。当像元对应实体只用一个属性值描述时,像元灰度值代表实体属性,当实体属性由多个属性值构成的属性记录描述时,像元灰度值代表属性记录的指针。

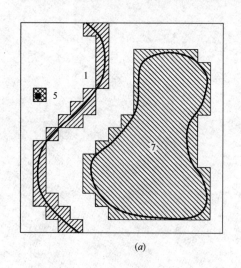

图 13-1　全栅格数据结构

如图 13-1(a),实心点圆、单一曲线和封闭曲线围城的区域,分别代表真实世界的点、线、面实体位置及其几何形状。对应阴影填充像元的集合,分别代表构成点、线、面实体的栅格影像。当用 5、1、7 分别代表点、线、面栅格的灰度值，并用 0 表示空白区域的灰度值时，可得图 13-1（b）所示栅格数据。

栅格数据主要来源于地图扫描数字化、航空摄影像片扫描数字化或航天卫星遥感影像。图 13-1（b）的数据阵列是这些数据来源的基本形式，可以用对应于栅格灰度值的以下矩阵形式表达。

$$A = \begin{bmatrix} a_{11} & a_{12} & \cdots & a_{1n} \\ a_{21} & a_{22} & \cdots & a_{2n} \\ \vdots & \vdots & \vdots & \vdots \\ a_{m1} & a_{m2} & \cdots & a_{mn} \end{bmatrix} \tag{13-1}$$

式中 $a_{ij}$——分别代表第 $i(i=1,2,\cdots,m)$ 行，第 $j(j=1,2,\cdots,n)$ 列像元的灰度值；
$m,n$——分别代表栅格像元的行数和列数。

由（13-1）式矩阵形式表达的栅格数据结构，依次记录了全部像元的灰度值，因此，称这种数据阵列为全栅格数据阵列，其数据结构是一种最简单的栅格数据结构，易于在计算机中进行存储、检索等。

### 13.1.2 像元分辨率和灰度值确定方法

**(1) 像元分辨率**

像元分辨率指的是栅格阵列中，每个栅格像元对应的实地区域的大小。对于航天卫星遥感，分辨率与传感器有关，早期的遥感分辨率为 79m×79m，现在常见的有 30m×30m、10m×10m、5m×5m、2.5m×2.5m、1m×1m、0.61m×0.61m 等，对于航空摄影测量像片和地形图的扫描影像，像元分辨率与像片或原图的比例尺以及扫描仪的分辨率参数设置有关。

栅格数据的数据量、占用存储空间、几何精度、检索与运算速度等，与像元分辨率有关。在特定的区域，单个像元面积越大，数据量越小，占用存储空间少，检索与运算速度快，但精度降低。反之，通过缩小栅格面积，可以提高几何精度，但导致数据量增大，占用存储空间多，检索与运算速度变慢。

**(2) 像元灰度值确定方法**

栅格数据阵列中，每个像元的灰度值只能取一个值。受到分辨率影响，在一个像元的区域中，可能包含有多个地面实体。如美国 Landsat 卫星的 ETM+ 遥感影像数据，其栅格像元对应的实地大小为 30m×30m，在这么大的区域中，不可能所有像元都只包含一种实体要素。在栅格数据采集或数据重采样过程中，对于一个像元中存在多种实体时，应如何确定像元的灰度值，常用方法有如下几种。

1) 中心点归属法

每个像元的灰度值，取像元几何中心所在面实体的灰度值，如图 13-2（a）。图中实心圆点为像元几何中心，图形右侧为对应像元灰度值，下同。

2) 长度占优法

每个像元的灰度值，取像元水平中线或垂直中线落在面实体中长度最长的面实体灰度值。如图 13-2（b）。图中虚线为水平中线。

3) 面积占优法

每个像元的灰度值，取面实体落入像元中面积最大的面实体灰度值。如图 13-2（c）。

4）重要性法

根据像元中不同实体的重要程度，取其中最重要的实体灰度值作为像元灰度值。如图 13-2（d）中，如果属性值为 3 的面实体最重要，则包含有属性值为 3 的面实体所有像元均取灰度值 3。

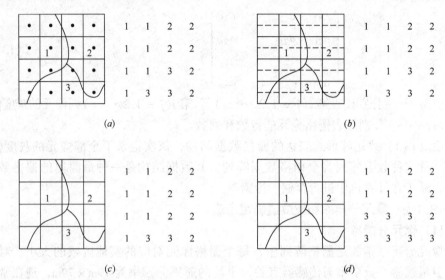

图 13-2　像元灰度值确定方法

### 13.1.3　栅格数据压缩编码

对于全栅格数据结构，每个像元的灰度值都需逐一存储，当 $m \times n$ 栅格阵列中 $m$、$n$ 都很大时，将要占用很大的计算机存储空间，导致运算效率降低，甚至无法运算。从图 13-1（b）中可以看出，对于单一线状实体和由封闭曲线围城的面状实体，它们各自的属性值都是相同的，线实体线路越长，面实体面积越大，具有相同属性的像元数将越多，且呈线状邻接或面状邻接状态。

根据同一实体像元属性相同与邻接的特点，可以通过栅格数据压缩编码方法，减少数据存储量。常见的方法有链式编码、行程编码、块式编码和四叉树编码等，本节将介绍这些方法的基本原理。其他编码方法有八叉树编码、四进制 Morton 码、十进制 Morton 码等，感兴趣的读者可以参阅参考文献 [29] 等有关专业书籍。

**(1) 链式编码**

链式编码又称边界链码，其基本原理是对表示线实体的连续相邻像元，或表示面实体的区域像元集合的边界相邻像元，从起始点开始，按规定的基本方向确定的单位矢量链得到链式编码。其中，起始点一般为实体像元的上、左像元点；基本方向有顺时针四方向、逆时针四方向、顺时针八方向和逆时针八方向四种。

对于图 13-1 所示线、面栅格表示的影像，以图 13-3 链式编码逆时针八方向为单位矢量链进行链式编码，其编码示意图如图 13-4；若将 6，6，6 简写为 $6^3$ 形式，具体链码如下。

1）属性值为 1 的线实体

起始点：(1, 6)；链式编码：0, $6^4$, $5^2$, 6, 4, $5^2$, $6^4$, 0, 6, 0, 6, 0。

2）属性值为 7 的面实体

起始点：(3，10)；链式编码：$0^4$，7，$6^3$，5，$6^3$，7，$6^3$，$4^7$，$3^2$，$2^2$，$1^4$，$6^4$。

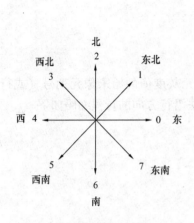

图 13-3　链式压缩编码基本方向

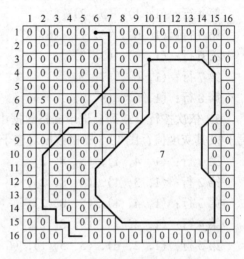

图 13-4　链式压缩编码示意图

链式编码的优点是对线状和面状实体影像具有很强数据压缩能力，特别是对大面积的湖泊等面状实体影像数据的压缩更为明显；探测边界急弯和凹进部位比较容易；具有一定的运算能力，如面积、长度等的计算。缺点是局部修改将改变整体结构；叠置运算（如组合、相交等）难以实施；相邻区域公共边界需要存储两次而产生数据冗余。

**(2) 行程编码**

行程编码是栅格数据压缩的重要编码，有三种基本方法。

1）在各行（或列）栅格数据中的像元灰度值发生变化时，记录灰度值及其灰度值重复的个数，图 13-5 栅格数据对应于此种方法沿行方向的行程编码如下。

第 1 行：(1，4)，(2，4)；

第 2 行：(1，3)，(2，5)；

第 3 行：(1，4)，(2，4)；

第 4 行：(1，4)，(2，4)；

第 5 行：(6，2)，(1，3)，(2，3)；

第 6 行：(6，6)，(2，2)；

第 7 行：(6，6)，(2，2)；

第 8 行：(6，7)，(2，1)。

| | 1 | 2 | 3 | 4 | 5 | 6 | 7 | 8 |
|---|---|---|---|---|---|---|---|---|
| 1 | 1 | 1 | 1 | 1 | 2 | 2 | 2 | 2 |
| 2 | 1 | 1 | 1 | 2 | 2 | 2 | 2 | 2 |
| 3 | 1 | 1 | 1 | 1 | 2 | 2 | 2 | 2 |
| 4 | 1 | 1 | 1 | 1 | 2 | 2 | 2 | 2 |
| 5 | 6 | 6 | 1 | 1 | 1 | 2 | 2 | 2 |
| 6 | 6 | 6 | 6 | 6 | 6 | 6 | 2 | 2 |
| 7 | 6 | 6 | 6 | 6 | 6 | 6 | 2 | 2 |
| 8 | 6 | 6 | 6 | 6 | 6 | 6 | 6 | 2 |

图 13-5　面实体栅格数据

2）依次记录各行（或列）栅格数据中的像元灰度值发生变化位置及其该位置的像元灰度值，图 13-5 栅格数据对应于此种方法沿行方向的行程编码如下。

第 1 行：(1，1)，(5，2)；

第2行：(1, 1), (4, 2);
第3行：(1, 1), (5, 2);
第4行：(1, 1), (5, 2);
第5行：(1, 6), (3, 1), (6, 2);
第6行：(1, 6), (7, 2);
第7行：(1, 6), (7, 2);
第8行：(1, 6), (8, 2)。

3）依次按行（或列）记录栅格数据中相同像元灰度值的始末像元列号（或行号）及其灰度值，图 13-5 栅格数据对应于此种方法沿行方向的行程编码如下。

第1行：(1, 4, 1), (5, 8, 2);
第2行：(1, 3, 1), (4, 8, 2);
第3行：(1, 4, 1), (5, 8, 2);
第4行：(1, 4, 1), (5, 8, 2);
第5行：(1, 2, 6), (3, 5, 1), (6, 8, 2);
第6行：(1, 6, 6), (7, 8, 2);
第7行：(1, 6, 6), (7, 8, 2);
第8行：(1, 7, 6), (8, 8, 2)。

行程编码对灰度值相同的相邻像元数较多情况，压缩效率较高；格网加密时数据量增加不明显；易于检索、叠加、合并等操作。这种方法的缺点是增加压缩与解压的运算量。

**(3) 块式编码**

图 13-6 块式编码分解图

块式编码是行程编码扩展到二维的一种编码方法。其原理是依次把属性相同且构成正方形的各个像元阵列合并成大小不等的连续正方块，记录各块的起始位置（如，块左上角像元行、列号）、边长和属性代码值（块中像元灰度值）。

对于图 13-5 的面块栅格数据阵列，按照从上至下，从左至右的顺序，依次构成图 13-6 的分块图形，各块的块式编码包括块左上角像元行、列号、边长和像元灰度值。具体编码依次如下：

(1, 1, 3, 1), (1, 4, 1, 1),
(1, 5, 4, 2), (2, 4, 1, 2),
(3, 4, 1, 1), (4, 1, 1, 1),
(4, 2, 1, 1), (4, 3, 2, 1), (5, 1, 2, 6), (5, 5, 1, 1), (5, 6, 1, 2),
(5, 7, 2, 2), (6, 3, 3, 6), (6, 6, 1, 6), (7, 1, 2, 6), (7, 6, 1, 6),
(7, 7, 1, 2), (7, 8, 1, 2), (8, 6, 1, 6), (8, 7, 1, 6), (8, 8, 1, 2)。

一个多边形所包含的正方形越大，或多边形的边界越简单，块式编码的压缩效率越高；碎部较多，呈复杂锯齿状的多边形，则压缩效率不高。块式编码数据在合并、插入、检查延伸性、计算面积时，有明显的优越性，但对某些运算不适应，必须在转换成全栅格结构数据形式才能顺利进行。

**(4) 四叉树编码**

四叉树编码又称四分树或四元树编码。其基本原理是在栅格数据的二维平面空间，将栅格像元区域，按照四个象限进行递归分割，直至每个子象限都只含单一数据类型或相同灰度值。具体来讲，先把一幅 $2^n \times 2^n$ 的栅格图像等分成四个相等的正方块，每块称为一个象限，共四个象限。依次检查各块中每个像元的数据类型或灰度值，如果某块中所有像元的数据类型或灰度值都相同，则该块就不再往下分割。否则，将该块再分割成四个子块（子象限），重复上述过程，直至每个子块都只含有相同数据类型或灰度值为止。对于图 13-5 的栅格数据阵列，按照四叉树编码原理的分块过程及其分块结果如图 13-7。

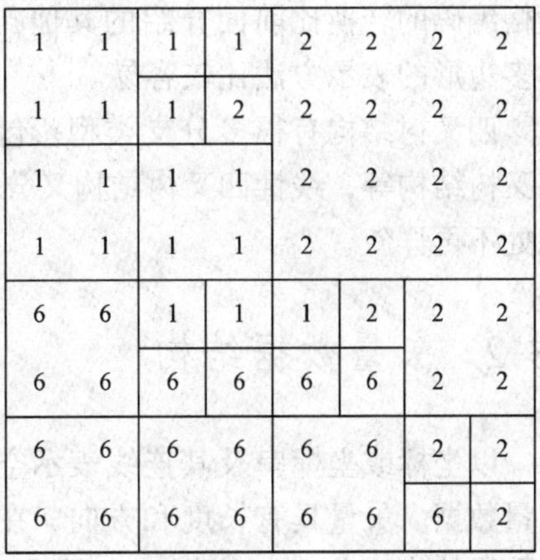

图 13-7 四叉树分块过程

栅格数据区域的四个象限、每个象限中的子象限以及子象限中的子象限，按照地理位置分别依次用 NW（北西）、NE（北东）、SW（南西）和 SE（南东）表示。

四叉树编码的数据结构，称为四叉树结构。该结构把整个 $2^n \times 2^n$ 像元组成的栅格数据阵列当作树的根结点，$n$ 为极限分割次数，$n+1$ 为树结构的最大高度或最大级数。每个结点有分别代表四个象限 NW、NE、SW 和 SE 的四个分支。四个分支要么是树叶，要么是树叉。树叶表示该 1/4 分支中所有像元全部在某多边形内，因而不再划分这些分支；树叉表示该 1/4 分支中的像元，一部分在某多边形内，而其他部分在别的多边形中，需要继续划分，直至全部变成树叶为止。图 13-7 表示的分块结果对应的四叉树结构如图 13-8。

四叉树编码是一种更为有效的压缩数据方法，其优点有：①易于有效处理多

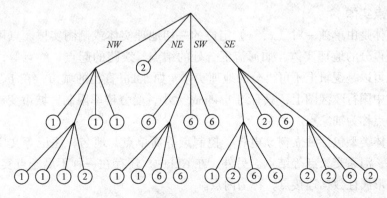

图 13-8 四叉树结构

边形的数量特征；②阵列各部分的分辨率是可变的，边界复杂部分四叉树分级多，分辨率也高，不需要表示细节部分的分级少，分辨率低，因而既可精确表示图形细部与结构，也可节省存储空间；③全栅格编码到四叉树编码及四叉树编码到全栅格编码的转换比前面介绍的其他几种编码方法容易；④多边形中嵌套不同类型小多边形的表示方法比较容易。

四叉树结构有很多分支类型，包括简单四叉树结构、指针四叉树结构、线性四叉树结构等，线性四叉树结构又分为四进制 Morton 码、十进制 Morton 码等类型，此处不再详叙。

## 13.2 矢量数据结构

以坐标或坐标串及其连线表示空间点、线、面等实体几何图形的数据，称为矢量数据。矢量具有长度和方向，在数学和物理学中称为向量。由矢量离散点坐标数据的有序集合，能精确表示地面点、线、面实体的空间位置、大小和形状。如图 13-9，图（$a$）为地图上表示点、线、面的几何图形，图（$b$）为 GIS 中对应于地图上点、线、面的矢量离散点坐标数据的有序集合。

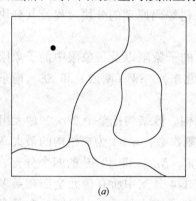
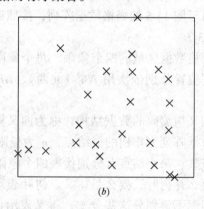

图 13-9 矢量数据表示几何图形

### 13.2.1 矢量数据结构

矢量数据结构主要指 GIS 中的点实体、线实体和面实体的基本数据结构。

**(1) 点实体**

点实体是由单独一对（$x$, $y$）定位的一切地理实体或制图实体。点可以是空间上不可再分的地理实体，如河流汇合处的结点，线路的起点、终点等，称为几何点；也可以是逻辑上不可再分的地理实体，如 50km 直径的城市，在 1∶35000000 比例尺的中国行政区图上，只有约 1.43mm 大小，受分辨率限制，城市变成为一个点，这类点称为抽象点。

点实体类型包括独立树、电杆、控制点等简单点，地名、注记等文字点，道路交叉点、河系交叉点等结点。另外，在 GIS 中，还存在一种不属于点实体的点，它是多边形属性数据连接点，称为内点。

在矢量数据结构中，点实体除存储（$x$, $y$）坐标外，还要存储其他一些与点实体有关的数据来描述点实体的类型、制图符号和显示要求等。点实体的矢量数据结构如图13-10。

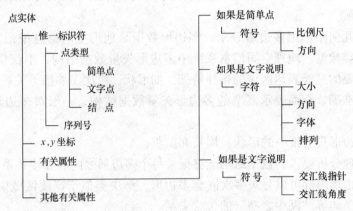

图13-10　点实体矢量数据结构

**(2) 线实体**

线实体是地理空间中的线状物体，由两个或两个以上（$x$，$y$）坐标对的有序点轨迹表示。坐标对至少有两对，仅两对时为直线，多于两对时为折线或曲线；线上每个点有不多于两个的邻点；线上各点有相同的属性且至少有一个属性。

线实体的基本特征包括：起点至终点的实体长度、线路拐弯时弯曲的程度和线路走向的方向性（根据线路走向，线路有左、右侧之分）。

线实体类型分为：直线，如大桥、机场跑道等；折线，如输电线路、围墙等；曲线，如水涯线、山脊线等；线网，如城市给水系统、路网等。

曲线有两种表示方法。一种是由若干短直线直接连接所构成的折线近似代替曲线，直线越短，线路越逼近曲线，但增加的坐标对将占用多的存储空间；另一种是选定若干具有坐标对的特征点，通过数学内插函数加密，拟合曲线，这种方法可减少直线段数，节省存储空间，但需要在线实体记录中增加一个指示字，当启动显示程序时，通过指示字可以调用内插函数在输出设备上得到精确曲线。

简单线没有携带彼此相互连接的信息，而相互连接的信息又是给水网、排水网、供电网、通讯网、道路网等系统进行网络分析的必不可少的信息。为了建立线与线之间的连接信息，一般是在矢量数据结构中建立指针系统，让计算机在复杂的线网结构中逐一跟踪每一条线。指针系统以节点为基础，包括节点指向线的指针，每条从节点出发的线汇于节点处的角度等。

线实体矢量数据结构如图13-11，惟一标识码是系统排列序号，线标识码为线的类型，起始点、终止点可以是点号或坐标，坐标序列对是构成线的各点的坐标，显示信息是输出时需要显示的信息，非几何属性为线的各种特征属性，可以直接存储在线文件中，也可以单独存储后通过标识符连接查找。

图13-11　线实体矢量数据结构

**(3) 面实体**

面实体又称区域，包括具有名称属性、分类属性和标量属性几种主要类别的区域。如行政区域、居民区等属于名称属性区域，土地、植被、人口等分布区域属于分类属性区域，地形等高线、降雨等值线等描述的区域属于标量属性区域。

区域的几何图形用多边形表示，多边形数据是地理空间信息中最重要，也是最复杂的一类数据。地理空间信息系统中多边形矢量数据结构，不仅要表达位置、属性，更重要的是能表达区域的拓扑特征，如形状、层次、邻接等关系特征。

为了能准确、全面表示复杂的多边形矢量数据结构，一般对多边形网有如下基本要求：

（1）多边形只有惟一的形状、周长和面积；
（2）地理分析要求的数据结构能够记录每个多边形之间的邻接关系；
（3）多边形内部可以分级多次嵌套多边形，解决类似于行政区域中包含湖泊、湖泊中包含岛屿等"湖中之岛"的包含关系。

鉴于多边形矢量数据结构的重要性和复杂性，该数据结构将在下面的"矢量数据编码方法"中介绍。

### 13.2.2 矢量数据编码方法

点、线、面实体的矢量数据编码，有很多种方法，这里仅选择性地介绍最基本的坐标序列法、树状索引编码法、拓扑结构编码法，用于对矢量编码方法的理解。点、线实体的矢量编码，仅在坐标序列法中介绍。曲线边界区域，实际上是短线段多边形的近似或多边形的插值曲线拟合，因此，面实体矢量数据编码实际是多边形矢量数据编码。

**（1）坐标序列法**

点、线、面实体，都可以用平面直角坐标系中的$(x, y)$坐标表示。点实体为一对坐标，线实体为坐标串，面实体为边界多边形顶点首尾相连的坐标串。

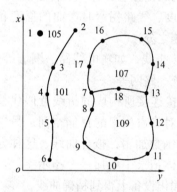

图 13-12 点、线、面实体图形

图 13-12 是点、线、面实体在平面直角坐标系中的分布图形，表 13-1 为点、线、面实体的坐标序列法数据文件。

坐标序列法数据文件　　　　　　表 13-1

| 实体 | 特征码 | 坐标 |
|---|---|---|
| 点 | 105 | $x_1, y_1$ |
| 线 | 101 | $x_2, y_2; x_3, y_3; x_4, y_4; x_5, y_5; x_6, y_6$ |
| 面 | 107 | $x_7, y_7; x_{18}, y_{18}; x_{13}, y_{13}; x_{14}, y_{14}; x_{15}, y_{15}; x_{16}, y_{16}; x_{17}, y_{17}; x_7, y_7$ |
| 面 | 109 | $x_7, y_7; x_8, y_8; x_9, y_9; x_{10}, y_{10}; x_{11}, y_{11}; x_{12}, y_{12}; x_{13}, y_{13}; x_{18}, y_{18}; x_7, y_7$ |

坐标序列法的优点是文件结构简单，易于实现以多边形为单位的运算与显示。这种方法的缺点包括：

1) 多边形的公共边界需要数字化与存储两次，增加数据冗余；

2）不能表达相邻多边形之间的关系；

3）岛多边形只是简单的多边形，不能建立与外多边形的联系；

改进后的坐标序列法建立多边形—点号和点号—坐标两个文件，可以克服缺点（1），但不能解决（2）、（3）类型的问题。

**(2) 树状索引编码法**

树状索引编码法是先对所有多边形边界点进行数字化，生成点索引文件；再根据线与点的关系，生成线索引文件；最后根据面与线的关系生成多边形索引文件，从而建立起多边形的矢量数据树状索引结构。

对于图 13-13（a）所示多边形，对应的点与线之间的树状索引、线与多边形之间的树状索引，分别如图 13-13（b）和（c）；点索引文件包含点号、坐标两个数据项；线索引文件包含线号、起点、终点和点号（构成线的所有点号，包含起点与终点，依次排列），如线号 a，其起点为 4，终点为 3，点号依次为 4、1、2、3；多边形索引文件包含多边形号和线号，如多边形 B，其线号为 b、c、d 等。

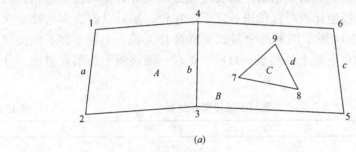

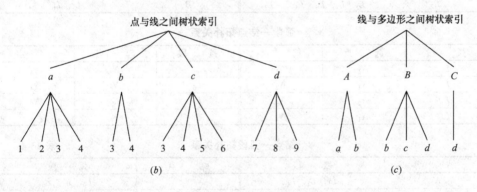

图 13-13 树状索引编码法

树状索引编码法消除了相邻多边形边界的数据冗余和不一致问题；删除或增加边界点、合并多边形等时，只更改相关记录，不需改变索引表结构；邻域和岛状信息可以通过多边形索引文件得到，但处理比较烦琐；线与多边形两个索引文件需人工输入，工作量较大。

**(3) 拓扑结构编码法**

前已叙及，空间实体之间，存在相离、关联、邻接、包含、相交、重合等各种各样的空间关系，亦称拓扑关系。目前，一些 GIS 软件所记录的拓扑关系，仅为邻接拓扑关系和应用广泛的结点、线（又称弧段）、面（又称多边形）之间的关联拓扑关系。至于其他拓扑关系，一般可以通过关联拓扑关系导出，或通过空间运算获得。

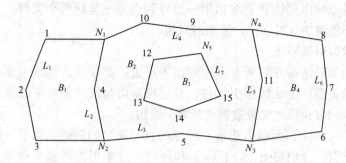

图 13-14　多边形、弧段、结点、采样点分布图形

结点、线、面之间的所有关联拓扑关系，可以用关系表显式地进行表达，称之为全显式表达。建立关联关系前，需要通过数字化等方法先建立包括弧段、点号、坐标等项的弧段坐标表对弧段进行定形、定位，然后以此表为基础建立拓扑关系表。对于图 13-14 所示图形的全显式关联拓扑关系，由自上而下的面块—弧段、弧段—结点和自下而上的结点—弧段、弧段—面块四个关系表组成，分别如表 13-2～表 13-5。

面块—弧段拓扑关系　　　　　　　　　　　　　　　　表 13-2

| 面　块 | 弧　　　段 | 面　块 | 弧　　　段 |
|---|---|---|---|
| $B_1$ | $L_1, L_2$ | $B_3$ | $L_7$ |
| $B_2$ | $L_2, L_3, L_5, L_4, -L_7^*$ | $B_4$ | $L_5, L_6$ |

弧段—结点拓扑关系　　　　　　　　　　　　　　　　表 13-3

| 弧　段 | 起　点 | 终　点 | 弧　段 | 起　点 | 终　点 |
|---|---|---|---|---|---|
| $L_1$ | $N_1$ | $N_2$ | $L_5$ | $N_3$ | $N_4$ |
| $L_2$ | $N_1$ | $N_2$ | $L_6$ | $N_3$ | $N_4$ |
| $L_3$ | $N_2$ | $N_3$ | $L_7$ | $N_5$ | $N_5$ |
| $L_4$ | $N_1$ | $N_4$ | | | |

结点—弧段拓扑关系　　　　　　　　　　　　　　　　表 13-4

| 结　点 | 弧　　　段 | 结　点 | 弧　　　段 |
|---|---|---|---|
| $N_1$ | $L_1, L_2, L_4$ | $N_4$ | $L_4, L_5, L_6$ |
| $N_2$ | $L_1, L_2, L_3$ | $N_5$ | $L_7$ |
| $N_3$ | $L_3, L_5, L_6$ | | |

弧段—面块拓扑关系　　　　　　　　　　　　　　　　表 13-5

| 弧　段 | 左边面块 | 右边面块 | 弧　段 | 左边面块 | 右边面块 |
|---|---|---|---|---|---|
| $L_1$ | $B_1$ | $0^{**}$ | $L_5$ | $B_2$ | $B_4$ |
| $L_2$ | $B_2$ | $B_1$ | $L_6$ | $B_4$ | 0 |
| $L_3$ | $B_2$ | 0 | $L_7$ | $B_3$ | $B_2$ |
| $L_4$ | 0 | $B_2$ | | | |

　　\* 对于岛多边形，弧段取负值，见表 13-2；
　　\*\* 对于外多边形，面块取 0，见表 13-3。

在实际 GIS 设计中，表 13-3 和表 13-5 都是按弧段建立的，可以合并成为一个表格。上述这组全显示表达表格，仍然没有包括点与面、面与点的直接关联关系，这类关系隐含在弧段与面、面与弧段的关系中。根据实际应用需要，有些 GIS 只使用了全显示表达中的部分表格表达集合目标中的关联拓扑关系，称这类表达为部分显示表达或半隐含表达。

建立各种空间目标之间的拓扑关系，在空间查询与空间分析中，可以根据某些目标查找到另外的目标，可以实现网络分析的许多功能，有关内容将在下一章介绍。

## 13.3 栅格与矢量数据比较与转换

### 13.3.1 栅格与矢量数据结构比较

栅格数据与矢量数据来源于不同的数据采集方式，它们各有不同的优点，也存在一些不足，以下仅简单进行一些比较，供数据使用时参考。

**(1) 栅格数据结构**

1) 优点

数据结构简单，易于存储、访问和与管理；空间数据叠置运算与分析容易；影像栅格数据纹理直观；面积等统计计算简单，且可同类多区域自动完成计算；可以快速大面积同步获取，特别适合于整体资源调查和与时间密切相关的森林火灾、洪水、海啸等灾害监测。

2) 缺点

受像元大小限制，不能精确表达实体位置与度量参数；输出图形不精美，放大后的线条呈锯齿状，区域呈马赛克状；难于建立网络连接关系；提高精准度时，数据量呈平方倍增加；属性记录有限，一般只能描述一种属性，多种属性需要通过指针方式等表达。

**(2) 矢量数据结构**

1) 优点

能够精确表达实体的空间位置和计算各种度量参数；具有严密的数据结构，数据量小；可以方便地建立网络连接关系；图形与属性数据的恢复、更新、综合都能方便实现；实体属性项可以是无限的。

2) 缺点

数据结构比较复杂；矢量多边形叠置计算、分析困难等。

### 13.3.2 栅格与矢量数据转换

栅格数据与矢量数据之间可以实现相互转换，将栅格数据转换成矢量数据，简称为矢量化；将矢量数据转换成栅格数据，简称为栅格化。目前，两种数据之间相互转换，都以一定的数学理论为基础，已经开发出了许多很好的转换软件。对于一般应用而言，这里将不讨论复杂的理论推导，仅就具体矢量化与栅格化的过程做简要介绍。

**(1) 矢量化**

以栅格影像为基础的矢量化，分为手工跟踪矢量化和利用矢量化软件进行半自动矢量化、自动矢量化几种方法。其中，手工跟踪矢量化和半自动矢量化都可以人工控制数据的分层处理、赋予实体属性和输出、显示的符号，但速度较慢，人工成本高；自动矢量化速度快，成本低，但目前的多数软件不具备分层和赋属性与符号的能力。

栅格数据矢量化，主要对线划图形扫描后的栅格影像矢量化，包含以下三个基本步骤。

1) 二值化

扫描所得栅格数据，有的直接为黑、白影像，即 0、1 两个级别；有的则扫描成 0~255 的 256 个级别的灰度影像。对于灰度影像，需要设置一个阈值，将 256 级转换成 2 个级别。

2) 细化

理想的线划影像应该是单一像元的连续排列，但实际线划图形的扫描影像往往具有一定宽度，且宽度不同。细化的目的是在矢量化之前，削减栅格线的宽度，使每条线只保留代表轴线的单个栅格的宽度。

3) 跟踪

跟踪的目的是以细化处理后的线划影像为基础，按线条属性规定参数，依次采集、存储特征栅格点的中心坐标，并连接成直线、折线、多边形，或拟合成曲线、闭合环线。

**(2) 栅格化**

点的位置，在矢量数据中用 $(x, y)$ 坐标表示，在栅格数据中则用行、列号表示。栅格化的过程，就是根据矢量点的坐标，求解对应栅格点的行列号，所求出的行列号对应的栅格，即为矢量点对应的栅格像元。

对于矢量形式的线，则需要求出线通过点的栅格行列号，对应的栅格集合，即为矢量线的栅格，对于矢量多边形，则需要求出构成边界线的栅格，对应于边界线所包围区域的所有栅格，为面状多边形的栅格。

如何根据矢量点的坐标，求解对应栅格点的行列号，见参考文献30。

## 13.4 空间数据分层组织

### 13.4.1 层的概念

为了方便、有效地对空间数据进行管理和利用，GIS 对现实世界进行描述，一般以地理空间位置为基础，按专题或属性等进行数据组织。人们通常把只描述一种专题或一种属性的抽象平面空间称为层。不同专题或不同属性的数据可以放在不同的层中，如按专题可以把水系、路网、建筑、植被等分别建立不同的层，按属性又可把建筑大类分为住宅、厂房、商店、学校、医疗等建立不同的层。

栅格数据与矢量数据属于两种不同类型的数据，虽然它们都用于描述地面目标或地理现象的几何空间位置，但由于各自不同的特点，其分层方法与数据组织存在一定差异，将在下面分别介绍。

### 13.4.2 栅格数据分层组织

栅格数据中，实体的空间位置由像元的行号和列号坐标表示，实体的属性则由像元的灰度值表示。前已叙及，一个平面栅格的每个像元格网只能取一个灰度值。当在同一个格网位置上有多种实体需要同时表示时，则需要建立多个数据层，每层取不同实体的属性灰度值。图 13-15 由三个栅格数据层分别表示同一地理空间上的作物、雨水和虫害三种不同的实体。对不同实体的不同的灰度值进行空间运算，可得所期望的结果，将在后面介绍。

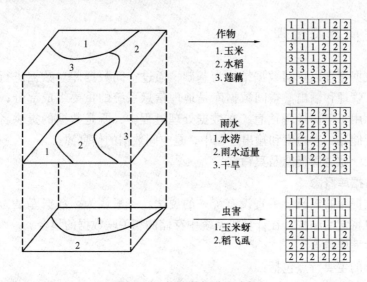

图 13-15　栅格数据分层表达

在栅格数据分层表示的基础上，如何组织这些数据才能达到最优数据存储、最少存储空间、最短存储过程呢？可以用图 13-16 所示的几种方式，对空间实体数据进行组织。

在图 13-16 中，图（a）方式是按像元记录不同层的属性值，可节省存储坐标的空间；图（b）方式要逐层记录每个像元的坐标与属性值，结构简单，但不能节省存储空间；图（c）方式层中按多边形记录属性及其同一属性的所有像元坐标，可以节省存储属性的空间。

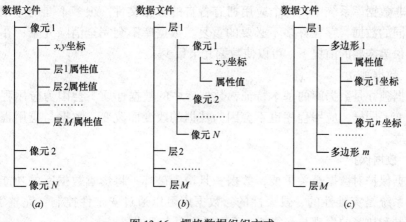

图 13-16　栅格数据组织方式

### 13.4.3 矢量数据分层组织

矢量数据一般按实体类别进行分层，其目的是为了有效管理数据、控制显示与制图输出的内容等。矢量数据的分层没有具体要求，对于一个项目，可以是多个层，甚至可以只有一个层。

同一栅格像元中，每出现一个新的属性，就应该增加一个数据层，而矢量数据的分层与实体的属性数据个数无关。矢量数据的分层既不是惟一的，也不是必要的。

## 13.5 空间数据管理

空间数据管理以空间数据结构为基础，通过空间数据库对数据进行输入、组织、存储、管理和输出。空间数据库是地理信息系统的重要组成部分，在数据获取过程中，用于存储地理信息；在数据处理过程中，既是数据的提供者，也是处理结果的存储器；在检索和输出过程中，是空间数据的信息源。

### 13.5.1 数据库概念及其特性

**(1) 数据库概念**

关于数据库的定义，一直没有统一的说法。一般认为，数据库是为一定的应用服务，以特定的结构，在计算机系统中存储的相关联数据的集合。

**(2) 数据库特点**

数据库的主要特点包括：

1) 数据集成

对遍及各个应用领域的信息资源，通过统一计划与协调实现数据集成，达到数据最大程度的共享；同时，可以保障所有数据实施统一的数据标准和数据的一致性。

2) 数据共享

数据库中的数据，可以被不同用户和不同的应用共同使用，而且可以被多个不同用户同时使用。

3) 数据冗余最少

在非数据库系统中，每个应用拥有各自的数据文件，很多不同的应用，拥有大量相同的数据，存在许多不必要的重复。数据库不会完全消除冗余，在保障检核、备份等需要的前提下，可以使数据冗余最少。

4) 数据独立

数据独立是数据库的基本特征，数据库中的数据性质不会因为应用程序的改变而改变，同样，应用程序也不会因为数据的改变而改变。数据与应用程序之间完全独立。

5) 数据保护

数据保护对数据至关重要，数据一旦遭到破坏，将影响数据库的功能，甚至对应用系统是灾难性的、毁灭性的。数据库可以通过安全性控制、完整性控制、并发控制和故障的发现与恢复等一系列措施，来保护数据。

### 13.5.2 数据模型

数据模型是数据库中描述数据内容和数据之间关系与联系的逻辑组织形式，每个数据库都需要根据用途确定相应的数据模型。

**(1) 传统数据模型**

传统数据库系统中的数据模型主要指层次模型、网络模型和关系模型。下面以图 13-17 所示地图 $M$ 的图形为例，用结构图、表形式，简要介绍三种模型的基本结构。图中，Ⅰ、Ⅱ 代表多边形，$a$、$b$、$c$、$d$、$e$ 和 $f$ 代表线段，1、2、3、4 和 5 代表结点。

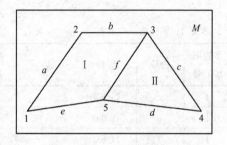

图 13-17 数据模型原图

1）层次模型

层次模型由根结点、结点和叶结点分层构成的树状结构组成。其中，根结点只有若干个下一层结点（又称子结点）；结点有且仅有一个上一层结点（又称父结点）和若干个子结点；叶结点仅有一个父结点。层次模型如图 13-18 所示。

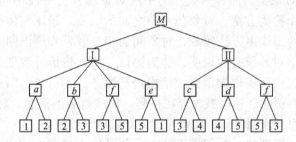

图 13-18 层次模型

2）网络模型

网络模型由结点之间的网状连接结构组成。在网络模型中，结点数据之间不是父、子结点的从属关系，每个结点都可以与多个结点建立连接关系，网络模型如图 13-19 所示。

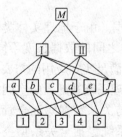

图 13-19 网络模型

3）关系模型

关系模型把数据之间的逻辑结构关系归纳为二维表形式，即实体的信息和实体之间的联系均由二维表描述，不同的图形或不同的信息，具有不同的表结构和数据项。图 13-17 的关系模型所对应二维表的集合如表 13-6 所示。

在传统数据库模型中，目前应用较多的是关系模型。

**(2) 面向对象数据模型**

现在多数 GIS 软件，其属性数据采用传统的关系模型，图形数据则采用拓扑数据模型。这种属性数据与图形数据分离表达的 GIS 数据模式，在处理复杂空间问题时，显得难以适应。随着数据库技术的发展，一种面向对象的数据库模型开始应用于 GIS 软件。

面向对象的定义是指无论怎样复杂的实体，都可以准确地用一个对象表示，这个对象是包含了数据集和操作集的实体。

关 系 模 型　　　　　　　　　　表 13-6

| 关系 1：面—边长关系表 | | | 关系 2：边长—结点关系表 | | | 关系 3：结点—坐标关系表 | | |
|---|---|---|---|---|---|---|---|---|
| 多边形编号 | 边号 | 周长 | 边号 | 起结点号 | 终结点号 | 结点号 | $x$ | $y$ |
| Ⅰ | $a$ | 25.807 | $a$ | 1 | 2 | 1 | 9.000 | 12.000 |
| Ⅰ | $b$ | 18.000 | $b$ | 2 | 3 | 2 | 30.000 | 27.000 |
| Ⅰ | $f$ | 21.633 | $c$ | 3 | 4 | 3 | 30.000 | 45.000 |
| Ⅰ | $e$ | 21.213 | $d$ | 4 | 5 | 4 | 9.000 | 60.000 |
| Ⅱ | $c$ | 25.807 | $e$ | 5 | 1 | 5 | 12.000 | 33.000 |
| Ⅱ | $d$ | 27.166 | $f$ | 3 | 5 | | | |
| Ⅱ | $f$ | 21.633 | | | | | | |

在面向对象的系统中，①所有的概念实体都可以模型化为对象，如地图上的一个结点或一栋建筑是对象，一个县也是对象。②具有相同属性项和相同操作的对象集合，称为对象类，简称为类。类中的对象属性值一般不同，但操作相同。③类中的所有操作称为方法，对象与对象之间的联系、请求与协作的途径，称为消息。对各对象的操作由方法实现，对象间的相互联系和通讯则通过消息传送而实现。④一个对象对外服务的说明，称为协议。协议告诉外界能做什么，外界对对象只能发送协议中所提供的消息，请求进行服务。⑤对象、消息和协议是面向对象设计中的核心概念，这些概念合在一起，构成封装的概念。对象经过封装后，外界对象通过消息请求服务。封装性是面向对象模型的核心。

采用面向对象模型建立数据库系统，目前可以由三种方式实现。①扩充面向对象程序设计语言（OOPL），在 OOPL 中增加数据库管理系统（DBMS）的特性；②扩充关系数据库管理系统（RDBMS），增加面向对象特性；③建立全新的支持面向对象数据模型的面向对象数据库管理系统（OODBMS）。

我国的几个主要国产 GIS 软件，已经采用了面向对象技术。有关面向对象数据模型，可参考数据库和 GIS 方面的专业文献。

### 13.5.3 空间数据库管理系统

GIS 处理的数据，主要是描述与地理空间位置有关的数据。由于地理实体类型多、结构复杂，形状、大小各异，弧段实体之间、面状实体之间的数据长度不同，使得仅使用传统的、通用的数据库系统管理空间数据，无法满足实际应用的需要。

目前，大多数商品化 GIS 软件采用建立在关系数据库管理系统基础上的空间数据管理系统。以下选择性地简要介绍代表传统模式的文件与关系数据库混合管理系统和当前应用较多的对象—关系数据库管理系统，其他系统包括全关系型空间数据库管理系统和代表未来发展方向的面向对象空间数据库管理系统等，可参考有关文献。

**(1) 文件与关系数据库混合管理系统**

在文件与关系数据库混合管理的系统中，由文件系统管理几何图形数据，关系数据库管理系统管理属性数据，两个系统之间的联系通过目标标识码或内部连接码进行连接。在这种管理模式中，实体几何图形数据与属性数据之间，除了标识码或内部连接码外，基本上是各自独立组织、管理、检索数据。

早期的 GIS 中，图形数据与属性数据需要在不同的界面下分别进行操作，十分不便。在 ODBC（开放性数据库连接协议）出现后，GIS 用户可以在一个界面下处理图形和属性数据，使得 GIS 的应用变得简单、方便。文件与关系数据库混合管理系统，其数据的安全性、一致性、完整性、并发控制、恢复等功能不够完备，因此，这种系统不完全是真正意义上的空间数据库管理系统。

**(2) 对象—关系数据库管理系统**

对象—关系数据库管理系统是在关系数据库中进行扩展，使其能直接存储和管理非结构化的空间数据。在这类 GIS 软件中，通常定义一些专用模块，操作点、线、面、圆、矩形等空间对象的 API 函数。这些函数将空间对象的数据结构进行预先定义，用户使用时可以按照要求调用。

扩展的空间对象管理系统，主要解决了实体空间数据变长记录的管理，且由数据库软件开发商进行扩展，效率很高。

# 14 空间查询与空间分析

地理信息系统除了表达、存储和显示地理空间信息基本功能外，最核心的功能是地理信息系统具有空间查询与空间分析能力。

利用地理信息系统的空间查询、量测方法与工具，可以快捷、准确、高效地获取空间实体的各种信息和空间指定区域中所存在的各种感兴趣的要素；通过地理信息系统的叠置分析、缓冲区分析、网络分析和三维分析等各种空间分析方法，可以根据应用目的需要，在对地理空间信息进行检索、分类、处理的基础上，为应用项目的预测、规划和决策等提供科学依据，为管理、资源利用、调配等提供详实资料与最优方案。

## 14.1 空间查询

### 14.1.1 空间查询内容

**(1) 基本几何参数量测**

在实际应用中，经常进行的量测、查询是地理空间中点、线、面、体等实体的空间几何参数。具体内容包括：

点状实体：坐标。
线状实体：线段长度、曲率、方向。
面状实体：边界周长、区域面积。
体状实体：表面积、体积。

几何参数量测精度，与几何数据类型和数学模型有关。矢量数据采用严密公式计算，参数量测结果精确。对于栅格数据，点实体用像元表达，其位置不是点实体几何中心坐标，而是像元边长整倍数的像元行、列号。线实体线段长度、面实体边界周长既与构成线、面的像元取值有关，也与数学计算模型有关。图14-1 (a)、(b) 分别为用矢量数据和栅格数据表示三角形边长与面积的情况，栅格数据线段长度采用像元边长或对角线长度之和方法。

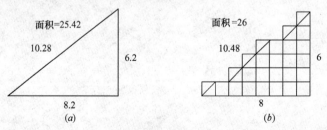

图 14-1 几何量测精度比较图

**(2) 重心量算**

对于一组离散实体或不规则区域的质心位置 $(x_G, y_G)$,可以对各离散实体或构成区域的边界点的坐标加权平均求出。

$$\left. \begin{array}{l} x_G = \dfrac{\sum\limits_i w_i x_i}{\sum\limits_i w_i} \\[2ex] y_G = \dfrac{\sum\limits_i w_i y_i}{\sum\limits_i w_i} \end{array} \right\} \quad (14\text{-}1)$$

式中 $i$、$w_i$ 和 $(x_i, y_i)$——分别为离散实体或区域边界点编号、权重和坐标;

**(3) 实体查询**

在二维平面空间中,可以进行关于实体的各种查询。包括:①具有某种或某些属性的实体在什么位置,如属性名称为长江大酒店的建筑物在哪条街,门牌号是多少;②在某一位置或某区域中是否存在满足某种或某些条件的实体;③在指定区域中有什么实体;④一种实体与另一种实体是否存在关系,如果存在,是什么关系。

**(4) 属性查询**

地理信息系统中的点、线、面实体,一般有若干属性数据,至少也有一种属性。可以通过各种选择方式查询感兴趣实体的属性数据。

例如,建筑具有房主、用途、层数、占地面积、材料、建造时间、造价等多个属性。可以查询的内容包括:①一栋建筑的一种、部分或全部属性;②多个建筑的一种、部分或全部属性;③部分或全部建筑数据项的函数,如部分或全部建筑的总面积、总造价等。

### 14.1.2 空间查询方法

**(1) 选择查询**

1) 点击选择查询

点击选择查询是对 GIS 中感兴趣的空间点、线、面、体实体,通过计算机鼠标进行单个或多个实体选择,然后以对话框形式显示、输出实体的坐标、长度、面积等几何参数,或以表格方式显示、输出实体的有关属性,如道路实体的等级、路面宽度、路面材料等。

2) 区域选择查询

区域选择中的区域,主要由两种方式得到。一种是直接通过鼠标与功能键配合,由系统生成的标准矩形区域、圆或椭圆区域。另一种是直接选取已有图形或临时生成的图形所确定的任意多边形或封闭曲线所围成的区域。

通过区域选择功能可以查询落入选择区域中的所有地理空间实体,并显示、输出被选择实体的几何参数或属性数据。例如,希望查询位于某县内有多少个乡,了解这些乡的名称、人口、农业产值等属性信息,可选择该县行政边界所围城的区域多边形,运用系统提供的查询选择功能进行查询。

区域选择查询时,系统将根据空间实体的索引,检索哪些空间对象可能位于选择区域内，然后根据点在区域中、线在区域中和面在区域中的判别式，检索、确定落入选择区域中的所有实体。

**（2）SQL 查询**

SQL（Structured Query Language）由 Boyce 和 Cham berlin 于 1974 年提出，后经不断改进与完善，形成了现在的 SQL 查询语言。它的基本结构包括：

SELECTE < 字段名 > （选属性表中全部字段时可用 * 号代替字段名）

FROM < 表名 >

WHERE < 条件 >

下面以一简单实例，按上述结构说明 SQL 查询的功能与方法。设某小区住宅图形及其分布如图 14-2，对应住宅属性如表 14-1。利用 GIS 软件（如 Mapinfo 等），建立表名（文件名）为"小区住宅管理"的 GIS 文件系统，包括图形文件、属性文件、连接文件、索引文件等，其中，属性文件的"字段名"分别为楼栋号、层数、户数、人口和性质。

住宅属性表　表 14-1

| 楼栋号 | 层数 | 户数 | 人口 | 性质 |
|---|---|---|---|---|
| 1 | 2 | 1 | 3 | 别墅 |
| 2 | 2 | 1 | 4 | 别墅 |
| 3 | 2 | 1 | 4 | 别墅 |
| 4 | 2 | 1 | 3 | 别墅 |
| 5 | 6 | 24 | 87 | 多层 |
| 6 | 6 | 24 | 91 | 多层 |
| 7 | 23 | 92 | 290 | 高层 |
| 8 | 23 | 92 | 285 | 高层 |

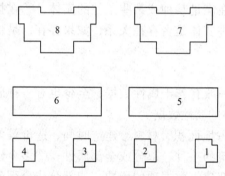

图 14-2　小区住宅分布图

按照 SQL 查询语言结构，在 FROM 栏中的表名内容为：小区住宅管理；在 SELECTE 栏中的字段名内容为：楼栋号，每户面积（Area×层数/户数，Area：以 m 为单位的求实体面积的函数），人均面积（Area×层数÷人口）；在 WHERE 栏中的条件内容为：性质≠"别墅" And Area×层数÷人口 > 48（不是别墅的建筑中人均面积大于 48m$^2$），查询结果如表 14-2。SELECTE 的字段名，可以是属性表中的任何一个或全部单个数据项，也可以是数据项的函数表达式，不同 GIS 软件，表达式的格式存在差异。WHERE 的条件，是通过 <、>、< >、=、and、or、not 等关系运算符所组成的关系式。

SQL 查询结果表　表 14-2

| 楼栋号 | 每户面积 m | 人均面积 m$^2$ |
|---|---|---|
| 5 | 180 | 49.66 |
| 7 | 180 | 59.96 |
| 8 | 189 | 61.01 |

在 SQL 查询中，字段名和条件中的表达式，既可以使用四则运算、三角函数、统计函数等常见的数学函数，也可以使用一般 GIS 软件所特有的求点实体坐标、线实体长度、面实体周长、面积（上例中的 Area）等函数。利用这些函数，可以省去在属性表中存储几何图形

的坐标、长度、面积等数据。

**(3) 查询方式**

GIS 的查询方式有如下几种情况。

1）根据图形查询属性

根据图形查询属性是最常用的查询方式，包括查询单个图形的属性信息和一次性查询多个图形的属性信息。如，查询一栋房屋或多栋房屋的户主、层数、用途等，只需在图形文件中先选取要查询的图形，GIS 就可自动检索、查询、显示或打印所需要的属性信息。

2）根据属性查询图形

根据给定的属性条件，查询满足条件的图形。如在前面的图 14-2 和表 14-1 所构成的小区住宅管理系统中，要查找所有性质为别墅的建筑，只需要在 SQL 查询的 WHERE 中指定条件"性质 = 别墅"，然后进行查询，即可选中所有别墅。

3）图形与属性联合查询

查询某一指定区域的所有图形中满足某条件的实体，如某街道管辖范围内建筑物用于商业的房屋。在这种查询中，有图形和属性两种限制条件，一是图形应该落入指定区域，二是指定区域中的实体还必须满足相应的属性条件。

## 14.2 叠置分析

### 14.2.1 叠置分析概念与类型

**(1) 空间叠置问题**

在实际空间分析中，经常碰到某一空间问题与同一地理空间上的多种因素有关。如现状或预测分析、选址分析、比较分析等。

在第 13.4.2 节中曾经提到过，在某一区域分别种植有水稻、玉米和莲藕，这些作物各自受到水涝、雨水适量、干旱等雨量的影响程度不同，同时，玉米蚜和稻飞虱分别只对对应的玉米和水稻产生影响。将作物分布、雨量程度分布和虫害分布三种因素进行叠置运算，便可对各种作物的收成进行预测分析。这类分析属于现状或预测分析问题。

进行机场选址，需要考虑地形起伏因素对机场跑道平整度与修建土石方量的影响、离开市区的距离对乘客交通的影响、飞机起降噪音对市民生活影响、周边一定范围内的建筑对飞机起降的影响等。这类分析属于选址分析问题。

在城市规划管理中，有时需要对不同时期城市的发展与变化进行比较分析，以便对城市未来发展做出合理规划，有时需要监控城市的瞬时变化，查找城市的违规建设。这类分析属于比较分析问题。

**(2) 叠置分析概念**

将 GIS 中同一地理空间位置的两层或多层地理要素图层进行叠置，经过图形与属性的运算处理，生成一个新的要素图层后进行分析的方法，称为叠置分析。叠置分析分为叠置运算和运算结果分析两个步骤，前者通过 GIS 软件的有关功能完成，后者则需要用户根据叠置运算结果进行判断与分析。

参与叠置运算的图层称为叠置层，同一叠置层只反映一类专题信息，即同一地理空间位置的每个叠置层各带一种属性参与综合属性的运算。叠置运算包括空间几何图形处理和对应属性叠置运算两部分，栅格数据与矢量数据两种不同格式的数据，其叠置运算的复杂程度不同。

**(3) 叠置分析类型**

空间实体有点、线、面（多边形）三种基本类型，叠置分析主要是在二维平面空间中三种实体的两两叠置。具体包括：

多边形叠置，即多边形与多边形叠置，生成多边形要素数据层；

线与多边形叠置，生成线要素数据层；

点与多边形叠置，生成点要素数据层；

线与点叠置，生成点要素数据层。

虽然各种实体之间都可以进行叠置分析，但实际应用最多的是多边形叠置分析。根据实际应用和掌握叠置分析基本原理需要，此处仅概括性介绍多边形叠置分析方法。

### 14.2.2 叠置处理方法与过程

叠置分析中，需要首先对两个或多个图层的几何图形和属性数据进行的叠置处理。由于空间几何数据有栅格数据和矢量数据之分，叠置处理时，他们的处理方法、过程和难易程度有很大差别。

**(1) 栅格图形叠置处理**

对于栅格数据结构的图形，组成多边形的栅格像元都是规则几何图形（一般为正方形），对栅格多边形图形的叠置处理，无论是数学方法，还是计算机软件处理，都比较简单。

在各图层的栅格像元大小相同（栅格分辨率相同）情况下，叠置处理只需将参与叠置的各个图层，按照地理空间的几何位置定位、叠置，就可以进行相关的属性运算。图 14-3 是两个多边形图层进行栅格图形叠置后，再将两个图层各对应栅格的属性值简单相加的过程与结果图。

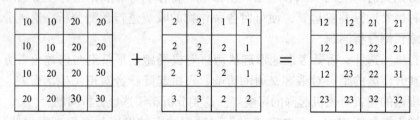

图 14-3 栅格图形加法叠置

当参与叠置的图层分辨率不同（像元大小不一样）时，需要先将各个图层调整到相同的分辨率。

**(2) 矢量图形叠置处理**

对于矢量数据结构的图形，各图层中的多边形是不规则的，其叠置理论、数学处理方法和计算机软件的实施，相对于栅格数据结构的图形，都要复杂得多，但对于一般应用的用户，则只需要知道其处理基本原理、过程和掌握软件的操作即可。

矢量图形叠置处理，需先进行空间运算，才能进行属性运算。具体方法与步骤包括几何图形求交运算、建立多边形拓扑与属性计算、剔除碎多边形和合并相同属性相邻多边形。图 14-4 是矢量图形叠置处理示例，其中，图 ($a$)、($b$) 为两个不同图层，分别有三个和四个多边形，并具有对应属性值如图中所示。

1) 几何图形求交运算

将图 ($a$)、($b$) 所示两个图层按地理位置叠置，求出两个图层中的多边形边界线叠置后的交点，建立一个新图层，如图 ($c$) 所示。叠置后的新图层有 9 个多边形，比原图 ($a$)、($b$) 多边形之和 7 多两个。一般情况下，原图多边形图形越不规则，新图层的多边形也会越多。

2) 建立多边形拓扑与属性计算

在图 ($c$) 所示新图层中，以原图层边界线为基础，按照 GIS 构建多边形规则，重构新图层各多边形拓扑关系。根据原图属性，叠置计算新多边形的属性，此处采用图 ($a$)、($b$) 的属性直接简单相加方法，结果如图 ($d$) 所示。

3) 剔除碎多边形

由于多边形图形的不规则性、原图边界误差等因素，新构建图层中会出现很多小多边形，称为碎多边形。碎多边形既增加图形运算量，也没有多大实际意义。因此，在建立新图层多边形拓扑关系后，通常给定一个阈值，将小于指定面积的碎多边形归并到相邻较大多边形中，并赋予大多边形属性值，如图 ($e$) 所示。

4) 合并相同属性相邻多边形

在建立多边形拓扑与属性计算和剔除碎多边形后，可能出现相邻多边形具有相同属性，此时，可以将属性相同的相邻多边形合并，取消中间的边界线，如图 ($f$) 所示。

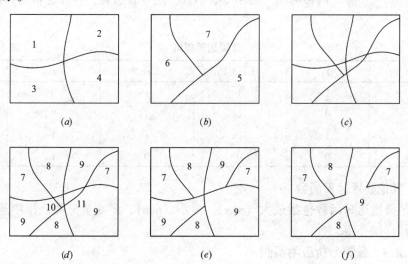

图 14-4 矢量图形叠置

以上是两个原图层进行叠置的基本过程。当多个图层叠置时，一般以两两叠置的新图层作为原图层再两两叠置，直至完成多个图层叠置处理。

### 14.2.3 叠置属性运算方法

叠置后新图层中重构的各多边形属性，需要根据原多边形属性及其相互关系确定。其基本函数表达式为：

$$R = f(x_1, x_2, x_3, \cdots) \tag{14-2}$$

式中　$x_i$——原图层第 $i$（$i = 1, 2, 3, \cdots$）层的属性值；
　　　$f$——运算函数；
　　　$R$——结果图层的属性值。

叠置属性运算函数可以是常规数学函数，也可能是三角函数、逻辑函数、其他函数等。具体函数主要包括：

1) 数学函数

数学函数主要有加、减、乘、除、乘方等，可以进行四则运算、加权平均运算等。如

$$R = x_1 + x_2 + x_3 + \cdots$$
$$R = x_1 + x_2 - x_3 - \cdots$$
$$R = \frac{2}{5}x_1 + \frac{1}{5}x_2 + \frac{2}{5}x_3$$

2) 三角函数

三角函数包括：正弦函数（sin）、余弦函数（cos）、正切函数（tan）等。运算中一般为三角函数的组合表达式形式，如：

$$R = \sin(x_1) - \cos(x_2)$$

3) 逻辑函数

逻辑函数包括：交（and）、并（or）、非（not）、异或（xor）等，它们的运算结果只有"真"、"假"两种可能。若用 1 表示真，用 0 表示假，各种逻辑运算结果如表 14-3。

逻辑运算规则　　　　表 14-3

| X | Y | X and Y | X or Y | not X | X xor Y |
|---|---|---------|--------|-------|---------|
| 1 | 1 | 1 | 1 | 0 | 0 |
| 1 | 0 | 0 | 1 | 0 | 1 |
| 0 | 1 | 0 | 1 | 1 | 1 |
| 0 | 0 | 0 | 0 | 1 | 0 |

4) 其他叠置运算函数

其他叠置运算函数包括最大（max）、最小（min）、多变量分类、模糊运算等，此处不作详细介绍。

### 14.2.4 叠置分析应用实例

叠置分析应用广泛，特别适合于栅格数据的叠置分析。此处以本节开头提到的预测分析问题为例，对图 13-15 所示作物与虫害的栅格数据进行叠置运算，从而确定虫害对作物的影响区域，以便对收成作出预测分析。

如图 14-5，图（a）为作物分布，用 $X$ 表示，其中，1 代表水稻，2 代表玉米，

3代表莲藕。图（b）为虫害影响区域分布，用 $Y$ 表示，其中，1代表玉米蚜，2代表稻飞虱。玉米蚜只危害玉米，稻飞虱只危害水稻。将 $X$ 与 $Y$ 叠置，产生新图层 $R$，$R = \text{not}(X \text{ xor } Y)$，此表达式的含义是，玉米区域与玉米蚜影响区域重合或水稻区域与稻飞虱影响区域重合的区域将受虫害影响，取值0，其他情况不受虫害影响，取值1，如图（c）。根据图（c）中为0的区域，可以判断受到虫害影响的区域与范围。

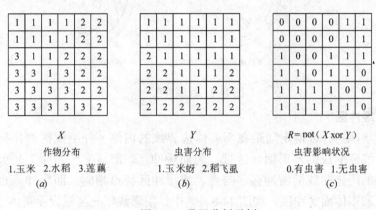

图 14-5　叠置分析示例

## 14.3　缓冲区分析

在点实体周围按指定半径确定的圆形区域、在线实体一侧或两侧按指定宽度确定的带状区域、或在面实体边界线内侧、外侧、或两侧按指定宽度确定的环形区域，称为缓冲区。对缓冲区的范围所进行覆盖状况分析，或对区域中的各种要素所进行的统计分析，称为缓冲区分析。

### 14.3.1　缓冲区类型

缓冲区根据基准实体的类型，分为点缓冲区、线缓冲区和面缓冲区。另外，对于各种类型的缓冲区，根据实体是单体还是多个实体分为单元素缓冲区和多元素缓冲区。

**(1) 点缓冲区**

选择点状地物，以指定半径作圆得到的区域为点缓冲区。仅选择一个点状地物形成的缓冲区为单点缓冲区，选择多个点形成的缓冲区为多点缓冲区，如图14-6。多点缓冲区的范围可以是各点缓冲区范围的外边界所围成的不重叠的区域，也可以是各自独立的缓冲区。

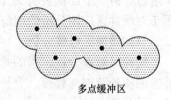

图 14-6　点缓冲区

**(2) 线缓冲区**

选择线状地物，以指定间距在线目标的一侧或两侧作平行线，并在线的端点以同样的间隔值为半径作弧线所形成的面状区域，为线缓冲区。与点缓冲区特点相同，线缓冲区也分为单线缓冲区（包括一侧和双侧单线缓冲区）和多线段缓冲区，如图14-7。

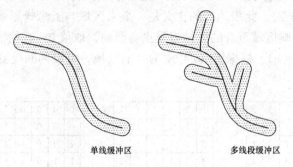

图 14-7 线缓冲区

**(3) 面缓冲区**

选择面状地物，以指定间距在面实体边界线的内侧、外侧或两侧作面实体边界线的平行线所形成的环形面状区域，为面缓冲区。面缓冲区实际上是面实体边界线所构成的闭合曲线的缓冲区。与点、线缓冲区特点相同，面缓冲区也分为单体面缓冲区和多体面缓冲区，如图14-8，其中，阴影线填充区域为面实体区域，点填充区域为对应于面实体的缓冲区。它们均为面实体向外侧扩展的缓冲区。

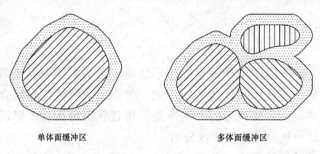

图 14-8 面缓冲区

### 14.3.2 缓冲区分析方法

缓冲区分析是GIS的重要应用功能之一，许多空间问题，可以通过建立缓冲区来进行分析。下面简要介绍最常用的覆盖分析和统计分析两种缓冲区分析方法，用于对缓冲区应用分析的理解。

**(1) 缓冲区覆盖分析**

缓冲区覆盖分析，指的是建立点、线、面实体缓冲区后，根据指定区域中缓冲区的覆盖范围与程度，分析空间应用问题的分布状况是否合理或是否达到要求的一种分析方法。

图14-9是缓冲区覆盖分析应用示例，闭合边界线所包围的区域是某行政区划的范围，实心圆点为区域内各小学的地理位置。小学生上学一般不住宿、又不能走太远路程。以各小学点实体为圆心，以便于学生徒步到达学校的距离为半径，作多点缓冲区，如图中的点填充区域。由图中缓冲区的覆盖范围可以看出，行政区划范围内尚有A、B两处较大空白区域不在缓冲区内，这两个区域的小学生上学徒步行走距离较远，需要根据区域中的学生人数考虑是否新建小学。

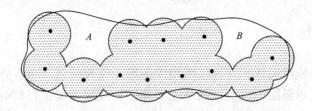

图 14-9 缓冲区覆盖分析示例

与此类似,化工厂的烟囱可以看成是点状实体,由烟囱排出的有害气体将影响周围一定区域的环境。以烟囱为圆心,以影响距离为半径作圆,可以分析有害气体的影响区域、范围,可以了解周围居民居住区是否受到影响等。对于城市公共汽车线路,在考察居民出行是否方便时,也可以参照小学生上学的类似做法,作城市公交网络系统的多线缓冲区,对于没有被缓冲区覆盖、且人口比较稠密的区域,可以考虑开辟新的公交线路。

**(2) 缓冲区统计分析**

缓冲区统计分析,是在建立缓冲区之后,选择落入缓冲区中的相关实体,并进行的各种统计分析。在统计分析过程中,一般需要利用实体分割、合并等 GIS 的特定函数功能。

图 14-10 是缓冲区统计分析示例,设计道路中线穿越山坡荒地、耕地和居民地。沿道路中线,按设计道路宽度或规定距离作道路中线缓冲区,如图中点填充区域。

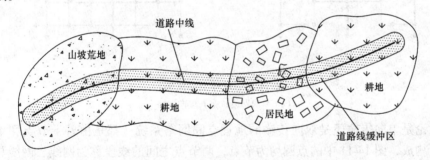

图 14-10 缓冲区统计分析示例

此例中,可以利用缓冲区统计分析方法,进行两个方面的统计。一是查询哪些实体落入缓冲区中,并统计所有点、线、面实体(烟囱、建筑物等)的各种属性信息,如户主、占地面积、房屋层数、造价、建造时间等,便于估算拆迁成本;二是统计位于缓冲区中的各类地块的面积,需要先将位于缓冲区中的各类地块从原地块中分割出来,然后进行分类统计,统计内容可以包括各地块的面积(使用 GIS 特有的面积函数)、土地价格、土地上的附着物等,便于征地与补偿。

城市道路规划设计中,可以利用缓冲区分析方法,选择多个设计方案,由 GIS 自动完成各种统计分析,便于设计者进行方案比较、选择。

## 14.4 网络分析

地理空间中线状实体相互连接所构成图形，称为网络。网络分析指的是对网络作用、功能、承载能力以及在网络上实现各种应用等所进行的分析。目前，网络分析已成为GIS空间分析的重要方面。

### 14.4.1 网络系统

常见地理空间网络系统主要包括两大类：一类为单向网络，如能源、资源传输与供给的电力输电网、城市给排水管网、城市煤气管网等，也包括农田灌溉、自然形成的河流网等，如图14-11（a），传输方向为单向箭头指向。另一类为多向网络，如信息传播的通讯网等、物资任意方向运载与流动的交通运输网、道路网等，如图14-11（b），传输方向一般线段为双向，局部线段可能为单向，如城市道路的单行路段。

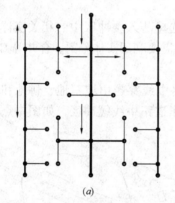 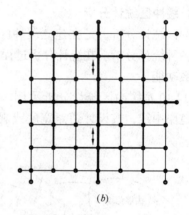

图 14-11　地理空间网络
（a）单向网络；（b）多向网络

无论是单向传输还是双向传输的地理空间网络系统，都是由若干节点和单一网线所构成，图14-11中的点圆均为节点，两节点之间的线段称为网线。网线具有方向，每段网线有始、止两个节点，每个节点可以只连接一条网线，也可以连接两条或多条网线。

GIS除了用几何图形描绘节点与网线的连接关系，用关系数据库描述节点、网线的属性值外，还要通过表格等方式，建立网络要素的拓扑连接关系，包括网线与网线、网线与节点、节点与节点之间的连接、连通关系。网络要素之间的拓扑关系，是利用GIS进行空间网络分析的基础。

GIS中用于表示网络的数据主要是矢量数据，矢量数据便于表达网络要素和建立网络的拓扑关系，也易于实现空间网络分析。在少数情况下，也可使用栅格数据建立拓扑关系进行网络分析。

### 14.4.2 网络分析方法

网络的规划、布局、运行和管理，网络资源的协调与调配，以及利用网络达到最佳应用目的等，需要针对不同情况，采用不同的网络分析方法。网络分析方法主要有路径分析、资源分配、选址分析、连通分析、流分析等。此处仅简要介绍最常用的路径分析和资源分配两种方法。

**(1) 路径分析**

实际网络系统中，不同网线往往具有不同通量。例如，给水管网的管道直径不同，单位时间内可通过的水量不同；道路的宽度不同，单位时间内能够通行的车流量不同。在 GIS 空间网络分析中，引用了一个物理学中的阻抗（亦称阻力）概念。如道路网十字路口的红灯、繁华路段交通拥挤等都属于网络分析中要考虑的阻抗。图 14-11 中的网线宽窄程度，代表了网线的通量或阻抗程度。网线上的阻抗值与网线方向有关，如道路上坡方向与下坡方向阻抗值不同。

很多问题涉及到路径分析，最常见的路径分析有阻抗值最小路径选择和最佳游历方案选择。这些分析方法的实质是选择最佳路径。

1）阻抗值最小路径选择

阻抗值最小路径分析的核心，指的是从网络中任一个节点出发，解求到达另一节点的最佳路径。这里的最佳含义，不仅可以是通常意义的路径几何长度最短，也可能是耗费时间最短，或者是成本最低，利用率、效率最高等。

以道路网络为例，简要介绍阻抗值最小的最佳路径分析思想与原理。图 14-12 为某城市道路网络系统，网线宽度代表道路宽度，圆圈代表设置有红绿灯控制通行的交叉路口。欲从网络中的方形节点 $A$ 处，选择一条花费时间最少的路径到达方形节点 $B$ 处。由图可以直观看到，在同等阻抗值的情况下，几何距离最短

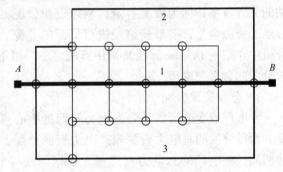

图 14-12 阻抗强度最小的最佳路径选择

的线路 1 应是花费时间最少的路径，但由于线路 1 上有若干红绿灯阻碍了通行的速度，因此，几何距离最短的路径，不一定就是花费时间最少的路径。线路 2 与线路 3 具有同样的几何距离，且红绿灯数量相同，但线路 2 的部分路段宽度相对较窄、线路拐弯较多，这些因素阻碍通行速度，影响通行时间，因此，线路 3 将是最佳的选择路径。

在 GIS 中，实现上述阻抗值最小路径的选择，需要在网络系统中，对每段线路赋予对应的阻抗权系数。道路网络中的权系数由路面宽度、路面材料、人车流量等因素决定，权系数越小，单位距离长度花费的时间越短。线路上各网线的带权网线时间、拐弯处的转向阻碍时间，交叉路口（十字节点）红绿灯等待时间之和，即为线路上花费的时间，由此可以选择出花费时间最少的线路。其他网络阻抗值最小路径选择，可以参考道路网络的原理进行分析。

求解阻抗值最小的路径，其解算的方法有很多种，最常用的方法是 E.W.Dijkstra 于 1959 年提出的一种算法，该算法的基本思路与解算过程，详见参考文献 [29]。

2) 最佳游历方案选择

最佳游历方案的选择分析，指的是给定一个起始节点和一个终止节点，同时给定若干个需要访问的中间节点集或网线集，求解从起始节点出发，经过中间各个节点至少一次后到达终止节点的最佳游历方案。实际应用中，起始节点与终止节点通常为同一节点，即从一个节点出发后回到原来的节点。

最佳游历方案选择的应用实例很多，举例如下：

（a）报刊发行商将报纸分发到每个分销点，幼儿园的专车接送小孩，单位专车接送职工等。这类问题的线路是固定的。

（b）邮递员根据当天信件选择需要到达的街道与居民点，亦称为邮递员问题；与此类似，火车托运公司或商店将不在同一街道与同一节点的多客户货物同车送达目的地。这类问题的线路为非固定性的。

（c）交通警察巡视管辖的所有路段。这类问题需要游历局部网络中的全部网线。

**(2) 资源分配**

分发资源或聚集资源的地理点实体，称为中心点。一个中心点可以分发或容纳的总资源量，称为资源容量。网络资源分配，指的是如何通过网络系统，对中心点的资源容量，按最佳路径进行资源的分配。资源分配的求解算法很多，路径分析中介绍的 Dijkstra 算法是常用算法之一。以下按分发和聚集类别，简要说明资源分配的含义与原理。

1) 分发资源分配

发电厂或变电所属于分发电力资源的中心点，其提供给输电网络系统的总电量，为可分发的总电力资源量。电力资源分配，主要解决的问题是在电力使用高峰期间，将电厂的总电力资源量，根据网线与节点承载能力，输电阻抗系统等，通过输电网络系统，按照最佳需求配置方案分发到用户。电力资源量的分配方案中，将依据确保用电、限量用电和停止用电等类别顺序，直至将总电量分配完毕为止。另一个资源分配问题是监测用电量，确定用电淡季发电量。

与此类似的资源分配有城市供水资源、管道煤气资源、农田灌溉水资源等的分配。

2) 聚集资源分配

学校属于聚集学生资源的中心点，根据各所学校校舍与座位等规模决定的可容纳学生总量，为学校可接收的学生资源量。居住在不同街道、不同家庭等不同地理位置的学生，通过街道网络聚集到学校。受到可接收资源量限制，需要根据不同学生居住的地理分布，通过网络资源分配功能，按照最佳路径等分配原则，可以确定每所学校应该接受哪些街道、哪个家庭住址的学生，直至将学校可接收的学生资源量分配完毕。

类似的聚集资源分配问题有洪水通过河网聚集到水文站、旅客通过路网聚集到车站等。

## 14.5 三维分析

GIS中的实体空间位置，主要通过平面或球面坐标表示，对于实体本身的高度和实体所处位置的高程，则用高度或高程属性值表示。在进行三维空间分析时，需要建立数字高程模型来表示地面高低起伏的形态。

### 14.5.1 数字高程模型

**(1) 空间实体与地表面的传统表示方法**

地球自然表面是一个连续变化的复杂曲面，地面实体的空间位置和地面高低起伏的形态，传统方法使用地形图描述。对于点、线、面空间实体，如房屋、道路、河流等人工建造或自然形成的建筑物、构筑物等，一般采用平面几何图形加注地面高程方式表示，如图14-13；对于地表面起伏形态，则用等高线描述，如图14-14。

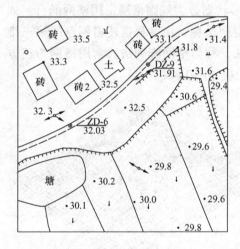 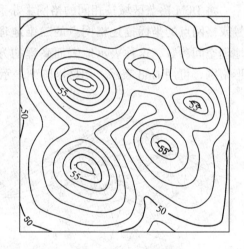

图14-13 实体高程标注　　　　图14-14 地貌等高线

用二维平面图纸描述实体三维空间位置和地面起伏形态的地形图方式，实际上并不是真正意义上的三维表述，人们称这种空间为准三维空间或二点五维空间。

**(2) 数字高程模型**

1) 数字高程模型含义

用数字方式描述地面高低起伏形态的模型，称为数字高程模型，常用DEM (Digital Elevation Model) 表示。

在一些文献中，经常见到DTM (Digital Terrain Model，数字地面模型)、DGM (Digital Ground Model，数字地面模型、DHM (Digital Height Model，数字高程模型) 等术语，它们在使用上各有限制，但与DEM含义的差别很小。

数字高程模型的传统表示方法，可以是前面介绍过的等高线法，也可以是数学函数法。数学函数法适合于少数按设计要求可以用数学公式或曲面拟合函数表示的人工地面，对于大面积自然形成的区域，很难用数学函数表达。在GIS中，为了直观地表达三维空间的地表面图形，主要使用不规则三角网法和格网阵列法。

2）不规则三角网

由地貌特征采样点相互邻接的三角形所构成的不规则三角形网状图形，称为不规则三角网，常用 TIN（Triangulated Irregular Network）表示。不规则三角网中的三角形之间互不重叠，用不规则三角网表示的地貌如图 14-15。

用不规则三角网建立数字高程模型中，先通过观测获取反映地貌特征的数据采样点的平面位置与高程，再根据采样点生成连续的三角面来逼近地形表面。采样点的稀疏与密集程度，取决于地形的简单与复杂程度，规则地区的采样点少，地形变化大的地区采样点多。以采样点为顶点生成三角形，必须满足规定的约束条件，按照对应规则与步骤才能完成，常用三角形生成方法有狄洛尼（Delaunay）法等。

用 TIN 建立数字高程模型后，任一地面非采样点的高程，可以根据地面点所在三角形的三个顶点高程内插确定。

3）格网阵列

将 DEM 覆盖区域按相同的格网大小和形状划分为规则格网，用格网的行、列号或格网点的坐标描述格网点的二维地理空间坐标，用高程描述格网点的第三维地理空间参数，这种表示地表面高程的方法，称为格网阵列法。常用格网为正方形格网，可用 Grid 表示。用格网阵列表示地貌如图 14-16。

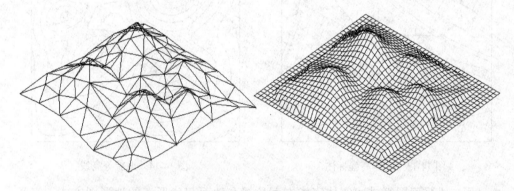

图 14-15　TIN 数字高程模型　　　　图 14-16　Grid 数字高程模型

格网阵列的行、列号或格网点的坐标，由划分格网阵列时确定。格网点的高程，一般依据等高线、不规则三角网的三角形顶点高程、任意离散点高程等，由内插确定；有时也可通过函数法计算确定。格网阵列的精度，处决于格网的大小，格网小时，精度提高，但存储量增大。格网阵列的数据是规则数据，特别适合于计算机存储与管理。

### 14.5.2　三维分析

**(1) 三维基本量计算**

利用函数法、等高线法、不规则三角形法和格网阵列法四种常用方法描述 DEM，可以进行计算的三维基本量主要有地面点的高程、地表面积、体积，下面将介绍这些基本量的原理，但不推导对应的数学公式。其他基本量包括坡度、坡向和剖面等。

1) 高程计算

地表面任意点的高程，对于用函数法表示的 DEM，可以直接根据函数解算求出；用等高线法、不规则三角形法和格网阵列法表示的 DEM，可以根据地面点分别到邻近两等高线之间的水平距离、三角形三个顶点间的距离或四个格网点之间的距离内插求得。

2) 表面积计算

地表面曲面的面积的计算，与描述 DEM 的方法有关，常用不规则三角网或格网阵列的 DEM 计算。不规则三角网描述的地表曲面面积，是构成 DEM 的各倾斜三角形平面面积之和；格网阵列描述的地表曲面面积，为构成 DEM 的各正方形格网四个格网点的高程拟合曲面的面积之和。

3) 体积计算

体积指的是包含边界线的曲面所围城的空间区域中的地表面与基准面之间的体积。边界线的曲面一般为铅垂面，也可以是倾斜面或任意曲面，如河流的边坡面为倾斜平面；基准面一般为水平面，也可以是倾斜面或任意曲面，如具有一定坡度的设计道路表面为倾斜平面或曲面。

在工程中，当地表面高程高于基准面时，所计算的体积称为挖方，反之为填方。计算时，也采用与表面积计算类似方法，先求出各三角形或正方形对应的体积，然后求和即可。

**(2) 几何空间三维分析**

建立 DEM 后，可以进行许多三维空间分析。以下仅列举几个常见分析事例，说明 DEM 在三维空间分析中的应用。

1) 三维视图分析

图 14-17 三维视图

根据所建立的 DEM,配置相应的影像纹理,可实现三维视图,如图 14-17 所示。常规摄影、摄像获取的三维影像属于视觉影像,且视觉区域受拍摄位置限制,不可以任意方位、任意位置浏览,不能直接从影像中提取位置信息。基于 DEM 的三维图形,不仅具有三维视觉效果,而且可以任意方位、任意位置、动态浏览影像,可以直接提取空间位置的平面坐标与高程信息。

如果给不同高度区域或感兴趣的指定高度区域赋予不同的显示颜色,可以直观地了解不同高程区域的分布,用于水库、洪水淹没分析等。

2) 可视域分析

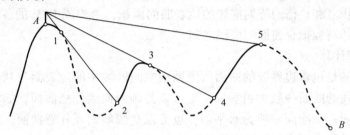

图 14-18　可视域分析

传统可视域分析利用地形图的等高线,计算烦琐且十分困难。根据 DEM 求解可视域则十分简单。由图 14-18 可看出,在 A 至 B 的区域,位于 A 点的观测站向 B 点方向观测时,A-1、2-3、4-5 等实线段表示可视域区域,而 1-2、3-4、5-B 等虚线段表示不可视区域。

利用 DEM,可以非常方便地确定观测点对其他点、线、区域和体等实体目标进行可视域分析。可视域分析事例包括,相邻微波通讯中转站之间的相互通视性、高压输电线路离开地面的高度、具有观赏功能的景观建筑上观察指定景区的范围、森林火情瞭望台的视域范围、飞机航线在穿越山区时的高度等。

3) 土木工程应用

DEM 在土木工程中应用主要为土石方量计算、线路纵横断面的设计等,这些应用可以利用前面介绍的三维基本量计算方法解决。常见内容举例如下:

(a) 新建、改建工程区域,土地平整的地面高程设计、土石方量计算、填挖区域边界线确定等。

(b) 铁路、公路建设项目,线路选线方案比较、纵横断面图绘制与纵横坡度设计、土石方工程量计算与填挖边界线确定等。

(c) 水库与湖泊等蓄水量、泄洪区总容量计算,包括不同水位高度的容量、淹没区域的范围、面积等。

(d) 城市垃圾场选址与堆放量计算。

**(3) 广义三维分析**

DEM 是依据采样点(函数法、等高线法和不规则三角网法)或格网点(格网阵列法)的平面位置与高程建立的数字模型,可以提高人们的视觉分析能力与效果,并方便地进行各种三维几何量算。DEM 的理论不仅适用于建立三维几何空间的数字模型,也可以扩展到建立以平面位置为基础的其他应用的数字模型,其平面位置可以与 DEM 相同，但高程可以由其他属性值替代。下面以两个实例说明这种广义的三维分析方法。

1）湖泊水质现状数字模型

湖泊水质现状，可以用采样点的平面位置及其对应水质参数作为属性值，建立三维可视数字模型。采样点的平面位置可以利用 GPS 或其他定位方法确定，水质参数通过取样后进行化学分析得到。采样点的平面位置数据和水质参数，也可以利用遥感影像像元的位置与水色或物理化学性质确定。采样点的间隔可以是均匀的，也可以根据具体情况确定。根据采样数据，构建不规则三角网建立 DEM，或根据已构建的不规则三角网再内插出格网阵列数据，或绘制等值线（与等高线原理相同），建立 DEM。

通过湖泊水质 DEM，可以直接观察到不同区域的水质状况。通过峰值计算，可以推断、确定影响水质的污染源的大致位置等。

2）城市噪声现状数字模型

城市噪声来自于工程施工、车辆鸣笛、工厂的机械运行等，噪声采样点重点为噪声源，也包括噪声源周边一定范围的区域。

城市噪声现状数字模型可参照湖泊水质现状数字模型方法建立。可以同步采样，也可以分批次采样。可以根据动态数据建立数字模型，以便随时掌握城市噪声对居民生活、工作的影响。

类似地，可以建立用于环境监测的城市汽车尾气污染数字模型、城市大气质量数字模型，用于城市规划管理的人口密度模型等，用于灾害监测与预报的降雨量数字模型、虫灾密度模型等。

# 主要参考文献

1. 周忠谟，易杰军，周琪编著. GPS卫星测量原理与应用. 第2版. 北京：测绘出版社，1999
2. 宁津生，陈俊勇，李德仁等编著. 测绘学概论. 武汉：武汉大学出版社，2004
3. 陈述彭，鲁学军，周成虎编著. 地理信息系统导论. 北京：科学出版社，2000
4. 梅安新，彭望琭，秦其明等编著. 遥感导论. 北京：高等教育出版社，2001
5. 盛裴轩，毛节泰等编著. 大气物理学. 北京：北京大学出版社，2003
6. 马文蔚，解希顺等改编. 物理学（下册）. 第四版. 北京：高等教育出版社，1999
7. 安毓英，刘继芳，李庆辉编. 光电子技术. 北京：电子工业出版社，2002
8. 徐绍铨，张华海等编著. GPS测量原理及应用. 修订版. 武汉：武汉大学出版社，2003
9. 刘基余编著. GPS卫星导航定位原理与方法. 北京：科学出版社，2003
10. 王惠南编著. GPS导航原理与应用. 北京：科学出版社，2003
11. 张希黔，黄声享，姚刚编著. GPS在建筑施工中的应用. 北京：中国建筑工业出版社，2003
12. 李天文编著. GPS原理及应用. 北京：科学出版社，2003
13. 张凤举，王宝山编. GPS定位技术. 北京：煤炭工业出版社，1997
14. 仇庆久编. 高等数学. 北京：高等教育出版社，2003
15. 谢国瑞编著. 线性代数及应用. 北京：高等教育出版社，1999
16. 李德仁，周月琴，金为铣著. 摄影测量与遥感概论. 北京：测绘出版社，2001
17. 孙家抦主编. 遥感原理与应用. 武汉：武汉大学出版社，2003
18. 彭望琭主编. 遥感概论. 北京：高等教育出版社，2002
19. Thomas M.L（美）等著. 遥感与图像解译. 彭望琭，余先川，周涛，李小英等译. 北京：电子工业出版社，2003
20. 詹庆明，肖映辉编著. 城市遥感技术. 武汉：武汉测绘科技大学出版社，1999
21. 赵时英等编著. 遥感应用分析原理与方法. 北京：科学出版社，2003
22. 王桥，杨一鹏，黄家柱等编著. 环境遥感. 北京：科学出版社，2005
23. 仇肇悦，李军，郭宏俊编著. 遥感应用技术. 武汉：武汉测绘科技大学出版社，1998
24. 党安荣，王晓栋，陈晓峰，张建宝编著. ERDAS IMAGING 遥感图像处理方法. 北京：清华大学出版社，2003
25. 张祖勋，张剑清编著. 数字摄影测量学. 武汉：武汉大学出版社，1997
26. 朱述龙，张占睦编著. 遥感图像获取与分析. 北京：科学出版社，2000
27. 郭东华编著. 对地观测技术与可持续发展. 北京：科学出版社，2001
28. 黄杏元，汤勤编著. 地理信息系统概论. 北京：高等教育出版社，1990
29. 龚健雅编著. 地理信息系统基础. 北京：科学出版社，2001
30. 蓝运超，黄正东，谢榕编著. 城市信息系统. 武汉：武汉测绘科技大学出版社，1999
31. 吴信才等编著. 地理信息系统原理与方法. 北京：电子工业出版社，2002
32. 吴信才等编著. 地理信息系统设计与实现. 北京：电子工业出版社，2002
33. 郭达志，盛业华，余兆平，谢储辉编著. 地理信息系统基础与应用. 北京：煤炭工业出版社，1997
34. 陈述彭主编. 城市化与城市地理信息系统. 北京：科学出版社，1999
35. 承继成，林晖，周成虎等. 数字地球导论. 北京：科学出版社，2000
36. 边馥苓主编. 地理信息系统原理和方法. 北京：测绘出版社，1996

| | |
|---|---|
| 37 | 刘云生，卢正鼎，卢炎生．数据库系统概论．第 2 版．武汉：华中理工大学出版社，1996 |
| 38 | 许卓群，张乃孝，杨冬青等．数据结构．北京：高等教育出版社，1987 |
| 39 | 樊红，詹小国编著．ARC/INFO 应用与开发技术．修订版．武汉：武汉大学出版社，1996 |
| 40 | 李志林，朱庆．数字高程模型．武汉：武汉测绘科学大学出版社，2000 |
| 41 | 阎正主编．城市地理信息系统标准化指南．北京：科学出版社，1998 |
| 42 | 汤国安，赵牡丹．地理信息系统．北京：科学出版社，2000 |
| 43 | 关泽群，秦昆编著．ARC/INFO 基础教程．北京：测绘出版社，2002 |
| 44 | 林珲，冯通，孙以义等编著．城市地理信息系统研究与实践．上海：上海科学技术出版社，1996 |
| 45 | 毛锋，程承旗，孙大路等．地理信息系统建库技术及其应用．北京：科学出版社，1999 |
| 46 | 刘光编著．地理信息系统二次开发教程．北京：清华大学出版社，2003 |
| 47 | 张剑平，任福继，叶荣华等骆红波编著．地理信息系统与 MapInfo 应用．北京：科学出版社，1999 |
| 48 | 郝力等编著．城市地理信息系统及应用．北京：电子工业出版社，2002 |
| 49 | 李旭祥编著．GIS 在环境科学与工程中的应用．北京：电子工业出版社，2003 |
| 50 | 中华人民共和国国家标准．GB/T 18314—2001．全球定位系统（GPS）测量规范．北京：中国标准出版社，2001 |
| 51 | 中华人民共和国行业标准．CJJ 73—97．全球定位系统城市测量技术规程．北京：中国建筑工业出版社，1997 |